T5-BCA-513

CAMBRIDGE CLASSICAL STUDIES

General Editors

M. F. BURNYEAT, M. K. HOPKINS, M. D. REEVE,

A. M. SNODGRASS

THE CHAIN OF CHANGE

THE CHAIN OF CHANGE

A study of Aristotle's *Physics* VII

ROBERT WARDY

Lecturer in Classics, University of Cambridge,
and Fellow of St Catharine's College

CAMBRIDGE UNIVERSITY PRESS

CAMBRIDGE
NEW YORK PORT CHESTER
MELBOURNE SYDNEY

Published by the Press Syndicate of the University of Cambridge
The Pitt Building, Trumpington Street, Cambridge CB2 1RP
40 West 20th Street, New York, NY 10011, USA
10 Stamford Road, Oakleigh, Melbourne 3166, Australia

First published 1990

Printed in Great Britain at the University Press, Cambridge

British Library cataloguing in publication data

Wardy, Robert
The chain of change: a study of Aristotle's *Physics*
VII. – (Cambridge classical studies)
1. Metaphysics. Aristotle. Physics
I. Title
110

Library of Congress cataloguing in publication data

Wardy, Robert.
The chain of change: a study of Aristotle's *Physics* VII / Robert Wardy.
p. cm. – (Cambridge classical studies)
Bibliography.
Includes index.
ISBN 0 521 37327 1
1. Science, ancient. 2. Continuity – Early works to 1800.
3. Physics – Early works to 1800. I. Title. II. Series.
Q151.W36 1990
500 – dc20 89–9804 CIP

ISBN 0 521 37327 1

AO

In Memoriam G. E. L. Owen

CONTENTS

PREFACE

The acknowledgement of helpful guidance, suggestions, and conversation marks the only debts one is all too happy to accumulate – intellectual ones. I have been extremely fortunate in my creditors, who have unstintingly given of their time and knowledge to aid me in the exposition of this difficult text in particular and of Aristotle in general. The late G. E. L. Owen introduced me to *Physics* VII and provided inspiring encouragement throughout the initial stages of my research; I count myself very lucky to have enjoyed his unique influence. Geoffrey Lloyd supervised my subsequent work, tirelessly indicating lacunae in the argument and recommending improvements in the exposition. Nicholas Denyer's shrewd observations have induced me to clarify the line of thought, especially in ch. 1, and Richard Sorabji's keen views on reductionism originally stimulated the composition of 'Aristotle and his Predecessors on Mixture'. My contemporaries who attended Gwil Owen's graduate seminar have continued to help me in my work, especially Paul Sanford and Christian Wildberg.

The immediate ancestor of this book is my doctoral dissertation. If *The Chain of Change* is less of a curate's egg than its parent, that is due in large measure to the patient and acute criticisms of a number of readers. Catherine Atherton, Myles Burnyeat, Christopher Kirwan, Geoffrey Lloyd, Malcolm Schofield and Sarah Waterlow all coped nobly with a rather crabbed and exasperating thesis; where the book makes better sense and expresses it in clearer English, the comments of one or another of these kindly critics are usually responsible. At a later stage Michael Reeve's scrupulous editorial help was of great value. Catherine Atherton, Michael Reeve and Malcolm

Schofield polished the translation. Finally, I gratefully acknowledge the unstinting support of my parents, who kept me going long after the age when sensible children look after themselves.

I should also like to thank Nancy-Jane Thompson of Cambridge University Press for her unfailing and conscientious editorial guidance of a complicated production.

PART I

SIGLA

α	$241^{b}34$–$244^{b}5$	bcjy
	$244^{b}5^{b}$–$245^{b}9$	Hbcjy
	$245^{b}9$–$248^{a}9$	HIbcjy
β	$241^{b}24$–$244^{b}19$	EFHIJK
	$244^{b}19$–$245^{b}24$	EFIJK
	$245^{b}24$–$248^{b}28$	EFJK
$248^{a}10$–$250^{b}7$	EFHIJK: interdum citantur bcjy	

Λ = FHIJ
Σ = bcjy
Π = codices omnes collati

E = Par. gr. 1853, saec. x medii aut^{2}
F = Laur. 87.7, saec. xiv
H = Vat. Gr. 1027, saec. xii
I = Vat. Gr. 241, saec. xiii
J = Vindob. 100 (olim 34), saec. ix medii
K = Laur. 87.24, saec. xiii medii

b = Par. Gr. 1859, saec. xiv
c = Par. Gr. 1861, saec. xv
j = Par. Gr. 2033, saec. xv
y = Bodl. Misc. 238, saec. xvi

A = Alexander apud commentaria Simplicii
P = Philoponi commentaria
S = Simplicii commentaria
T = Themistii paraphrasis
S^{c} = Simplicii citationes
P^{1}, S^{1} = Philoponi, Simplicii lemmata
P^{p}, S^{p} = Philoponi, Simplicii paraphrases

AUTHORITIES CITED

Aldus Manutius, *Arist. vita ex Laertio . . . Arist. de phys. auditu . . .*, Venice, 1497

Bekker, I., *Arist. Opera*, Berlin, 1831

Bonitz, H., *Arist. Studien*, Hildesheim, 1969

Erasmus, D., *Arist . . . Opera*, Basel, 1531

Morelius, G., *Arist. commentationum de natura lib.* VIII, & c, Paris, 1561

Pacius, J., *Naturalis Auscultationis Lib.* VIII, Frankfurt, 1596

Prantl, C., *Arist. Acht Bücher Phys.*, Leipzig, 1854

Shute, R., *On Prantl's Recension of the Arist. Phys.*, in *Trans. of Oxf. Philol. Soc.*, 1879–80, 29–31

Spengel, L., *Über d. siebente Buch d. Phys. d. Arist.*, in *Abh. d. Philos.-Philol. Cl. d. Königl. Bayer. Akad. d. Wissenschaften*, III.2(1841), 305–49

PHYSICS VII

Η α

1 Ἅπαν τὸ κινούμενον ὑπό τινος ἀνάγκη κινεῖσθαι· εἰ μὲν γὰρ ἐν ἑαυτῷ μὴ ἔχει τὴν ἀρχὴν τῆς κινήσεως, φανερὸν ὅτι ὑφ' ἑτέρου κινεῖται (ἄλλο γὰρ ἔσται τὸ κινοῦν)· εἰ δ' ἐν αὑτῷ, ἔστω [τὸ] εἰλημμένον ἐφ' οὗ τὸ AB ὃ κινεῖται καθ' αὑτό, ἀλλὰ μὴ ⟨τῷ τῶν⟩ τούτου τι κινεῖσθαι. πρῶτον μὲν οὖν τὸ ὑπολαμβάνειν τὸ AB ὑφ' ἑαυτοῦ κινεῖσθαι διὰ τὸ ὅλον τε κινεῖσθαι καὶ ὑπ' οὐδενὸς τῶν ἔξωθεν ὅμοιόν ἐστιν ὥσπερ εἰ τοῦ ΚΛ κινοῦντος τὸ ΛΜ καὶ αὐτοῦ κινουμένου εἰ μὴ φάσκοι τις τὸ ΚΜ κινεῖσθαι ὑπό τινος, διὰ τὸ μὴ φανερὸν εἶναι πότερον τὸ κινοῦν καὶ πότερον τὸ κινούμενον· εἶτα τὸ μὴ ὑπό τινος κινούμενον οὐκ ἀνάγκη παύσασθαι κινούμενον τῷ ἄλλο ἠρεμεῖν, ἀλλ' εἴ τι ἠρεμεῖ τῷ ἄλλο πεπαῦσθαι κινούμενον, ἀνάγκη ὑπό τινος αὐτὸ κινεῖσθαι. τούτου δ' εἰλημμένου πᾶν τὸ κινούμενον κινήσεται ὑπό τινος. ἐπεὶ γὰρ εἴληπται [τὸ] κινούμενον ἐφ' ᾧ τὸ AB, ἀνάγκη διαιρετὸν αὐτὸ εἶναι· πᾶν γὰρ τὸ κινούμενον διαιρετόν. διῃρήσθω δὴ κατὰ τὸ Γ. τοῦ δὴ ΓΒ μὴ κινουμένου οὐ κινηθήσεται τὸ AB· εἰ γὰρ κινήσεται, δῆλον ὅτι τὸ ΑΓ κινοῖτ' ἂν τοῦ ΓΒ ἠρεμοῦντος, ὥστε οὐ καθ' αὑτὸ κινηθήσεται καὶ πρῶτον. ἀλλ' ὑπέκειτο καθ' αὑτὸ κινεῖσθαι καὶ πρῶτον. ἀνάγκη ἄρα τοῦ ΓΒ μὴ κινουμένου ἠρεμεῖν τὸ AB. ὃ δὲ ἠρεμεῖ μὴ κινουμένου τινός, ὡμολόγηται ὑπό τινος κινεῖσθαι, ὥστε πᾶν ἀνάγκη τὸ κινούμενον ὑπό τινος κινεῖσθαι· ἀεὶ γὰρ

Tit. Ἀριστοτέλους περὶ κινήσεως τῶν εἰς γ̄ τὸ ᾱ ζ̄ η̄: ἀριστοτέλους φυσικῆς ἀκροάσεως η̄ b: Ἀριστοτέλους φυσικῆς ἀκροάσεως Βιβλίον Ζον c   b34 ἀνάγκη ὑπό τινος S   37 αὑτῷ Spengel: αὐτῷ Σ   ἔσται c   τὸ secl. Ross: om. P   38 τῷ τῶν S, Spengel: τῷ P[p]: τῶν P[1]: om. Σ   41 εἰ] ἢ cjy   42 εἰ secl. Bekker   φάσκοι … KM] textum alterum 241b31–242a4 ὑπολαμβάνοι … κινούμενον fere habent cjy   KM S, Prantl: ΛΜ Σ   242a37 δ' Ross: γὰρ Σ   38 τὸ secl. Ross: om. S   42 ΓΒ] αβ c: ΒΓ Moreliana   46 ὡμολόγητο cjy   47 ἀεὶ μὲν γὰρ S

Η β

1 Ἅπαν τὸ κινούμενον ἀνάγκη ὑπό τινος κινεῖσθαι. εἰ μὲν οὖν ἐν αὑτῷ μὴ ἔχει τὴν ἀρχὴν τῆς κινήσεως, φανερὸν ὅτι ὑφ' ἑτέρου κινεῖται (ἄλλο γὰρ ἔσται τὸ κινοῦν)· εἰ δ' ἐν αὑτῷ, εἰλήφθω ἐφ' οὗ τὸ ΑΒ, ὃ κινεῖται καθ' αὑτὸ ἀλλὰ μὴ τῷ τῶν τούτου τι κινεῖσθαι. πρῶτον μὲν οὖν τὸ ὑπολαμβάνειν τὸ ΑΒ ὑφ' αὑτοῦ κινεῖσθαι διὰ τὸ ὅλον τε κινεῖσθαι καὶ ὑπὸ μηθενὸς τῶν ἔξωθεν ὅμοιόν ἐστιν ὥσπερ ἂν εἴ τις τοῦ ΔΕ κινοῦντος τὸ ΕΖ καὶ αὐτοῦ κινουμένου ὑπολαμβάνοι τὸ ΔΕΖ ὑφ' αὑτοῦ κινεῖσθαι, διὰ τὸ μὴ συνορᾶν πότερον ὑπὸ ποτέρου κινεῖται, πότερον τὸ ΔΕ ὑπὸ τοῦ ΕΖ ἢ τὸ ΕΖ ὑπὸ τοῦ ΔΕ. ἔτι τὸ ὑφ' αὑτοῦ κινούμενον οὐδέποτε παύσεται κινούμενον τῷ ἕτερόν τι στῆναι 242a κινούμενον. ἀνάγκη τοίνυν, εἴ τι παύεται κινούμενον τῷ ἕτερόν τι στῆναι, αὐτὸ ὑφ' ἑτέρου κινεῖσθαι. τούτου δὲ φανεροῦ γενομένου ἀνάγκη πᾶν τὸ κινούμενον κινεῖσθαι ὑπό τινος. ἐπεὶ γὰρ εἴληπται τὸ ΑΒ κινούμενον, διαιρετὸν ἔσται· πᾶν γὰρ τὸ κινούμενον διαιρετὸν ἦν. διῃρήσθω τοίνυν ᾗ τὸ Γ. ἀνάγκη δὴ τοῦ ΓΒ ἠρεμοῦντος ἠρεμεῖν καὶ τὸ ΑΒ. εἰ γὰρ

Tit. περὶ κινήσεως τῶν εἰς γ̄ τὸ ᾱ α: ζ̄η̄. E: φυσικῆς ἀκροάσεως ζ[ον] H: φυσικῶν ἕβδομον I 241[b]25 οὖν] γὰρ Aldina 26 ἄλλο . . . κινοῦν om. HIJK 27–8 ὃ . . . ΑΒ om. I: ὃ om. E 27 καθ' αὑτὸ ἀλλὰ om. EHIJK τῷ μὴ H: μὴ EP 28 ἑαυτοῦ FHK: ου το E διὰ . . . 29 κινεῖσθαι om J 30 ἂν om. E 31 ὑπολαμβάνει K Δ om. E 32 πότερα τὸ E[1]HJ 33 τὸ] ὑπὸ τοῦ E[1] ΕΖ] ζε K 242[a]2 κινούμενον an omittendum? Ross παύσεται E 3 αὐτὸ Spengel: αὑτοῦ E: τοῦθ' ΚΛ δὲ Ross: γὰρ Π 4 γινομένου FHJK κινούμενον διαιρετὸν κινεῖσθαι E 6 ᾗ] εἰς E[2]H 7 βγ FHIK ἔσται τὸ κινούμενον διαιρετόν, τοῦ δὲ μέρους μὴ κινουμένου ἀνάγκη καὶ τὸ ὅλον ἠρεμεῖν.

ἐπεὶ δὲ πᾶν τὸ κινούμενον ἀνάγκη κινεῖσθαι ὑπό τινος, ἐάν γέ τι κινῆται τὴν ἐν τόπῳ κίνησιν ὑπ' ἄλλου κινουμένου, καὶ πάλιν τὸ κινοῦν ὑπ' ἄλλου κινουμένου κινῆται κἀκεῖνο ὑφ' ἑτέρου καὶ ἀεὶ οὕτως, ἀνάγκη εἶναί τι τὸ πρῶτον κινοῦν, καὶ μὴ βαδίζειν εἰς ἄπειρον· μὴ γὰρ ἔστω, ἀλλὰ γενέσθω ἄπειρον. κινείσθω δὴ τὸ μὲν Α ὑπὸ τοῦ Β, τὸ δὲ Β ὑπὸ τοῦ Γ, τὸ δὲ Γ ὑπὸ τοῦ Δ, καὶ ἀεὶ τὸ ἐχόμενον ὑπὸ τοῦ ἐχομένου. ἐπεὶ οὖν ὑπόκειται τὸ κινοῦν κινούμενον κινεῖν, ἀνάγκη ἅμα γίγνεσθαι τὴν τοῦ κινουμένου καὶ τὴν τοῦ κινοῦντος κίνησιν (ἅμα γὰρ κινεῖ τὸ κινοῦν καὶ κινεῖται τὸ κινούμενον)· φανερὸν ⟨οὖν⟩ ὅτι ἅμα ἔσται τοῦ Α καὶ τοῦ Β καὶ τοῦ Γ καὶ ἑκάστου τῶν κινούντων καὶ κινουμένων ἡ κίνησις. εἰλήφθω οὖν ἡ ἑκάστου κίνησις, καὶ ἔστω τοῦ μὲν Α ἐφ' ἧς Ε, τοῦ δὲ Β ἐφ' ἧς Ζ, τῶν ⟨δὲ⟩ ΓΔ ἐφ' ὧν ΗΘ. εἰ γὰρ ἀεὶ κινεῖται ἕκαστον ὑφ' ἑκάστου, ὅμως ἔσται λαβεῖν μίαν ἑκάστου κίνησιν τῷ ἀριθμῷ· πᾶσα γὰρ κίνησις ἔκ τινος εἴς τι, καὶ οὐκ ἄπειρος τοῖς ἐσχάτοις· λέγω δὴ ἀριθμῷ μίαν κίνησιν τὴν ἐκ τοῦ αὐτοῦ εἰς τὸ αὐτὸ τῷ ἀριθμῷ ἐν τῷ αὐτῷ χρόνῳ τῷ ἀριθμῷ γιγνομένην. ἔστι γὰρ κίνησις καὶ γένει καὶ εἴδει καὶ ἀριθμῷ ἡ αὐτή, γένει μὲν ἡ τῆς αὐτῆς κατηγορίας, οἷον οὐσίας ἢ

[a]50 ὑπό τινος κινεῖσθαι S γε κινεῖσθαι y 51 κινουμένου ΣS: κινούμενον Spengel 52 ἄλλου κινούμενον Spengel κινεῖται cjy[2]: κινεῖσθαι y[1] 54 ἄπειρα cjy γὰρ] δὲ cjy 55 δὴ Moreliana: δὲ Σ 56 Γ alt.] δ cj 58 ἅμα ΣS: δ' ἅμα Prantl 59 κινεῖ om. c: κινεῖται Moreliana 60 οὖν add. Spengel: fort. habuit S ὅτι om. cjy 63 δὲ add. Spengel 64 ὁμοίως γρ. P

μή, εἰλήφθω κινούμενον. τοῦ τοίνυν ΓΒ ἠρεμοῦντος κινοῖτο ἂν τὸ ΓΑ. οὐκ ἄρα καθ' αὑτὸ κινεῖται τὸ ΑΒ. ἀλλ' ὑπέκειτο καθ' αὑτὸ κινεῖσθαι πρῶτον. δῆλον τοίνυν ὅτι τοῦ ΓΒ ἠρεμοῦντος ἠρεμήσει καὶ τὸ ΒΑ, καὶ τότε παύσεται κινούμενον. ἀλλ' εἴ τι τῷ ἄλλο ἠρεμεῖν ἵσταται καὶ παύεται κινούμενον, τοῦθ' ὑφ' ἑτέρου κινεῖται. φανερὸν δὴ ὅτι πᾶν τὸ κινούμενον ὑπό τινος κινεῖται· διαιρετόν τε γάρ ἐστιν πᾶν τὸ κινούμενον, καὶ τοῦ μέρους ἠρεμοῦντος ἠρεμήσει καὶ τὸ ὅλον.

ἐπεὶ δὲ τὸ κινούμενον ὑπό τινος κινεῖται, ἀνάγκη καὶ τὸ κινούμενον πᾶν ἐν τόπῳ κινεῖσθαι ὑπ' ἄλλου· καὶ τὸ κινοῦν τοίνυν ὑφ' ἑτέρου, ἐπειδὴ καὶ αὐτὸ κινεῖται, καὶ πάλιν τοῦτο ὑφ' ἑτέρου. οὐ δὴ εἰς ἄπειρον πρόεισιν, ἀλλὰ στήσεταί που καὶ ἔσται τι ὃ πρώτως αἴτιον ἔσται τοῦ κινεῖσθαι. εἰ γὰρ μή, ἀλλ' εἰς ἄπειρον πρόεισιν, ἔστω τὸ μὲν Α ὑπὸ τοῦ Β κινούμενον, τὸ δὲ Β ὑπὸ τοῦ Γ, τὸ δὲ Γ ὑπὸ τοῦ Δ· καὶ τοῦτον δὴ τὸν τρόπον εἰς ἄπειρον προβαινέτω. ἐπεὶ οὖν ἅμα τὸ κινοῦν καὶ αὐτὸ κινεῖται, δῆλον ὡς ἅμα κινήσεται τό τε Α καὶ τὸ Β· κινουμένου γὰρ τοῦ Β κινηθήσεται καὶ τὸ Α· καὶ τὸ Β δὴ κινουμένου τοῦ Γ καὶ τὸ Γ τοῦ Δ. ἔσται τοίνυν ἅμα ἥ τε τοῦ Α κίνησις ⟨καὶ τοῦ Β⟩ καὶ τοῦ Γ καὶ τῶν λοιπῶν ἑκάστου. καὶ λαβεῖν τοίνυν αὐτῶν ἑκάστην δυνησόμεθα. καὶ γὰρ εἰ ἕκαστον ὑφ' ἑκάστου κινεῖται, οὐθὲν ἧττον μία τῷ ἀριθμῷ ἡ ἑκάστου κίνησις, καὶ οὐκ ἄπειρος τοῖς ἐσχάτοις, ἐπειδήπερ τὸ κινούμενον πᾶν ἔκ τινος εἴς τι κινεῖται. ἢ γὰρ ἀριθμῷ συμβαίνει τὴν αὐτὴν κίνησιν εἶναι ἢ γένει ἢ εἴδει. ἀριθμῷ μὲν οὖν λέγω τὴν αὐτὴν κίνησιν τὴν ἐκ

[a]8 βγ ΚΛ 10 πρῶτον] καὶ πρῶτον Spengel βγ FK 12 εἴ τι] ὅτι K 13 δὴ διότι E[1]JK 15 καὶ alt. om. ΚΛ 16 δὲ πᾶν τὸ κινούμενον F: δὲ τὸ κινούμενον πᾶν HIJK 17 ὑπό τινος ἄλλου κινεῖσθαι ἐν τόπῳ I 18–19 ἐπειδὴ . . . ἑτέρου om. E 19 οὐ δὴ] οὐκ H 20 ὃ om. E 21 ἀλλ' om. F[2]HK 25 τὸ om. F γὰρ καὶ τοῦ E 26 καὶ τοῦ β ΚΛ τοῦ . . . τοῦ Spengel: τὸ γ καὶ τοῦ γ τὸ Π 27 καὶ τοῦ β Aldina: om. Π 28 καὶ] καὶ τοῦ E[1] αὐτῶν ἕκαστον IJK: ἕκαστον αὐτῶν FH 29 κινεῖται ὑφ' ἑκάστου H: ὑφ' ἑκάστου ἀεὶ κινεῖται I 30 ἡ om. E ἄπειροι EJ: ἄπειρον FK 33 τὴν αὐτὴν] μίαν E[2]I

ποιότητος, εἴδει δὲ ⟨ἡ⟩ ἐκ τοῦ αὐτοῦ τῷ εἴδει εἰς τὸ αὐτὸ τῷ εἴδει, οἷον ἐκ λευκοῦ εἰς μέλαν ἢ ἐξ ἀγαθοῦ εἰς κακὸν ἀδιάφορον τῷ εἴδει· ἀριθμῷ δὲ ἡ ἐξ ἑνὸς τῷ ἀριθμῷ ⟨εἰς ἓν τῷ ἀριθμῷ⟩ ἐν τῷ αὐτῷ χρόνῳ, οἷον ἐκ τοῦδε τοῦ λευκοῦ εἰς τόδε τὸ μέλαν, ἢ ἐκ τοῦδε τοῦ τόπου εἰς τόνδε, ἐν τῷδε τῷ χρόνῳ· εἰ γὰρ ἐν ἄλλῳ, οὐκέτι ἔσται ἀριθμῷ μία κίνησις, ἀλλ' εἴδει. εἴρηται δὲ περὶ τούτων ἐν τοῖς πρότερον.

εἰλήφθω δὲ καὶ ὁ χρόνος ἐν ᾧ κεκίνηται τὴν αὑτοῦ κίνησιν τὸ A, καὶ ἔστω ἐφ' ᾧ K. πεπερασμένης δ' οὔσης τῆς τοῦ A κινήσεως καὶ ὁ χρόνος ἔσται πεπερασμένος. ἐπεὶ δὴ ἄπειρα τὰ κινοῦντα καὶ τὰ κινούμενα, καὶ ἡ κίνησις ἡ EZHΘ ἡ ἐξ ἁπασῶν ἄπειρος ἔσται· ἐνδέχεται μὲν γὰρ ἴσην εἶναι τὴν τοῦ A καὶ τοῦ B καὶ τὴν τῶν ἄλλων, ἐνδέχεται δὲ μείζους τὰς τῶν ἄλλων, ὥστε εἴ τε ἴσαι εἴ τε μείζους, ἀμφοτέρως ἄπειρος ἡ ὅλη· λαμβάνομεν γὰρ τὸ ἐνδεχόμενον. ἐπεὶ δ' ἅμα κινεῖται καὶ τὸ A καὶ τῶν ἄλλων ἕκαστον, ἡ ὅλη κίνησις ἐν τῷ αὐτῷ χρόνῳ ἔσται καὶ ἡ τοῦ A· ἡ δὲ τοῦ A ἐν πεπερασμένῳ· ὥστε εἴη ἂν ἄπειρος ἐν πεπερασμένῳ, τοῦτο δ' ἀδύνατον.

οὕτω μὲν οὖν δόξειεν ἂν δεδεῖχθαι τὸ ἐξ ἀρχῆς, οὐ μὴν ἀποδείκνυται διὰ τὸ μηδὲν δείκνυσθαι ἀδύνατον· ἐνδέχεται γὰρ ἐν πεπερασμένῳ χρόνῳ ἄπειρον εἶναι κίνησιν, μὴ ἑνὸς ἀλλὰ πολλῶν. ὅπερ συμβαίνει καὶ ἐπὶ τούτων· ἕκαστον γὰρ κινεῖται τὴν ἑαυτοῦ κίνησιν, ἅμα δὲ πολλὰ κινεῖσθαι οὐκ ἀδύνατον. ἀλλ' εἰ τὸ κινοῦν πρώτως κατὰ τόπον καὶ σωματικὴν κίνησιν ἀνάγκη ἢ ἅπτεσθαι ἢ συνεχὲς εἶναι τῷ κινουμένῳ, καθάπερ ὁρῶμεν ἐπὶ πάντων, ἀνάγκη τὰ

b36 ἡ add. Prantl ex S   εἰς ... εἴδει yS: om. bcj   37 ἢ cjyS: om. b   ἀδιάφορον] μὴ διάφορον P: ἐὰν ᾖ ἀδιάφορον S, Spengel   38 εἰς ... ἀριθμῷ add. Prantl   42 τούτου y   δὴ Spengel   43 αὑτοῦ Ross: αὐτοῦ Σ   44 τοῦ] τὸ b   45 ante ἐπεὶ addit y textum alterum 242b12–13 καὶ ... ἕκαστον   δὴ Ross: δὲ Σ   ἄπειρα] ἄρα y   48 ἐνδέχεται ... ἄλλων om. cj: ἐνδέχεται δὲ μείζους j sed erasum   49 εἴ] εἰς cjy   τε ἴσαι εἴ S: ἀεὶ Σ: τε ἀεὶ ἴσαι εἴ Spengel   50 καὶ om. Prantl   52–3 ὥστε ... πεπερασμένῳ om. b[1]   53 ἐν] ἐν τῷ c   59 εἰ om. y   πρῶτον S τοῦ αὐτοῦ εἰς τὸ αὐτὸ τῷ ἀριθμῷ ἐν τῷ αὐτῷ χρόνῳ τῷ ἀριθμῷ, οἷον ἐκ τοῦδε τοῦ λευκοῦ, ὅ ἐστιν ἓν τῷ 242^{b} ἀριθμῷ, εἰς τόδε τὸ μέλαν κατὰ τόνδε τὸν χρόνον, ἕνα ὄντα τῷ ἀριθμῷ· εἰ γὰρ κατ' ἄλλον, οὐκέτι μία ἔσται τῷ ἀριθμῷ ἀλλὰ τῷ εἴδει. γένει δ' ἡ αὐτὴ κίνησις ἡ ἐν τῇ αὐτῇ κατηγορίᾳ τῆς οὐσίας [ἢ τοῦ γένους], εἴδει δὲ ἡ ἐκ τοῦ αὐτοῦ τῷ εἴδει εἰς τὸ αὐτὸ τῷ εἴδει, οἷον ἡ ἐκ τοῦ λευκοῦ εἰς τὸ μέλαν ἢ ἐκ τοῦ ἀγαθοῦ εἰς τὸ κακόν. ταῦτα δ' εἴρηται καὶ ἐν τοῖς πρότερον.

εἰλήφθω τοίνυν ἡ τοῦ Α κίνησις καὶ ἔστω ἐφ' οὗ τὸ Ε, καὶ ἡ τοῦ Β ἐφ' οὗ τὸ Ζ, καὶ ἡ τοῦ ΓΔ ἐφ' οὗ τὸ ΗΘ, καὶ ὁ χρόνος ἐν ᾧ κινεῖται τὸ Α ὁ Κ. ὡρισμένης δὴ τῆς κινήσεως τοῦ Α, ὡρισμένος ἔσται καὶ ὁ χρόνος καὶ οὐκ ἄπειρος ὁ Κ. ἀλλ' ἐν τῷ αὐτῷ χρόνῳ ἐκινεῖτο τὸ Α καὶ τὸ Β καὶ τῶν λοιπῶν ἕκαστον. συμβαίνει τοίνυν τὴν κίνησιν τὴν ΕΖΗΘ ἄπειρον οὖσαν ἐν ὡρισμένῳ χρόνῳ κινεῖσθαι τῷ Κ· ἐν ᾧ γὰρ τὸ Α ἐκινεῖτο, καὶ τὰ τῷ Α ἐφεξῆς ἅπαντα ἐκινεῖτο ἄπειρα ὄντα. ὥστ' ἐν τῷ αὐτῷ κινεῖται. καὶ γὰρ ἤτοι ἴση ἡ κίνησις ἔσται τῇ τοῦ Α [τῇ τοῦ Β], ἢ μείζων. διαφέρει δὲ οὐθέν· πάντως γὰρ τὴν ἄπειρον κίνησιν ἐν πεπερασμένῳ χρόνῳ συμβαίνει κινεῖσθαι, τοῦτο δ' ἀδύνατον.

οὕτω μὲν οὖν δόξειεν ἂν δείκνυσθαι τὸ ἐξ ἀρχῆς, οὐ μὴν δείκνυταί γε διὰ τὸ μηθὲν ἄτοπον συμβαίνειν· ἐνδέχεται γὰρ ἐν πεπερασμένῳ χρόνῳ κίνησιν ἄπειρον εἶναι, μὴ τὴν αὐτὴν δὲ ἀλλ' ἑτέραν καὶ ἑτέραν πολλῶν κινουμένων καὶ ἀπείρων, ὅπερ συμβαίνει καὶ τοῖς νῦν. ἀλλ' εἰ τὸ κινούμενον πρώτως [κατὰ τόπον καὶ] σωματικὴν κίνησιν ἀνάγκη ἅπτεσθαι ἢ

^{a}34 τῷ pr.] τῶ αὐτῶ E ^{b}1 ἀριθμῷ γινομένην, οἷον ΚΛ τῷ om. E^{2}: τ' E^{1} 2 τὸ om. E^{1} τόνδε τὸν] δὲ τὸν EHJ: τὸν τόνδε F 3 ἄλλο EHJ 4 ἡ pr. om. I 5 ἢ τοῦ γένους secl. Wardy 6 εἰς] κατὰ F τὸ om. H τοῦ] τοῦ αὐτοῦ EI εἰς] ἢ εἰς E 7 δὲ διήρηται E^{2}: διήρηται E^{1} 11 δὲ ΚΛ τοῦ Α] οὔσης F 13 τοίνυν] δὲ τοίνυν I 14 τη E^{1} 15 καὶ τὰ] κατὰ E τὸ E^{2} ἐκινεῖτο ἐφεξῆς ἅπαντα H 17 ἡ om. H τῇ pr. om. J^{1}: ἡ FHIJ^{2}K τῇ τοῦ Β om. E 20 ἂν δόξειεν E μὴν] μὴν οὐ J^{1}K 23 καὶ alt. om. F^{2}HI 25 κατὰ τόπον καὶ om. E κινούμενα καὶ τὰ κινοῦντα συνεχῆ εἶναι ἢ ἅπτεσθαι ἀλλήλων, ὥστ' εἶναί τι ἐξ ἁπάντων ἕν. τοῦτο δὲ εἴτε πεπερασμένον εἴτε ἄπειρον, οὐδὲν διαφέρει πρὸς τὰ νῦν· πάντως γὰρ ἡ κίνησις ἔσται ἄπειρος ἀπείρων ὄντων, εἴπερ ἐνδέχεται καὶ ἴσας εἶναι καὶ μείζους ἀλλήλων· ὃ γὰρ ἐνδέχεται, ληψόμεθα ὡς ὑπάρχον. εἰ οὖν τὸ μὲν ἐκ τῶν ΑΒΓΔ ⟨ἢ πεπερασμένον ἢ⟩ ἄπειρόν τί ἐστιν, κινεῖται δὲ τὴν ΕΖΗΘ κίνησιν ἐν τῷ χρόνῳ τῷ Κ, οὗτος δὲ πεπέρανται, συμβαίνει ἐν πεπερασμένῳ χρόνῳ ἄπειρον διιέναι ἢ τὸ πεπερασμένον ἢ τὸ ἄπειρον. ἀμφοτέρως δὲ ἀδύνατον· ὥστε ἀνάγκη ἵστασθαι καὶ εἶναί τι πρῶτον κινοῦν καὶ κινούμενον. οὐδὲν γὰρ διαφέρει τὸ συμβαίνειν ἐξ ὑποθέσεως τὸ ἀδύνατον· ἡ γὰρ ὑπόθεσις εἴληπται ἐνδεχομένη, τοῦ δ' ἐνδεχομένου τεθέντος οὐδὲν προσήκει γίγνεσθαι διὰ τοῦτο ἀδύνατον.

2 Τὸ δὲ πρῶτον κινοῦν, μὴ ὡς τὸ οὗ ἕνεκεν, ἀλλ' ὅθεν ἡ ἀρχὴ τῆς κινήσεως, ἅμα τῷ κινουμένῳ ἐστί (λέγω δὲ τὸ ἅμα, ὅτι οὐδέν ἐστιν αὐτῶν μεταξύ)· τοῦτο γὰρ κοινὸν ἐπὶ παντὸς κινουμένου καὶ κινοῦντός ἐστιν. ἐπεὶ δὲ τρεῖς αἱ κινήσεις, ἥ τε κατὰ τόπον καὶ ἡ κατὰ τὸ ποιὸν καὶ ἡ κατὰ τὸ ποσόν, ἀνάγκη καὶ τὰ κινοῦντα τρία εἶναι, τό τε φέρον καὶ τὸ ἀλλοιοῦν καὶ τὸ αὖξον ἢ φθῖνον. πρῶτον οὖν εἴπωμεν περὶ τῆς φορᾶς· πρώτη γὰρ αὕτη τῶν κινήσεων.

11 ἅπαν δὴ τὸ φερόμενον ἢ ὑφ' ἑαυτοῦ κινεῖται ἢ ὑπ' ἄλλου. ὅσα μὲν οὖν αὐτὰ ὑφ' αὑτῶν κινεῖται, φανερὸν ἐν τούτοις ὅτι ἅμα τὸ κινούμενον καὶ τὸ κινοῦν ἐστιν· ἐνυπάρχει γὰρ αὐτοῖς τὸ πρῶτον κινοῦν, ὥστ' οὐδέν ἐστιν ἀναμεταξύ· ὅσα δ' ὑπ' ἄλλου κινεῖται, τετραχῶς ἀνάγκη γίγνεσθαι· τέτταρα γὰρ εἴδη τῆς ὑπ' ἄλλου φορᾶς,

b64 τὸ Moreliana πρώτως c 66 καὶ pr. om. cjy 68 ἢ πεπερασμένον ἢ add. Ross ἄπειρον ΣS: τῶν ἀπείρων Prantl 72 καὶ alt. om. c: οὐ Gaye 243a31 διὰ τοῦτο γίνεσθαι S 32 πρῶτον bS: πρώτως cjy 37 καὶ alt. om. cjy τρία πρῶτον εἶναι y 38 φέρον καὶ τὸ yS: om. bcj 12 ἢ pr.] ἢ αὐτὸ S 14 πρώτως y 16 τετάρτης ἤδη τῆς b

συνεχὲς εἶναι τῷ κινοῦντι, καθάπερ ὁρῶμεν ἐπὶ πάντων τοῦτο
συμβαῖνον (ἔσται γὰρ ἐξ ἁπάντων ἓν τὸ πᾶν ἢ συνεχές), τὸ
δὴ ἐνδεχόμενον εἰλήφθω, καὶ ἔστω τὸ μὲν μέγεθος ἢ τὸ
συνεχὲς ἐφ' οὗ τὸ ΑΒΓΔ, ἡ δὲ τούτου κίνησις ἡ ΕΖΗΘ.
διαφέρει δ' οὐθὲν ἢ πεπερασμένον ἢ ἄπειρον· ὁμοίως γὰρ ἐν
πεπερασμένῳ τῷ Κ κινηθήσεται ⟨ἄπειρον⟩ ἢ ἄπειρον ἢ πεπερασμένον.
τούτων δ' ἑκάτερον τῶν ἀδυνάτων. φανερὸν οὖν ὅτι στήσεταί
ποτε καὶ οὐκ εἰς ἄπειρον πρόεισιν τὸ ἀεὶ ὑφ' ἑτέρου, ἀλλ'
ἔσται τι ὃ πρῶτον κινηθήσεται. μηδὲν δὲ διαφερέτω τὸ ὑπο-
τεθέντος τινὸς τοῦτο δείκνυσθαι· τοῦ γὰρ ἐνδεχομένου τεθέντος 243[a]
οὐδὲν ἄτοπον ἔδει συμβαίνειν.

Τὸ δὲ πρῶτον κινοῦν, μὴ ὡς τὸ οὗ ἕνεκεν, ἀλλ' ὅθεν ἡ 2
ἀρχὴ τῆς κινήσεως, ἐστὶν ἅμα τῷ κινουμένῳ. ἅμα δὲ λέγω,
διότι οὐθὲν αὐτῶν μεταξύ ἐστιν· τοῦτο γὰρ κοινὸν ἐπὶ παντὸς
κινουμένου καὶ κινοῦντός ἐστιν. ἐπεὶ δὲ τρεῖς εἰσὶν κινήσεις, ἥ
τε κατὰ τόπον καὶ κατὰ τὸ ποιὸν καὶ κατὰ τὸ ποσόν,
ἀνάγκη καὶ τὰ κινούμενα τρία· ἡ μὲν οὖν κατὰ τόπον φορά,
ἡ δὲ κατὰ τὸ ποιὸν ἀλλοίωσις, ἡ δὲ κατὰ τὸ ποσὸν αὔξη-
σις καὶ φθίσις. πρῶτον μὲν οὖν περὶ τῆς φορᾶς εἴπωμεν·
αὕτη γὰρ πρώτη τῶν κινήσεών ἐστιν.

Ἅπαν δὴ τὸ φερόμενον ἤτοι αὐτὸ ὑφ' αὑτοῦ κινεῖται ἢ ὑφ' ἑτέρου. εἰ μὲν 21
οὖν ὑφ' αὑτοῦ, φανερὸν ὡς ἐν αὐτῷ τοῦ κινοῦντος ὑπάρχοντος ἅμα τὸ κινοῦν

[b]27 ἢ] ἢ ἁπτόμενον ἢ Spengel τοῦτο E[2]F 28 τὸ pr. om. E 29 ΓΔ om. E[1]: γ E[2] ἡ alt. om. E 30 τοῦτο δ' οὐθὲν διαφέρει εἴτε πεπερασμένον εἴτε I 31 ἄπειρον add. Ross πεπερασμένην E 32 δὲ καθ' ἕτερον E τῶν ἀδυνάτων] ἀδύνατον FHJK 33 τότε E εἰς om. E[1] 34 μηδὲν διαφέρει E 243[a]1 δείκνυσθαι τοῦτο H 3 δὲ] τε E[2] 4 ἅμα τῷ κινουμένῳ ἐστιν F 5 αὐτῶν οὐθὲν EI μεταξὺ αὐτῶν F κοινῶς HIK 6 εἰσὶν] εἰσὶν αἱ HI ἥ τε] εἴτε E[1] 7 τὸ alt. om. E 8 καὶ om. I τρία ⟨εἶναι⟩ Spengel οὖν om. F τόπον . . . 9 τὸ alt. om. E[1] 10 περὶ] ὑπὲρ EJK εἴπομεν K 21 ἤτοι] ἢ τὸ E 22 ἑαυτῷ EFIK

ἕλξις, ὦσις, ὄχησις, δίνησις. ἅπασαι γὰρ αἱ κατὰ τόπον κινήσεις ἀνάγονται εἰς ταύτας· ἡ μὲν γὰρ ἔπωσις ὦσίς τίς ἐστιν, ὅταν τὸ ἀφ' αὑτοῦ κινοῦν ἐπακολουθοῦν ὠθῇ, ἡ δ' ἄπωσις, ὅταν μὴ ἐπακολουθῇ κινῆσαν, ἡ δὲ ῥῖψις, ὅταν σφο-
243b δροτέραν ποιήσῃ τὴν ἀφ' αὑτοῦ κίνησιν τῆς κατὰ φύσιν φορᾶς, καὶ μέχρι τοσούτου φέρηται ἕως ἂν κρατῇ ἡ κίνησις. πάλιν ἡ δίωσις καὶ σύνωσις ἄπωσις καὶ ἕλξις εἰσίν· ἡ μὲν γὰρ δίωσις ἄπωσις (ἢ γὰρ ἀφ' αὑτοῦ ἢ ἀπ' ἄλλου ἐστὶν ἡ ἄπωσις), ἡ δὲ σύνωσις ἕλξις (καὶ γὰρ πρὸς αὑτὸ καὶ πρὸς ἄλλο ἡ ἕλξις). ὥστε καὶ ὅσα τούτων εἴδη, οἷον σπάθησις καὶ κέρκισις· ἡ μὲν γὰρ σύνωσις, ἡ δὲ δίωσις. ὁμοίως δὲ καὶ αἱ ἄλλαι συγκρίσεις καὶ διακρίσεις – ἅπασαι γὰρ ἔσονται διώσεις ἢ συνώσεις – πλὴν ὅσαι ἐν γενέσει καὶ φθορᾷ εἰσιν. ἅμα δὲ φανερὸν ὅτι οὐδ' ἔστιν ἄλλο τι γένος κινήσεως ἡ σύγκρισις καὶ διάκρισις· ἅπασαι γὰρ διανέμονται εἴς τινας τῶν εἰρημένων. ἔτι δ' ἡ μὲν εἰσπνοὴ ἕλξις, ἡ δ' ἐκπνοὴ ὦσις. ὁμοίως δὲ καὶ ἡ πτύσις, καὶ ὅσαι ἄλλαι διὰ τοῦ σώματος ἢ ἐκκριτικαὶ ἢ ληπτικαὶ κινήσεις· αἱ μὲν γὰρ ἕλξεις εἰσίν, αἱ δ' ἀπώσεις. δεῖ δὲ καὶ τὰς ἄλλας τὰς κατὰ τόπον ἀνάγειν· ἅπασαι γὰρ πίπτουσιν εἰς τέσσαρας ταύτας. τούτων δὲ πάλιν ἡ ὄχησις καὶ ἡ δίνησις εἰς ἕλξιν καὶ ὦσιν. ἡ μὲν γὰρ ὄχησις κατὰ τούτων τινὰ τῶν τριῶν τρόπων ἐστίν (τὸ μὲν γὰρ ὀχούμενον κινεῖται κατὰ συμβεβηκός, ὅτι ἐν κινουμένῳ ἐστὶν ἢ ἐπὶ κινουμένου τινός, τὸ δ' ὀχοῦν ὀχεῖ ἢ ἑλκόμενον ἢ
244a ὠθούμενον ἢ δινούμενον, ὥστε κοινή ἐστιν ἁπασῶν τῶν τριῶν ἡ ὄχησις)· ἡ δὲ δίνησις σύγκειται ἐξ ἕλξεώς τε καὶ ὤσεως· ἀνάγκη γὰρ τὸ δινοῦν τὸ μὲν ἕλκειν τὸ δ' ὠθεῖν· τὸ μὲν γὰρ ἀφ' αὑτοῦ τὸ δὲ πρὸς αὑτὸ ἄγει. ὥστ' εἰ τὸ ὠθοῦν καὶ

[a]17 ὦσις om. c 19 ἀφ' αὑτοῦ Ross ex S: ἀπ' αὐτοῦ Σ ἐπακολουθοῦν cjy S: ἐπακόλουθον b 20 δὲ Basiliensis: δὴ Σ [b]1 ἀφ' αὑτοῦ Ross: ἀπ' αὐτοῦ Σ 4 ἀφ' αὑτοῦ S, Spengel: ἀπ' αὐτοῦ Σ 8 αἱ om. y 10 οὐδὲν y 11 ἡ S, Prantl: ἢ Σ 15 an δεῖ δὴ? Ross 17 ὄχλησις cj καὶ ἡ ... 18 ὄχησις om. y 18 ὄχλησις cj 20 ὠθοῦν cjy ἔχει b 244[a]4 αὑτὸ P, Spengel: αὐτὸν jy: αὑτὸν bc

καὶ τὸ κινούμενον ἔσται, καὶ οὐθὲν αὐτῶν μεταξύ· τὸ δ' ὑπ' ἄλλου κινούμενον τετραχῶς κινεῖται· αἱ γὰρ ὑφ' ἑτέρου κινήσεις τέτταρές εἰσιν, ὦσις ἕλξις ὄχησις δίνησις. καὶ γὰρ τὰς ἄλλας πάσας εἰς ταύτας ἀνάγεσθαι συμβαίνει. τῆς μὲν οὖν ὤσεως τὸ μὲν ἔπωσις τὸ δὲ ἄπωσίς ἐστιν. ἔπωσις μὲν οὖν ἐστιν ὅταν τὸ κινοῦν τοῦ κινουμένου μὴ ἀπολείπηται, ἄπωσις δὲ ὅταν τὸ ἀπωθοῦν ἀπολείπηται. ἡ δὲ ὄχησις ἐν ταῖς τρισὶν ἔσται κινήσεσιν. τὸ μὲν γὰρ ὀχούμενον οὐ καθ' αὑτὸ κινεῖται ἀλλὰ κατὰ συμβεβηκός (τῷ γὰρ ἐν κινουμένῳ εἶναι ἢ ἐπὶ κινουμένου κινεῖται), τὸ δὲ ὀχοῦν 243b κινεῖται ἢ ὠθούμενον ἢ ἑλκόμενον ἢ δινούμενον. φανερὸν οὖν ὅτι ἡ ὄχησις ἐν ταῖς τρισὶν ἔσται κινήσεσιν. ἡ δ' ἕλξις ὅταν ἤτοι πρὸς αὑτὸ ἢ πρὸς ἕτερον θάττων ᾖ ἡ κίνησις ἡ τοῦ ἕλκοντος μὴ χωριζομένη τῆς τοῦ ἑλκομένου. καὶ γὰρ πρὸς αὑτό ἐστιν ἡ ἕλξις καὶ πρὸς ἕτερον. καὶ αἱ λοιπαὶ δὲ [ἕλξεις] αἱ αὐταὶ τῷ εἴδει εἰς ταῦτα ἀναχθήσονται, οἷον ἡ εἴσπνευσις καὶ ἡ ἔκπνευσις καὶ ἡ πτύσις καὶ ὅσαι τῶν σωμάτων ἢ ἐκκριτικαὶ ἢ ληπτικαί εἰσι, καὶ ἡ σπάθησις δὴ καὶ ἡ κέρκισις· τὸ μὲν γὰρ αὐτῶν σύγκρισις τὸ δὲ διάκρισις. καὶ πᾶσα δὴ κίνησις ἡ κατὰ τόπον σύγκρισις καὶ διάκρισίς ἐστιν. ἡ

a25 δίνησις ὄχησις F ταῦτα F 27 ἀπολίπηται I ἄπωσις ... 28 ἀπολείπηται om. F 28 ἀπῶσαν E ἀπολίπηται E[1]I ἐστι FHI b21 ἢ ἐπὶ κινουμένῳ E 23 ἐστι FHI ὅταν ἤτοι Ross cum S: ἤτοι ὅταν EΓIJK: ἤτοι ὅτε H αὑτὸ FHK: αὑτὸν EIS θάττων FHJS: θᾶττον K: ὅταν θάττων EI ᾖ om. E[1]S 24 ἡ om. EJ[1] ᾗ E[2]S: om. F μὴ om. E τῆς EFJKS: om. HI καὶ γὰρ καὶ J 25 αὑτόν EFIJK ἡ om. FHIK ἕλξεις secl. Ross αἱ αὐταί: αὗται E: αὐταὶ Ross 26 ταύτας HIJK 27 ἢ pr. om. HI 28 δὲ KΛ 29 καὶ pr ... διάκρισίς om. K τὸ ἕλκον ἅμα τῷ ὠθουμένῳ καὶ τῷ ἑλκομένῳ, φανερὸν ὅτι τοῦ κατὰ τόπον κινουμένου καὶ κινοῦντος οὐδέν ἐστι μεταξύ.

ἀλλὰ μὴν τοῦτο δῆλον καὶ ἐκ τῶν ὁρισμῶν· ὦσις μὲν γάρ ἐστιν ἡ ἀφ' αὑτοῦ ἢ ἀπ' ἄλλου πρὸς ἄλλο κίνησις, ἕλξις δὲ ἡ ἀπ' ἄλλου πρὸς αὑτὸ ἢ πρὸς ἄλλο, ὅταν θάττων ἡ κίνησις ᾖ τοῦ ἕλκοντος τῆς χωριζούσης ἀπ' ἀλλήλων τὰ συνεχῆ· οὕτω γὰρ συνεφέλκεται θάτερον. (τάχα δὲ δόξειεν ἂν εἶναί τις ἕλξις καὶ ἄλλως· τὸ γὰρ ξύλον ἕλκει τὸ πῦρ οὐχ οὕτως. τὸ δ' οὐθὲν διαφέρει κινουμένου τοῦ ἕλκοντος ἢ μένοντος ἕλκειν· ὁτὲ μὲν γὰρ ἕλκει οὗ ἔστιν, ὁτὲ δὲ οὗ ἦν.) ἀδύνατον δὲ ἢ ἀφ' αὑτοῦ πρὸς ἄλλο ἢ ἀπ' ἄλλου πρὸς αὑτὸ κινεῖν μὴ ἁπτόμενον, ὥστε φανερὸν ὅτι τοῦ κατὰ τόπον κινουμένου καὶ κινοῦντος οὐδέν ἐστι μεταξύ.

ἀλλὰ μὴν οὐδὲ τοῦ ἀλλοιουμένου καὶ τοῦ ἀλλοιοῦντος. τοῦτο δὲ δῆλον ἐξ ἐπαγωγῆς· ἐν ἅπασι γὰρ συμβαίνει ἅμα εἶναι τὸ ἔσχατον ἀλλοιοῦν καὶ τὸ πρῶτον ἀλλοιούμενον· ⟨ὑπόκειται γὰρ ἡμῖν τὸ τὰ ἀλλοιούμενα κατὰ τὰς παθητικὰς καλουμένας ποιότητας πάσχοντα ἀλλοιοῦσθαι⟩. ἅπαν γὰρ σῶμα σώματος διαφέρει τοῖς αἰσθητοῖς ἢ πλείοσιν ἢ ἐλάττοσιν ἢ τῷ μᾶλλον καὶ ἧττον τοῖς αὐτοῖς· ἀλλὰ μὴν καὶ ἀλλοιοῦται τὸ ἀλλοιούμενον ὑπὸ τῶν

ᵃ5 τῷ alt. om. S 9–10 ὅταν... συνεχῆ om. γρ A 9 αὑτὸ Moreliana: αὐτὸ Σ θάττων Ross cum S: θᾶττον Σ 10 τοῦ ἕλκοντος secl. Ross, om. S τῆς χωριζούσης bS: ἡ χωρίζουσα cjy: ἢ ἡ χωρίζουσα Gaye: μὴ χωρὶς οὖσα Diels ἀπ'... συνεχῆ ΣS: secl. Diels 12 τὸ πῦρ S dett.: om. Σ 15 δὲ ἢ c αὑτὸ Moreliana: αὐτὸ Σ ᵇ2–3 ἀλλὰ... ἐπαγωγῆς ΣS: ὁμοίως δὲ κἂν εἴ τι ἔστι ποιητικὸν καὶ γεννητικὸν τοῦ ποιοῦ, καὶ τοῦτο ἀνάγκη ποιεῖν ἁπτόμενον βαρὺ κοῦφον γρ. A 5 πρῶτον AS, Spengel: om. Σ ὑπόκειται... 5ᵇ ἀλλοιοῦσθαι add. Prantl et Ross ex S: τὸ γὰρ ποιὸν ἀλλοιοῦται τῷ αἰσθητὸν εἶναι, αἰσθητὰ δ' ἐστίν, οἷς διαφέρουσι τὰ σώματα ἀλλήλων e textu altero 244ᵃ27–244ᵇ16 addenda ci. Prantl post ἀλλοιοῦσθαι 5ᵇ–ᵈ ἅπαν... ἀλλοιούμενον H et ut vid. S: om. Σ δὲ δίνησις σύγκειται ἐξ ἕλξεως καὶ ὤσεως. τὸ μὲν γὰρ ὠθεῖ 244a τὸ κινοῦν, τὸ δ᾽ ἕλκει. φανερὸν οὖν ὡς ἐπεὶ ἅμα τὸ ὠθοῦν καὶ τὸ ἕλκον τῷ ἑλκομένῳ καὶ ὠθουμένῳ ἐστίν, οὐθὲν μεταξὺ τοῦ κινουμένου καὶ τοῦ κινοῦντός ἐστιν.

τοῦτο δὲ δῆλον καὶ ἐκ τῶν ὁρισμῶν· ἡ μὲν γὰρ ὦσις ἢ ἀφ᾽ ἑαυτοῦ ἢ ἀπ᾽ ἄλλου πρὸς ἄλλο κίνησις, ἡ δ᾽ ἕλξις ἀπ᾽ ἄλλου πρὸς αὑτὸ ἢ πρὸς ἄλλο. ἔτι ἡ σύνωσις καὶ ἡ δίωσις. ἡ δὲ ῥῖψις ὅταν θάττων ἡ κίνησις γένηται τῆς κατὰ φύσιν τοῦ φερομένου σφοδροτέρας γενομένης τῆς ὤσεως, καὶ μέχρι τούτου συμβαίνει φέρεσθαι μέχρι ἂν οὗ σφοδροτέρα ᾖ ἡ κίνησις τοῦ φερομένου· φανερὸν δὴ ὅτι τὸ κινούμενον καὶ τὸ κινοῦν ἅμα, καὶ οὐθὲν αὐτῶν ἐστιν μεταξύ.

ἀλλὰ μὴν οὐδὲ τοῦ ἀλλοιουμένου καὶ τοῦ ἀλλοιοῦντος οὐδέν ἐστιν μεταξύ. τοῦτο δὲ δῆλον ἐκ τῆς ἐπαγωγῆς. ἐν ἅπασι γὰρ συμβαίνει ἅμα εἶναι τὸ ἀλλοιοῦν ἔσχατον καὶ τὸ πρῶτον ἀλλοιούμενον. τὸ γὰρ ποιὸν ἀλλοιοῦται τῷ αἰσθητὸν εἶναι, αἰσθητὰ δέ ἐστιν οἷς διαφέρουσιν τὰ σώματα ἀλλήλων, οἷον βαρύτης κουφότης, σκληρότης 244b μαλακότης, ψόφος ἀψοφία, λευκότης μελανία, γλυκύτης πικρότης, ὑγρότης ξηρό-

244a16 ἐξ] μὲν ἐξ FHJK 17 εἴπερ FHJK ὠθουμένῳ καὶ ἑλκομένῳ H 18 κινοῦντος καὶ τοῦ κινουμένου K 19 ὁρισμῶν FJ[2]: εἰρημένων HIJ[1]K ἄπωσις E 20–1 ἀπ᾽ alt. ... δίωσις] ἤδη σύνωσις E 21 ἡ alt. om. FJK ῥέψις E θᾶττον IK 22 γενησομένης E 23 τούτου] τούτου γενομένου FK: τούτου γινομένου J συμφέρει γίνεσθαι K ἂν om. HIJK ᾖ om. E: εἴη FI 24 φερομένου] κινουμένου H δὴ διότι JK κινοῦν καὶ τὸ κινούμενον F 25–6 ἀλλὰ ... μεταξύ om. F 25 οὐδὲ om. E τοῦ alt. om. K 26 ἀγωγῆς E 27 τὸ pr.] τό τε KΛ 28 οἷς om. E[1] b17 μελανότης FJK

εἰρημένων. ταῦτα γάρ ἐστι πάθη τῆς ὑποκειμένης ποιότητος· ἢ γὰρ θερμαινόμενον ἢ γλυκαινόμενον ἢ πυκνούμενον ἢ ξηραινόμενον ἢ λευκαινόμενον ἀλλοιοῦσθαί φαμεν, ὁμοίως τό τε ἄψυχον καὶ τὸ ἔμψυχον λέγοντες, καὶ πάλιν τῶν ἐμψύχων τά τε μὴ αἰσθητικὰ τῶν μερῶν καὶ αὐτὰς τὰς αἰσθήσεις. ἀλλοιοῦνται γάρ πως καὶ αἱ αἰσθήσεις· ἡ γὰρ αἴσθησις ἡ κατ' ἐνέργειαν κίνησίς ἐστι διὰ τοῦ σώματος, πασχούσης τι τῆς αἰσθήσεως. καθ' ὅσα μὲν οὖν τὸ ἄψυχον ἀλλοιοῦται, καὶ τὸ ἔμψυχον, καθ' ὅσα δὲ τὸ ἔμψυχον, οὐ κατὰ ταῦτα πάντα τὸ ἄψυχον (οὐ γὰρ ἀλλοιοῦται κατὰ τὰς αἰσθήσεις)· καὶ τὸ μὲν λανθάνει, τὸ δ' οὐ
245a λανθάνει πάσχον. οὐδὲν δὲ κωλύει καὶ τὸ ἔμψυχον λανθάνειν, ὅταν μὴ κατὰ τὰς αἰσθήσεις γίγνηται ἡ ἀλλοίωσις. εἴπερ οὖν ἀλλοιοῦται τὸ ἀλλοιούμενον ὑπὸ τῶν αἰσθητῶν, ἐν ἅπασί γε τούτοις φανερὸν ὅτι ἅμα ἐστὶ τὸ ἔσχατον ἀλλοιοῦν καὶ τὸ πρῶτον ἀλλοιούμενον· τῷ μὲν γὰρ συνεχὴς ὁ ἀήρ, τῷ δ' ἀέρι τὸ σῶμα. πάλιν δὲ τὸ μὲν χρῶμα τῷ φωτί, τὸ δὲ φῶς τῇ ὄψει. τὸν αὐτὸν δὲ τρόπον καὶ ἡ ἀκοὴ καὶ ἡ ὄσφρησις· πρῶτον γὰρ κινοῦν πρὸς τὸ κινούμενον ὁ ἀήρ. καὶ ἐπὶ τῆς γεύσεως ὁμοίως· ἅμα γὰρ τῇ γεύσει ὁ χυμός. ὡσαύτως δὲ καὶ ἐπὶ τῶν ἀψύχων καὶ ἀναισθήτων. ὥστ' οὐ-
11 δὲν ἔσται μεταξὺ τοῦ ἀλλοιουμένου καὶ τοῦ ἀλλοιοῦντος.
11 οὐδὲ μὴν τοῦ αὐξανομένου τε καὶ αὔξοντος· αὐξάνει γὰρ τὸ πρῶτον αὖξον προσγιγνόμενον, ὥστε ἓν γίγνεσθαι τὸ ὅλον. καὶ πάλιν φθίνει τὸ φθῖνον ἀπογιγνομένου τινὸς τῶν τοῦ φθίνοντος.

b6 τῆς ὑποκειμένης ΗΣS: τοῖς ὑποκειμένοις Spengel: τοῦ ὑποκειμένου Prantl 8 τό τε Ross: τε τὸ Σ: τὸ Η 11 πως ΣS: om. Η 12 τοῦ ΣS: om. Η 14 ταῦτα om. Η 245a8 πρῶτον γὰρ] τῷ πρῶτον κινοῦντι· τὸ γὰρ πρῶτον Η 10 καὶ alt. ΣS: καὶ τῶν Η 11 ἀλλοιουμένου . . . ἀλλοιοῦντος ΣS: ἀλλοιοῦντος καὶ τοῦ ἀλλοιουμένου Η οὐδὲ] οὐδὲ μὴν τοῦ αὐξανομένου καὶ τοῦ ἀλλοιοῦντος οὐδὲ c 12 καὶ αὐξάνοντος Η 13 ἓν om. Η της, πυκνότης μανότης, καὶ τὰ μεταξὺ τούτων, ὁμοίως δὲ καὶ τὰ ἄλλα τὰ ὑπὸ τὰς αἰσθήσεις, ὧν ἐστι καὶ ἡ θερμότης καὶ ἡ ψυχρότης, καὶ ἡ λειότης καὶ ἡ τραχύτης. ταῦτα γάρ ἐστι πάθη τῆς ὑποκειμένης ποιότητος. τούτοις γὰρ διαφέρουσι τὰ αἰσθητὰ τῶν σωμάτων ἢ κατὰ τὸ τούτων τι μᾶλλον καὶ ἧττον [καὶ τῷ τούτων τι] πάσχειν. θερμαινόμενα γὰρ ἢ ψυχόμενα ἢ γλυκαινόμενα ἢ πικραινόμενα ἢ κατά τι ἄλλο τῶν προειρημένων ὁμοίως τά τε ἔμψυχα τῶν σωμάτων καὶ τὰ ἄψυχα καὶ τῶν ἐμψύχων ὅσα τῶν μερῶν ἄψυχα. καὶ αὐταὶ δὲ αἱ αἰσθήσεις ἀλλοιοῦνται. πάσχουσι γάρ· ἡ γὰρ ἐνέργεια αὐτῶν κίνησίς ἐστιν διὰ σώματος πασχούσης τι τῆς αἰσθήσεως. καθ’ ὅσα μὲν οὖν ἀλλοιοῦνται τὰ ἄψυχα, καὶ τὰ ἔμψυχα κατὰ πάντα ταῦτα ἀλλοιοῦνται· καθ’ ὅσα δὲ τὰ ἔμψυχα ἀλλοιοῦνται, κατὰ ταῦτα οὐκ ἀλλοιοῦνται τὰ ἄψυχα (κατὰ γὰρ τὰς αἰσθήσεις 245^{a} οὐκ ἀλλοιοῦνται)· καὶ λανθάνει ἀλλοιούμενα τὰ ἄψυχα. οὐθὲν δὲ κωλύει καὶ τὰ ἔμψυχα λανθάνειν ἀλλοιούμενα, ὅταν μὴ κατὰ τὰς αἰσθήσεις συμβαίνῃ τὸ τῆς ἀλλοιώσεως αὐτοῖς. εἴπερ οὖν αἰσθητὰ μὲν τὰ πάθη,

^{b}18 τὸ F ὁμοίως . . . 20 ποιότητος margo E^{2} 19 ἡ alt. et 20 ἡ om. I 20 πάθη F et margo E: πάθος IJK 21 τοῖς γὰρ E^{1} τὸ om. $E^{1}I^{1}$ τι om. I^{1} 22 καὶ alt. . . . τι secl. Ross 23 ἢ γλυκαινόμενα om. E ἄλλο τι FJK προειρημένων ἀλλοιοῦσθαι φαμέν. ὁμοίως margo F 24 καὶ alt.] λέγοντες καὶ I 25 ὅσα] πάλιν ὅσα I αἱ om. E^{2} 26 γὰρ κατ’ ἐνέργειαν αἴσθησις κίνησίς I διὰ . . . 27 αἰσθήσεως om. E^{1} 27 ἀλλοιοῦται EFJ τὰ pr. om. E^{1} 28 ἀλλοιοῦται J ἀλλοιοῦται FJ 245^{a}17 ἀλλοιοῦται F 18 ἀλλοιοῦται E καὶ] καὶ τὰ μὲν I τὰ . . . 19 ἀλλοιούμενα] τὰ δ’ οὐ λανθάνει, ἔνια δὲ λανθάνει I 19 λανθάνειν] λανθάνει δὲ E 20 αὐτῆς FI

ἀνάγκη οὖν συνεχὲς εἶναι καὶ τὸ αὖξον καὶ τὸ φθῖνον, τῶν δὲ συνεχῶν οὐδὲν μεταξύ. φανερὸν οὖν ὅτι τοῦ κινουμένου καὶ
245b τοῦ κινοῦντος πρώτου καὶ ἐσχάτου πρὸς τὸ κινούμενον οὐδέν ἐστιν ἀνὰ μέσον.

3 Ὅτι δὲ τὸ ἀλλοιούμενον ἅπαν ἀλλοιοῦται ὑπὸ τῶν αἰσθητῶν, καὶ ἐν μόνοις ὑπάρχει τούτοις ἀλλοίωσις ὅσα καθ' αὑτὰ λέγεται πάσχειν ὑπὸ τῶν αἰσθητῶν, ἐκ τῶνδε θεωρητέον. τῶν γὰρ ἄλλων μάλιστ' ἄν τις ὑπολάβοι ἔν τε τοῖς σχήμασι καὶ ταῖς μορφαῖς καὶ ἐν ταῖς ἕξεσι καὶ ταῖς τούτων λήψεσι καὶ ἀποβολαῖς ἀλλοίωσιν ὑπάρχειν· ἐν οὐδετέροις δ' ἔστιν. τὸ μὲν γὰρ σχηματιζόμενον καὶ ῥυθμιζόμενον ὅταν ἐπιτελεσθῇ, οὐ λέγομεν ἐκεῖνο ἐξ οὗ ἐστιν, οἷον τὸν ἀνδριάντα χαλκὸν ἢ τὴν πυραμίδα κηρὸν ἢ τὴν κλίνην ξύλον, ἀλλὰ παρωνυμιάζοντες τὸ μὲν χαλκοῦν, τὸ δὲ κήρινον, τὸ δὲ ξύλινον. τὸ

[a]16 οὖν] δὲ y   [b]1 τὸ ΣP: τι H   3 πᾶν S   4–5 καὶ . . . αἰσθητῶν HbS: om. cjy   5 αὐτὰ πάσχει S   6 τε om. S   7 ταῖς om. S: ἐν ταῖς bcj   ἐν om. S   καὶ] καὶ ἐν c: ἢ S   8 οὐδετέραις H   9 καὶ ῥυθμιζόμενον om. Σ   12 τὸ pr. et alt.] τὸν Σ

διὰ δὲ τούτων ἡ ἀλλοίωσις, τούτοις γε φανερὸν ὅτι τὸ πάσχον καὶ τὸ
πάθος ἅμα, καὶ τούτων οὐθέν ἐστιν μεταξύ. τῷ μὲν γὰρ ὁ ἀὴρ συνεχής, τῷ
δ' ἀέρι συνάπτει τὸ σῶμα· καὶ ἡ μὲν ἐπιφάνεια πρὸς τὸ φῶς, τὸ δὲ
φῶς πρὸς τὴν ὄψιν. ὁμοίως δὲ καὶ ἡ ἀκοὴ καὶ ἡ ὄσφρησις πρὸς τὸ κι-
νοῦν αὐτὰς πρῶτον. τὸν αὐτὸν δὲ τρόπον ἅμα καὶ ἡ γεῦσις καὶ ὁ χυμός 25
ἐστιν [ὡσαύτως δὲ καὶ ἐπὶ τῶν ἀψύχων καὶ τῶν ἀναισθήτων]. 26
καὶ τὸ αὐ- 26
ξανόμενον δὲ καὶ τὸ αὖξον· πρόσθεσις γάρ τις ἡ αὔξησις, ὥσθ' ἅμα τό
τ' αὐξανόμενον καὶ τὸ αὖξον. καὶ ἡ φθίσις δέ· τὸ γὰρ τῆς φθίσεως αἴ-
τιον ἀφαίρεσίς τις. φανερὸν δὴ ὡς τοῦ κινοῦντος ἐσχάτου καὶ τοῦ κινου-
μένου πρώτου οὐθέν ἐστιν μεταξύ [ἀνὰ μέσον τοῦ τε κινοῦντος καὶ τοῦ κι- 245b
νουμένου].

Ὅτι δὲ τὰ ἀλλοιούμενα ἀλλοιοῦνται πάντα ὑπὸ τῶν αἰσθητῶν, καὶ **3**
ἐν μόνοις τούτοις ἔστιν ἀλλοίωσις ὅσα καθ' αὑτὰ λέγεται πάσχειν ὑπὸ τούτων, 20
ἐκ τῶνδε θεωρήσωμεν. τῶν γὰρ ἄλλων μάλιστα ἄν τις ὑπολάβοι ἔν τε τοῖς
σχήμασι καὶ ταῖς μορφαῖς καὶ ταῖς ἕξεσι καὶ ταῖς τούτων ἀποβολαῖς

[a]21 τούτοις] τοῦτό FIJK γε om. E: γε δὴ FJK 22–5 καὶ . . . ἅμα om. F[1] 22 τῷ] ὁ E ὁ om. E 23 ἡ μὲν ἐπιφάνεια] τὸ μὲν χρῶμα K 24 ἡ pr. om. E[1] πρὸς] τὸ πρὸς I 25 αὐτὰς] αὐτὰ EIJ[1]K 26 ὡσαύτως . . . ἀναισθήτων om. E[1] αἰσθητῶν K et margo E αὐξόμενον J 29 δὴ Spengel: δὲ FIK: οὖν EJ [b]17 ἀνὰ . . . κινουμένου om. I 19 τὰ om. E[1] ἀλλοιοῦται E 20 ἐν μόνοις τούτοις] μόνων τούτων EFJK ὅσα] ἢ ὅσα E αὐτὸ J λέγεται πάσχειν] πάσχει E 21 ἐκ τῶνδε] δὲ E[1] ἄν τις ὑπολάβοι om. EI[1] ἔν τε om. E 22 μεταφοραῖς J[1] τούτων] τούτων δὲ I

δὲ πεπονθὸς καὶ ἠλλοιωμένον προσαγορεύομεν· ὑγρὸν γὰρ καὶ θερμὸν καὶ σκληρὸν τὸν χαλκὸν λέγομεν καὶ τὸν κηρόν (καὶ οὐ μόνον οὕτως, ἀλλὰ καὶ τὸ ὑγρὸν καὶ τὸ θερμὸν χαλκὸν λέγομεν), ὁμωνύμως τῷ πάθει προσαγορεύοντες τὴν
246a ὕλην. ὥστ' εἰ κατὰ μὲν τὸ σχῆμα καὶ τὴν μορφὴν οὐ λέγεται τὸ γεγονὸς ἐν ᾧ ἐστι τὸ σχῆμα, κατὰ δὲ τὰ πάθη καὶ τὰς ἀλλοιώσεις λέγεται, φανερὸν ὅτι οὐκ ἂν εἶεν αἱ γενέσεις ἀλλοιώσεις. ἔτι δὲ καὶ εἰπεῖν οὕτως ἄτοπον ἂν δόξειεν, ἠλλοιῶσθαι τὸν ἄνθρωπον ἢ τὴν οἰκίαν ἢ ἄλλο ὁτιοῦν τῶν γεγενημένων· ἀλλὰ γίγνεσθαι μὲν ἴσως ἕκαστον ἀναγκαῖον ἀλλοιουμένου τινός, οἷον τῆς ὕλης πυκνουμένης ἢ μανουμένης ἢ θερμαινομένης ἢ ψυχομένης, οὐ μέντοι τὰ γιγνόμενά γε ἀλλοιοῦται, οὐδ' ἡ γένεσις αὐτῶν ἀλλοίωσίς ἐστιν.

ἀλλὰ μὴν οὐδ' αἱ ἕξεις οὔθ' αἱ τοῦ σώματος οὔθ' αἱ τῆς ψυχῆς ἀλλοιώσεις. αἱ μὲν γὰρ ἀρεταὶ αἱ δὲ κακίαι τῶν ἕξεων· οὐκ ἔστι δὲ οὔτε ἡ ἀρετὴ οὔτε ἡ κακία ἀλλοίωσις, ἀλλ' ἡ μὲν ἀρετὴ τελείωσίς τις (ὅταν γὰρ λάβῃ τὴν αὑτοῦ ἀρετήν, τότε λέγεται τέλειον ἕκαστον – τότε γὰρ ἔστι μάλιστα [τὸ] κατὰ φύσιν – ὥσπερ κύκλος τέλειος, ὅταν μάλιστα γένηται κύκλος καὶ ὅταν βέλτιστος), ἡ δὲ κακία φθορὰ τούτου καὶ ἔκστασις· ὥσπερ οὖν οὐδὲ τὸ τῆς οἰκίας τελείωμα λέγομεν ἀλλοίωσιν (ἄτοπον γὰρ εἰ ὁ θριγκὸς καὶ ὁ κέραμος ἀλ-

[b]13–14 ὑγρὸν . . . σκληρὸν HIT: ξηρὸν γὰρ καὶ ὑγρὸν καὶ σκληρὸν καὶ θερμὸν Σ   14 καὶ τὸν κηρὸν λέγομεν I: λέγομεν καὶ τὸ ξύλον ST   15 καὶ alt. om. y   καὶ alt. . . . 16 χαλκὸν] χαλκὸν καὶ τὸ θερμὸν ξύλον S   16–246a1 λέγομεν . . . ὕλην] ὁμωνύμως λέγοντες τῷ πάθει HI[1]   246a1 μὲν κατὰ H   καὶ om. Bekker (an casu?)   οὐ] μὴ H   3 γενέσεις HS: γενέσεις αὗται IΣ   4 εἰπεῖν οὕτως IΣS: οὕτως εἰπεῖν H   5 ἠλλοιῶσθαι τὸν ἄνθρωπον] ἢ ἀλλοιοῦσθαι τὸν ἄνθρωπον Σ: ἢ τὸν ἄνθρωπον ἠλλοιῶσθαι I   6 γίνεσθαι IS: γενέσθαι HΣ   ἴσως om. S   9 γε om. I   ἀλλοιοῦνται I: ἀλλοιοῦτε c   10–11 ἀλλὰ . . . ἀλλοιώσεις bHIS: om. cjy   13 τις] τις ἐστιν bcj   γὰρ om. cj   14 ἕκαστον τέλειον I   γὰρ] γὰρ καὶ I   μάλιστά ἐστι HI: μάλιστα y   15 τὸ secl. Ross, om. ST   16 καὶ ὅταν βέλτιστος an omittenda? Ross: βέλτιστος Σ   17 οὔτε Σ   18 κέραμος ἀλλοιώσεις HI

καὶ λήψεσιν ἀλλοίωσιν ὑπάρχειν. δοκεῖ γὰρ ὑπάρχειν τὸ τῆς ἀλλοιώσεως, οὐκ ἔστιν δὲ οὐδ' ἐν τούτοις, ἀλλὰ γίγνεται [τὸ σχῆμα] ἀλλοιουμένων τινῶν ταῦτα (πυκνουμένης γὰρ ἢ μανουμένης ἢ θερμαινομένης ἢ ψυχομένης τῆς ὕλης), ἀλλοίωσις δὲ οὐκ ἔστιν. ἐξ οὗ μὲν γὰρ ἡ μορφὴ τοῦ ἀνδριάντος, οὐ λέγομεν τὴν μορφήν, οὐδ' ἐξ οὗ τὸ σχῆμα τῆς πυραμίδος ἢ τῆς κλίνης, ἀλλὰ παρωνυμιάζοντες τὸ μὲν χαλκοῦν τὸ δὲ κήρινον τὸ δὲ ξύλινον· τὸ δ' ἀλλοιούμενον λέγομεν· τὸν γὰρ χαλκὸν ὑγρὸν εἶναι λέγομεν ἢ θερμὸν ἢ σκληρόν (καὶ οὐ μόνον οὕτως, ἀλλὰ καὶ τὸ ὑγρὸν καὶ τὸ θερμὸν χαλκόν), 246^a ὁμωνύμως λέγοντες τῷ πάθει τὴν ὕλην. ἐπεὶ οὖν ἐξ οὗ μὲν ἡ μορφὴ καὶ τὸ σχῆμα καὶ τὸ γεγονὸς ὁμωνύμως οὐ λέγεται τοῖς ἐξ ἐκείνου σχήμασιν, τὸ δ' ἀλλοιούμενον τοῖς πάθεσιν ὁμωνύμως λέγεται, φανερὸν ὡς ἐν μόνοις τοῖς αἰσθητοῖς ἡ ἀλλοίωσις. ἔτι καὶ ἄλλως ἄτοπον. τὸ γὰρ λέγειν τὸν ἄνθρωπον ἠλλοιῶσθαι ἢ τὴν οἰκίαν λαβοῦσαν τέλος γελοῖον, εἰ τὴν τελείωσιν τῆς οἰκίας, τὸν θριγκὸν ἢ τὴν κεραμίδα, φήσομεν ἀλλοίωσιν εἶναι, ⟨ἢ⟩ θριγκουμένης τῆς οἰκίας ἢ κεραμιδουμένης ἀλλοιοῦσθαι τὴν οἰκίαν. δῆλον δὴ ὅτι τὸ τῆς ἀλλοιώσεως οὐκ ἔστιν ἐν τοῖς γιγνομένοις.

οὐδὲ

^{b}23 ἀλλοίωσιν ὑπάρχειν om. EFI^{1}JK γὰρ om. EI^1 24 τὸ σχῆμα dett.: om. EFJK 28 χαλκὸν EI 29 φαμεν θερμὸν E 246^{a}21 θερμὸν καὶ τὸ ὑγρὸν K 22 ὁμωνύμως δὲ λέγοντες E μὲν μορφὴν E^1 23 καὶ et 24 δ' om. E 27 τὸν] ἢ τὸν F ἢ add. Spengel 28 ἢ] ἢ τῆς E^1 δὲ J

λοίωσις, ἢ εἰ θριγκουμένη καὶ κεραμουμένη ἀλλοιοῦται ἀλλὰ μὴ τελειοῦται ἡ οἰκία), τὸν αὐτὸν τρόπον καὶ ἐπὶ τῶν ἀρε-
246b τῶν καὶ τῶν κακιῶν καὶ τῶν ἐχόντων ἢ λαμβανόντων· αἱ μὲν γὰρ τελειώσεις αἱ δὲ ἐκστάσεις εἰσίν, ὥστ' οὐκ ἀλλοιώσεις.

ἔτι δὲ καί φαμεν ἁπάσας εἶναι τὰς ἀρετὰς ἐν τῷ πρός τι πὼς ἔχειν. τὰς μὲν γὰρ τοῦ σώματος, οἷον ὑγίειαν καὶ εὐεξίαν, ἐν κράσει καὶ συμμετρίᾳ θερμῶν καὶ ψυχρῶν τίθεμεν, ἢ αὐτῶν πρὸς αὑτὰ τῶν ἐντὸς ἢ πρὸς τὸ περιέχον· ὁμοίως δὲ καὶ τὸ κάλλος καὶ τὴν ἰσχὺν καὶ τὰς ἄλλας ἀρετὰς καὶ κακίας. ἑκάστη γάρ ἐστι τῷ πρός τι πὼς ἔχειν, καὶ περὶ τὰ οἰκεῖα πάθη εὖ ἢ κακῶς διατίθησι τὸ ἔχον· οἰκεῖα δ' ὑφ' ὧν γίγνεσθαι καὶ φθείρεσθαι πέφυκεν. ἐπεὶ οὖν τὰ πρός τι οὔτε αὐτά ἐστιν ἀλλοιώσεις, οὔτε ἔστιν αὐτῶν ἀλλοίωσις οὐδὲ γένεσις οὐδ' ὅλως μεταβολὴ οὐδεμία, φανερὸν ὅτι οὔθ' αἱ ἕξεις οὔθ' αἱ τῶν ἕξεων ἀποβολαὶ καὶ λήψεις ἀλλοιώσεις εἰσίν, ἀλλὰ γίγνεσθαι μὲν ἴσως αὐτὰς καὶ φθείρεσθαι ἀλλοιουμένων τινῶν ἀνάγκη, καθάπερ καὶ τὸ εἶδος καὶ τὴν μορφήν, οἷον θερμῶν καὶ ψυχρῶν ἢ ξηρῶν καὶ ὑγρῶν, ἢ ἐν οἷς τυγχάνουσιν οὖσαι πρώτοις. περὶ ταῦτα γὰρ ἑκάστη λέγεται κακία καὶ ἀρετή, ὑφ' ὧν ἀλλοιοῦσθαι πέφυκε τὸ ἔχον· ἡ μὲν γὰρ ἀρετὴ ποιεῖ ἢ ἀπαθὲς ἢ ὡδὶ παθητικόν, ἡ δὲ κακία παθητικὸν ἢ ἐναντίως ἀπαθές.

ὁμοίως
247a δὲ καὶ ἐπὶ τῶν τῆς ψυχῆς ἕξεων· ἅπασαι γὰρ καὶ αὗται τῷ πρός τι πὼς ἔχειν, καὶ αἱ μὲν ἀρεταὶ τελειώσεις, αἱ δὲ κακίαι ἐκστάσεις. ἔτι δὲ ἡ μὲν ἀρετὴ εὖ διατίθησι πρὸς τὰ οἰκεῖα πάθη, ἡ δὲ κακία κακῶς. ὥστ' οὐδ' αὗται ἔσονται ἀλλοιώσεις· οὐδὲ δὴ αἱ ἀποβολαὶ καὶ αἱ λήψεις αὐτῶν.

[a]19 εἰ] ἡ HI: εἰ ἡ j καὶ] ἢ I 20 ἡ om. HI αὐτὸν δὴ τρόπον y [b]1 καὶ ἐπὶ τῶν HI καὶ ἐπὶ τῶν H 3 πάσας I εἶναι om. I 5 ψυχρῶν ἢ θερμῶν HI 6 αὐτῶν] αὐτὰ Hcjy αὐτὰ b ἢ] καὶ H 8 ἐστι] ἐν S 11 ἔστιν αὐτῶν HS: αὐτῶν ἐστὶν IΣ 12 οὔτε S οὔθ' Σ ὅλως HIS: ὅλως οὐδὲ Σ 15 καὶ et 16 ἢ om. S 17 πρώτοις HIΣS[p]: πρώτως S[c] 19 ἢ pr. HIS: om. Σ ὡδὶ HIS: ὡς δεῖ Σ 20 ἢ ἐναντίως HIS: μὲν ἐναντίως καὶ Σ 247[a]1 γὰρ] μὲν γὰρ y 2 τελειώσεις εἰσὶν αἱ HI 3 δὲ om. HI πρὸς] τὸ ἔχον πρὸς I 5 αἱ pr. om. I: καὶ cjy

γὰρ ἐν ταῖς ἕξεσιν. αἱ γὰρ ἕξεις ἀρεταὶ καὶ κακίαι, ἀρετὴ δὲ πᾶσα καὶ κακία τῶν πρός τι, καθάπερ ἡ μὲν ὑγίεια θερμῶν καὶ ψυχρῶν συμμετρία τις, ἢ τῶν ἐντὸς ἢ πρὸς τὸ περιέχον. ὁμοίως δὲ καὶ τὸ κάλλος καὶ ἡ ἰσχὺς τῶν πρός τι. διαθέσεις γάρ τινες τοῦ βελτίστου πρὸς τὸ ἄριστον, λέγω δὲ τὸ βέλτιστον τὸ σῶζον καὶ διατιθὲν περὶ τὴν φύσιν. ἐπεὶ οὖν αἱ μὲν ἀρεταὶ καὶ αἱ κακίαι τῶν πρός τι, ταῦτα δὲ οὔτε γενέσεις εἰσὶν οὔτε γένεσις αὐτῶν οὐδ' ὅλως ἀλλοίωσις, φανερὸν ὡς οὐκ ἔστιν ὅλως τὸ τῆς ἀλλοιώσεως περὶ τὰς ἕξεις.

οὐδὲ δὴ περὶ τὰς τῆς ψυχῆς ἀρετὰς καὶ κακίας. ἡ μὲν γὰρ ἀρετὴ τελείωσίς τις (ἕκαστον γὰρ τότε μάλιστα τέλειόν ἐστιν, ὅταν τύχῃ τῆς οἰκείας ἀρετῆς, καὶ μάλιστα κατὰ φύσιν, καθάπερ ὁ κύκλος τότε μάλιστα κατὰ φύσιν ἐστίν, ὅταν μάλιστα κύκλος ᾖ), ἡ δὲ κακία

[a]29 ἐν ταῖς om. E [b]21 ἢ τινῶν E[1] 22 ἡ om. E 23 τὸ βέλτιστον] τοῦ βελτίστου FK 25 αἱ om. K γενέσεις . . . γένεσις] γένεσις (γενέσεις E[2]) εἰσὶν E 26 ἀλλοίωσις . . . ὅλως om. E[1] 27 οὔτε περὶ E[2] οὐδὲ δὴ] οὐ E[1]: οὐ γὰρ δὴ K 28 γὰρ τὸ τέλειόν ἐστιν μάλιστα K ὅταν om. E[1] 30 κακία φθορὰ] παραφορὰ E

γίγνεσθαι δ' αὐτὰς ἀναγκαῖον ἀλλοιουμένου τοῦ αἰσθητικοῦ μέρους. ἀλλοιωθήσεται δ' ὑπὸ τῶν αἰσθητῶν· ἅπασα γὰρ ἡ ἠθικὴ ἀρετὴ περὶ ἡδονὰς καὶ λύπας τὰς σωματικάς, αὗται δὲ ἢ ἐν τῷ πράττειν ἢ ἐν τῷ μεμνῆσθαι ἢ ἐν τῷ ἐλπίζειν. αἱ μὲν οὖν ἐν τῇ πράξει κατὰ τὴν αἴσθησίν εἰσιν, ὥσθ' ὑπ' αἰσθητοῦ τινὸς κινεῖσθαι, αἱ δ' ἐν τῇ μνήμῃ καὶ ἐν τῇ ἐλπίδι ἀπὸ ταύτης εἰσίν· ἢ γὰρ οἷα ἔπαθον μεμνημένοι ἥδονται, ἢ ἐλπίζοντες οἷα μέλλουσιν. ὥστ' ἀνάγκη πᾶσαν τὴν τοιαύτην ἡδονὴν ὑπὸ τῶν αἰσθητῶν γίγνεσθαι. ἐπεὶ δ' ἡδονῆς καὶ λύπης ἐγγιγνομένης καὶ ἡ κακία καὶ ἡ ἀρετὴ ἐγγίγνεται (περὶ ταύτας γάρ εἰσιν), αἱ δ' ἡδοναὶ καὶ αἱ λῦπαι ἀλλοιώσεις τοῦ αἰσθητικοῦ, φανερὸν ὅτι ἀλλοιουμένου τινὸς ἀνάγκη καὶ ταύτας ἀποβάλλειν καὶ λαμβάνειν. ὥσθ' ἡ μὲν γένεσις αὐτῶν μετ' ἀλλοιώσεως, αὐταὶ δ' οὐκ εἰσὶν ἀλλοιώσεις.

247b ἀλλὰ μὴν οὐδ' αἱ τοῦ νοητικοῦ μέρους ἕξεις ἀλλοιώσεις, οὐδ' ἔστιν αὐτῶν γένεσις. πολὺ γὰρ μάλιστα τὸ ἐπιστῆμον ἐν τῷ πρός τι πὼς ἔχειν λέγομεν. ἔτι δὲ καὶ φανερὸν ὅτι οὐκ ἔστιν αὐτῶν γένεσις· τὸ γὰρ κατὰ δύναμιν ἐπιστῆμον οὐδὲν αὐτὸ κινηθὲν ἀλλὰ τῷ ἄλλο ὑπάρξαι γίγνεται ἐπιστῆμον. ὅταν γὰρ γένηται τὸ κατὰ μέρος, ἐπίσταταί πως τὰ καθόλου τῷ ἐν μέρει. πάλιν δὲ τῆς χρήσεως καὶ τῆς ἐνεργείας οὐκ ἔστι γένεσις, εἰ μή τις καὶ τῆς ἀναβλέψεως καὶ τῆς ἁφῆς οἴεται γένεσιν εἶναι· τὸ γὰρ χρῆσθαι καὶ τὸ ἐνεργεῖν ὅμοιον τούτοις. ἡ

[a]7 ἀλλοιωθήσεται ΣS: ἀλλοιοῦται HI   ἡ om. Hy   9 ἢ pr.] τι ἢ S   11 κινεῖσθαι om. HI   ἐν alt. om. Σ   12 εἰσίν om. I   13 μένουσιν H   16 αἱ alt. om. HI   18 ὥσθ' HIbS: ἔτι cjy   19 αὕτη (αὐτὴ S) δ' οὐκ ἔστιν ἀλλοίωσις ΣS   [b]1 αἱ (om. cjy) τοῦ νοητικοῦ (νοητοῦ Σ) μέρους ἕξεις ἀλλοιώσεις HΣS[p]T: τῷ νοητικῷ μέρει αἱ ἕξεις ἀλλοιώσεις I: ἡ τοῦ νοητικοῦ μέρους ἕξις ἀλλοίωσις S[1]   2 αὐτῶν ΠT: αὐτῆς ἀλλοίωσις οὐδὲ S   μάλιστα om. I: μᾶλλον S   4 τὸ γὰρ] ὅτι τὸ HI   οὐδὲ I   5 ὑπάρξει Bekker errore preli   6 τὰ HIAT: τῇ ΣPS   τῷ HIAT: τὸ cjy: τὲ b: τὰ PS   8 καὶ alt.] τε καὶ b   οἴοιτο HI   9 τὸ γὰρ χρῆσθαι S: τὸ γὰρ οἴεσθαι HI: om. Σ

φθορὰ τούτων καὶ ἔκστασις. γίγνεται μὲν οὖν ἀλλοιουμένου τινὸς καὶ ἡ λῆψις τῆς ἀρετῆς καὶ ἡ τῆς κακίας ἀποβολή, ἀλλοίωσις μέντοι τούτων οὐδέτερον. ὅτι δ' ἀλλοιοῦταί τι, δῆλον. ἡ μὲν γὰρ ἀρετὴ ἤτοι ἀπάθειά τις ἢ παθητικὸν ᾡδί, ἡ δὲ κακία παθητικὸν ἢ ἐναντία πάθησις τῇ ἀρετῇ. καὶ τὸ ὅλον τὴν ἠθικὴν ἀρετὴν ἐν ἡδοναῖς καὶ λύπαις εἶναι συμβέβηκεν· ἢ γὰρ κατ' ἐνέργειαν τὸ τῆς ἡδονῆς ἢ διὰ μνήμην ἢ ἀπὸ τῆς ἐλπίδος. εἰ μὲν οὖν κατ' ἐνέργειαν, αἴσθησις τὸ αἴτιον, εἰ δὲ διὰ μνήμην ἢ δι' ἐλπίδα, ἀπὸ ταύτης· ἢ γὰρ οἷα ἐπάθομεν μεμνημένοις τὸ τῆς ἡδονῆς ἢ οἷα πεισόμεθα ἐλπίζουσιν.

ἀλλὰ μὴν οὐδ' ⟨ἐν⟩ τῷ διανοητικῷ μέρει τῆς ψυχῆς ἀλλοίωσις. τὸ γὰρ ἐπιστῆμον μάλιστα τῶν πρός τι λέγεται. τοῦτο δὲ δῆλον· κατ' οὐδεμίαν γὰρ δύναμιν κινηθεῖσιν ἐγγίγνεται τὸ τῆς ἐπιστήμης, ἀλλ' ὑπάρξαντός τινος· ἐκ γὰρ τῆς κατὰ μέρος ἐμπειρίας τὴν καθόλου λαμβάνομεν ἐπιστήμην. οὐδὲ δὴ ἡ ἐνέργεια γένεσις, εἰ μή τις καὶ τὴν ἀνάβλεψιν καὶ τὴν ἁφὴν γενέσεις φησίν· τοιοῦτον γὰρ ἡ ἐνέργεια. ἡ δὲ ἐξ ἀρχῆς λῆψις τῆς ἐπιστήμης οὐκ ἔστι γένεσις οὐδ' ἀλλοίωσις· τῷ γὰρ ἠρεμίζεσθαι καὶ καθ-

247^{a}21 μὲν τοιούτων E^{1} 23 ᾡδί] ὡς δεῖ Spengel παθητικὴ K 24 ἠθικὴν] οἰκείαν J ἐν] ἐν μὲν E^{1} 25 μνήμης FJK εἰ] ἡ E 26 εἰ] ἡ E^{2} μνήμην det.: μνήμης EFJK δι'] τὴν E ἐλπίδος F 27 ἢ] εἰ E τὸ add. E ἡδονῆς ποῖα E 28 ἐν add. Spengel ψυχῆς ἡ ἀλλοίωσις FJK 29 δὲ om. E ^{b}21 ἡ om. E 22 φήσει K

δ’ ἐξ ἀρχῆς λῆψις τῆς ἐπιστήμης γένεσις οὐκ ἔστιν οὐδ’ ἀλλοίωσις· τῷ γὰρ ἠρεμῆσαι καὶ στῆναι τὴν διάνοιαν ἐπίστασθαι καὶ φρονεῖν λεγόμεθα, εἰς δὲ τὸ ἠρεμεῖν οὐκ ἔστι γένεσις· ὅλως γὰρ οὐδεμιᾶς μεταβολῆς, καθάπερ εἴρηται πρότερον. ἔτι δ’ ὥσπερ ὅταν ἐκ τοῦ μεθύειν ἢ καθεύδειν ἢ νοσεῖν εἰς τἀναντία μεταστῇ τις, οὔ φαμεν ἐπιστήμονα γεγονέναι πάλιν (καίτοι ἀδύνατος ἦν τῇ ἐπιστήμῃ χρῆσθαι πρότερον), οὕτως οὐδ’ ὅταν ἐξ ἀρχῆς λαμβάνῃ τὴν ἕξιν· τῷ γὰρ καθίστασθαι τὴν ψυχὴν ἐκ τῆς φυσικῆς ταραχῆς φρόνιμόν τι γίγνεται καὶ ἐπιστῆμον. διὸ καὶ τὰ παιδία οὔτε μανθάνειν δύνανται οὔτε κατὰ τὰς αἰσθήσεις
248a ὁμοίως κρίνειν τοῖς πρεσβυτέροις· πολλὴ γὰρ ἡ ταραχὴ καὶ ἡ κίνησις. καθίσταται δὲ καὶ ἠρεμίζεται πρὸς ἔνια μὲν ὑπὸ τῆς φύσεως αὐτῆς, πρὸς ἔνια δ’ ὑπ’ ἄλλων, ἐν ἀμφοτέροις δὲ ἀλλοιουμένων τινῶν τῶν ἐν τῷ σώματι, καθάπερ ἐπὶ τῆς χρήσεως καὶ τῆς ἐνεργείας, ὅταν νήφων γένηται καὶ ἐγερθῇ. φανερὸν οὖν ἐκ τῶν εἰρημένων ὅτι τὸ ἀλλοιοῦσθαι καὶ ἡ ἀλλοίωσις ἔν τε τοῖς αἰσθητοῖς γίγνεται καὶ ἐν τῷ αἰσθητικῷ μορίῳ τῆς ψυχῆς, ἐν ἄλλῳ δ’ οὐδενὶ πλὴν κατὰ συμβεβηκός.

4 ’Απορήσειε δ’ ἄν τις πότερόν ἐστι κίνησις πᾶσα πάσῃ συμβλητὴ ἢ οὔ. εἰ δὴ ἐστιν πᾶσα συμβλητή, καὶ ὁμοταχὲς τὸ ἐν ἴσῳ χρόνῳ ἴσον κινούμενον, ἔσται περιφερής τις ἴση εὐθείᾳ, καὶ μείζων δὴ καὶ ἐλάττων. ἔτι ἀλλοίωσις καὶ φορά τις ἴση, ὅταν ἐν ἴσῳ χρόνῳ τὸ μὲν ἀλλοιωθῇ τὸ δ’

b10 οὐκ] μὲν οὐκ HS: μὲν οὖν οὐκ I   οὐδ’ ἀλλοίωσις ΣS: om. HI   11 τὸ cj γὰρ] δὲ γρ. S   ἠρεμίσαι I   12 λέγομεν HI   ὅλως] γενέσεως S   οὐδεμία μεταβολὴ HIS   13 ὅταν om. S   15 ἀδύνατον c   ἦν] ᾗ c: ᾗ y   16 οὕτως] ὅταν cjy   17 ἠθικῆς cj   18 ἀρετῆς Σ   γένηται c   19 δύναται I   248a1 κρίνει I   2 δὲ] γὰρ I   ἠρεμίζεται HIS: ἠρεμίζει Σ   πρὸς . . . 3 αὐτῆς HIS: om. Σ   4 τῷ HIS: om. Σ   5 ἐγέρσεως καὶ det.   τῆς om. I   7 ἐν] ἢ ἐν Σ   8 μέρει HI   11 ὁμοιοταχὲς EI   12 ἐν] ἐν τῷ F   ἴσον secl. Prantl   ἴση καὶ εὐθεῖα K   14 φθορά E^{1} ἴση] καὶ H   τὸ alt. EHIS: τι τὸ FJK

ἵστασθαι τὴν ψυχὴν ἐπιστήμων γίγνεται καὶ φρόνιμος. καθάπερ οὖν οὐδ' ὅταν καθεύδων ἐγερθῇ τις ἢ μεθύων παύσηται ἢ νοσῶν καταστῇ, γέγονεν ἐπιστήμων· καίτοι πρότερον οὐκ ἐδύνατο χρῆσθαι καὶ κατὰ τὴν ἐπιστήμην ἐνεργεῖν, εἶτα ἀπαλλαγείσης τῆς ταραχῆς καὶ εἰς ἠρεμίαν καὶ κατάστασιν ἐλθούσης τῆς διανοίας ὑπῆρξεν ἡ δύναμις ἡ πρὸς τὴν τῆς ἐπιστήμης χρείαν. τοιοῦτο δή τι γίγνεται καὶ τὸ ἐξ ἀρχῆς ἐν τῇ τῆς ἐπιστήμης ὑπαρχῇ· τῆς γὰρ ταραχῆς ἠρεμία τις καὶ κατάστασις. οὐδὲ δὴ τὰ παιδία δύναται μαθεῖν οὐδὲ
κρίνειν ταῖς αἰσθήσεσιν ὁμοίως τοῖς πρεσβυτέροις. πολλὴ γὰρ ἡ ταραχὴ 248[a]
περὶ ταῦτα καὶ ἡ κίνησις. καθίσταται δὲ καὶ παύεται τῆς ταραχῆς τοτὲ μὲν ὑπὸ τῆς φύσεως τοτὲ δ' ὑπ' ἄλλων. ἐν ἀμφοτέροις δὲ τούτοις ἀλ-
λοιοῦσθαί τι συμβαίνει, καθάπερ ὅταν ἐγερθῇ καὶ γένηται νήφων πρὸς τὴν 248[b]
ἐνέργειαν. φανερὸν οὖν ὅτι τὸ τῆς ἀλλοιώσεως ἐν τοῖς αἰσθητοῖς καὶ ἐν τῷ αἰσθητικῷ μέρει τῆς ψυχῆς, ἐν ἄλλῳ δ' οὐθενὶ πλὴν κατὰ συμβεβηκός.

[b]26 καίτοι] καὶ τὸ E   χρησθῆναι E[1]   27 εἶτα] ἀλλ' K   ἠρεμίαν καὶ ci. Bekker: ἐρημίαν καὶ E: om. FJK   29 καὶ] κατὰ E[1]   ὑπάρχει E[2]   30 δύναταί τι μαθεῖν F   248[a]26 κρίνειν] κοινωνεῖν E   27 αὐτὰ FJK   28 ἀλλήλων E   [b]27 ἐν alt. om. F

ἐνεχθῇ. ἔσται ἄρα ἴσον πάθος μήκει. ἀλλ' ἀδύνατον. ἀλλ' ἄρα ὅταν ἐν ἴσῳ ἴσον κινηθῇ, τότε ἰσοταχές, ἴσον δ' οὐκ ἔστιν πάθος μήκει, ὥστε οὐκ ἔστιν ἀλλοίωσις φορᾷ ἴση οὐδ' ἐλάττων, ὥστ' οὐ πᾶσα συμβλητή;

ἐπὶ δὲ τοῦ κύκλου καὶ τῆς εὐθείας πῶς συμβήσεται; ἄτοπόν τε γὰρ εἰ μὴ ἔστιν κύκλῳ ὁμοίως τουτὶ κινεῖσθαι καὶ τουτὶ ἐπὶ τῆς εὐθείας, ἀλλ' εὐθὺς ἀνάγκη ἢ θᾶττον ἢ βραδύτερον, ὥσπερ ἂν εἰ κάταντες, τὸ δ' ἄναντες· οὐδὲ διαφέρει οὐδὲν τῷ λόγῳ, εἴ τίς φησιν ἀνάγκην εἶναι θᾶττον εὐθὺς ἢ βραδύτερον κινεῖσθαι· ἔσται γὰρ μείζων καὶ ἐλάττων ἡ περιφερὴς τῆς εὐθείας, ὥστε καὶ ἴση. εἰ γὰρ ἐν τῷ Α χρόνῳ
248b τὴν Β διελήλυθε τὸ δὲ τὴν Γ, μείζων ἂν εἴη ἡ Β τῆς Γ· οὕτω γὰρ τὸ θᾶττον ἐλέγετο. οὐκοῦν καὶ εἰ ἐν ἐλάττονι ἴσον, θᾶττον· ὥστ' ἔσται τι μέρος τοῦ Α ἐν ᾧ τὸ Β τοῦ κύκλου τὸ ἴσον δίεισι καὶ τὸ Γ ἐν ὅλῳ τῷ Α [τὴν Γ]. ἀλλὰ μὴν εἰ ἔστιν συμβλητά, συμβαίνει τὸ ἄρτι ῥηθέν, ἴσην εὐθεῖαν εἶναι κύκλῳ. ἀλλ' οὐ συμβλητά· οὐδ' ἄρα αἱ κινήσεις, ἀλλ' ὅσα μὴ συνώνυμα, πάντ' ἀσύμβλητα. οἷον διὰ τί οὐ συμβλητὸν πότερον ὀξύτερον τὸ γραφεῖον ἢ ὁ οἶνος ἢ ἡ νήτη; ὅτι ὁμώνυμα, οὐ συμβλητά· ἀλλ' ἡ νήτη τῇ παρανήτῃ συμβλητή, ὅτι τὸ αὐτὸ σημαίνει τὸ ὀξὺ ἐπ' ἀμφοῖν. ἆρ' οὖν οὐ ταὐτὸν τὸ ταχὺ ἐνταῦθα κἀκεῖ, πολὺ δ' ἔτι ἧττον ἐν ἀλ-

^{a}15 ἴσον τὸ πάθος F 16 ἄρα Bonitz: ἄρα EF^1HIJK: om. F^2 ἴσον ἐν ἴσῳ I 17 ἔσται I πάθος πᾶν μήκει FJK^2 19 τῆς EHIJ^2KS: om. FJ^1 τε om. H 20 τουτὶ alt. Fy: τοῦτο cett. 22 ἂν FΣS: om. EHIJK οὐδὲ Ross: οὐδὲν EK: ἔτι οὐδὲ cj: ἔτι οὐδὲν Λ: ἔτι δὲ by οὐδὲν Σ: οὐδ' ἐν EHIJK: om. F 23 φησιν ΕΣ: φήσει K: φήσειεν Λ ἀνάγκη EK ἢ om. E ^{b}1 τὴν] τὸ μὲν τὴν FHIK^2S διελήλυθε... B om. E διελήλυθε HIΣS: διῆλθε FJK τὴν... B om. K^1 μεῖζον J 3 ὥστ' ἔσται] εἴς τε E^1: ἔσται E^2: ὥστε K τὸ pr. E^2ΛS: om. E^1K τὸ ἴσον δίεισι F^2Σ: τὸ ἴσον δίεισι τὸ ἴσον F^1: δίεισι EHIJKS 4 τὸ E^1 τὴν Γ secl. Ross: habent ΠS 5–6 συμβαίνει... συμβλητά om. F^1 5 εἶναι εὐθεῖαν HS 6 ἀλλ'] ἀλλ' ἄρα γε γρ. S: an ἀλλ' ἄρα? Ross 7 συνώνυμα, πάντ' ἀσύμβλητα Ross: συνώνυμα πάντα συμβλητά E^1: συνώνυμα ἅπαντα (πάντα E^2) ἀσύμβλητα E^2HΣ γρ. S: ὁμώνυμα πάντα (ἅπαντα AS) συμβλητά FJKAS: ὁμώνυμα πάντα ἀσύβλητα I συμβλητὸν τὸ πότερον E 8 γράφιον E^1 ὁ οἶνος ΠΤ: τὸ ὄξος S ὅτι] ὅτι γὰρ E^2FHIJ 9 ὁμώνυμον EIK συμβλητόν K τῇ ΚΛS: om. E συμβλητή ΣS: συμβλητόν ΕΚΛ 10 σημαίνει HIS: συμβαίνει EFJK λοιώσει καὶ φορᾷ;

ἢ πρῶτον μὲν τοῦτο οὐκ ἀληθές, ὡς εἰ μὴ ὁμώνυμα συμβλητά; τὸ γὰρ πολὺ τὸ αὐτὸ σημαίνει ἐν ὕδατι καὶ ἀέρι, καὶ οὐ συμβλητά. εἰ δὲ μή, τό γε διπλάσιον ταὐτό (δύο γὰρ πρὸς ἕν), καὶ οὐ συμβλητά. ἢ καὶ ἐπὶ τούτων ὁ αὐτὸς λόγος; καὶ γὰρ τὸ πολὺ ὁμώνυμον. ἀλλ' ἐνίων καὶ οἱ λόγοι ὁμώνυμοι, οἷον εἰ λέγοι τις ὅτι τὸ πολὺ τὸ τοσοῦτον καὶ ἔτι, ἄλλο τὸ τοσοῦτον· καὶ τὸ ἴσον ὁμώνυμον, καὶ τὸ ἓν δέ, εἰ ἔτυχεν, εὐθὺς ὁμώνυμον. εἰ δὲ τοῦτο, καὶ τὰ δύο, ἐπεὶ διὰ τί τὰ μὲν συμβλητὰ τὰ δ' οὔ, εἴπερ ἦν μία φύσις;

ἢ ὅτι ἐν ἄλλῳ πρώτῳ δεκτικῷ; ὁ μὲν οὖν ἵππος καὶ ὁ κύων συμβλητά, πότερον λευκότερον (ἐν ᾧ γὰρ πρώτῳ, τὸ αὐτό, ἡ ἐπιφάνεια), καὶ κατὰ μέγεθος ὡσαύτως· ὕδωρ δὲ καὶ φωνὴ οὔ· ἐν ἄλλῳ γάρ. ἢ δῆλον ὅτι ἔσται οὕτω γε πάντα ἓν ποεῖν, ἐν ἄλλῳ δὲ ἕκαστον φάσκειν εἶναι, καὶ ἔσται ταὐτὸ ⟨τὸ⟩ ἴσον καὶ γλυκὺ καὶ λευκόν, ἀλλ' ἄλλο ἐν ἄλλῳ; ἔτι δεκτικὸν οὐ τὸ τυχὸν ⟨τοῦ τυχόντος⟩ ἐστίν, ἀλλ' ἓν ἑνὸς τὸ πρῶτον.

ἀλλ' ἆρα οὐ μόνον δεῖ τὰ συμβλητὰ μὴ ὁμώνυμα εἶναι ἀλλὰ καὶ μὴ ἔχειν διαφοράν, μήτε ὃ μήτε ἐν ᾧ; λέγω δὲ οἷον χρῶμα ἔχει διαίρεσιν· τοιγαροῦν οὐ συμβλητὸν κατὰ τοῦτο (οἷον πότερον κεχρωμάτισται μᾶλλον, μὴ κατὰ τὶ χρῶμα, ἀλλ' ᾗ χρῶμα), ἀλλὰ κατὰ τὸ λευκόν. οὕτω καὶ περὶ κίνησιν ὁμοταχὲς τῷ ἐν ἴσῳ χρόνῳ κινεῖσθαι ἴσον τοσονδί· εἰ δὴ τοῦ μήκους ἐν τῳδὶ

ᵇ14 καὶ ἐν ἀέρι H 16 τὸ] καὶ τὸ F 18 τὸ om. S τὸ ΛS: om. EK ἔτι] εἴ τι E: ἔτι (ἔτι καὶ b) τὸ διπλάσιον τόσου Σ ἄλλο τὸ τοσοῦτον] ὅτι διπλάσιον τόσου. ἀλλὰ τὸ τοσοῦτον καὶ τὸ διπλάσιον ci. Shute ἀλλὰ HIΣ τὸ τοσοῦτον om. F: τὸ om. EJ 19 ὁμώνυμα ci. Shute ante καὶ fort. addendum ex S καὶ τὸ διπλάσιον 21 ἦν om. I ἄλλῳ τρόπῳ πρώτῳ E[1] 23 τῷ αὐτῷ I καὶ om. EK 24 κατὰ] κατὰ τὸ FHIS καὶ ἡ φωνὴ F 25 γε οὕτω FJ ποιεῖν ἓν K ἐν om. K 249ᵃ1 τὸ add. Ross 2 ἀλλ' om. E[2] ἄλλο om. KΛ ἄλλῳ] ἄλλῳ καὶ ἄλλῳ I 3 τοῦ τυχόντος add. Ross ex S ἓν ΛS: om. EK 4 δεῖ] δὴ H 5 ἐν ᾧ] τὸ ἐν ᾧ FJ: ἐν οἷς S ἔχει διαφορὰν ἢ διαίρεσιν H 6 οὐ om. E κέχρωσται H 8 ἀλλὰ FIJKS: ἀλλ' ἡ E: ἀλλ' ἢ H καὶ om. H τῷ . . . 9 κινεῖσθαι Ross: τὸ . . . κινεῖσθαι EIK: τὸ . . . κινηθὲν FHJΣ et ut vid. S 9 τοσόνδε FHJ εἰ δὴ EIKS: ἐπεὶ H: om. FJ τὸ μὲν ἠλλοιώθη τὸ δ' ἠνέχθη, ἴση ἄρα αὕτη ἡ ἀλλοίωσις καὶ ὁμοταχὴς τῇ φορᾷ; ἀλλ' ἄτοπον. αἴτιον δ' ὅτι ἡ κίνησις ἔχει εἴδη, ὥστ' εἰ τὰ ἐν ἴσῳ χρόνῳ ἐνεχθέντα ἴσον μῆκος ἰσοταχῆ ἔσται, ἴση ἡ εὐθεῖα καὶ ἡ περιφερής. πότερον οὖν αἴτιον, ὅτι ἡ φορὰ γένος ἢ ὅτι ἡ γραμμὴ γένος; ὁ μὲν γὰρ χρόνος ὁ αὐτός, ἂν δὲ τῷ εἴδει ᾖ ἄλλα, καὶ ἐκεῖνα εἴδει διαφέρει. καὶ γὰρ ἡ φορὰ εἴδη ἔχει, ἂν ἐκεῖνο ἔχῃ εἴδη ἐφ' οὗ κινεῖται (ὁτὲ δὲ ἐὰν ᾧ, οἷον εἰ πόδες, βάδισις, εἰ δὲ πτέρυγες, πτῆσις. ἢ οὔ, ἀλλὰ τοῖς σχήμασιν ἡ φορὰ ἄλλη;). ὥστε τὰ ἐν ἴσῳ ταὐτὸ μέγεθος κινούμενα ἰσοταχῆ, τὸ αὐτὸ δὲ καὶ ἀδιάφορον εἴδει καὶ κινήσει ἀδιάφορον· ὥστε τοῦτο σκεπτέον, τίς διαφορὰ κινήσεως.

καὶ σημαίνει ὁ λόγος οὗτος ὅτι τὸ γένος οὐχ ἕν τι, ἀλλὰ παρὰ τοῦτο λανθάνει πολλά, εἰσίν τε τῶν ὁμωνυμιῶν αἱ μὲν πολὺ ἀπέχουσαι, αἱ δὲ ἔχουσαί τινα ὁμοιότητα, αἱ δ' ἐγγὺς ἢ γένει ἢ ἀναλογίᾳ, διὸ οὐ δοκοῦσιν ὁμωνυμίαι εἶναι οὖσαι. πότε οὖν ἕτερον τὸ εἶδος, ἐὰν ταὐτὸ ἐν ἄλλῳ, ἢ ἂν ἄλλο ἐν ἄλλῳ; καὶ τίς ὅρος; ἢ τῷ κρινοῦμεν ὅτι ταὐτὸν τὸ λευκὸν καὶ τὸ γλυκὺ ἢ ἄλλο – ὅτι ἐν ἄλλῳ φαίνεται ἕτερον, ἢ ὅτι ὅλως οὐ ταὐτό;

περὶ δὲ δὴ ἀλλοιώσεως, πῶς ἔσται ἰσοταχὴς ἑτέρα ἑτέρᾳ; εἰ δή ἐστι τὸ ὑγιάζεσθαι ἀλλοιοῦσθαι, ἔστι τὸν μὲν ταχὺ τὸν δὲ βραδέως ἰαθῆναι, καὶ ἅμα τινάς, ὥστ' 249b ἔσται ἀλλοίωσις ἰσοταχής· ἐν ἴσῳ γὰρ χρόνῳ ἠλλοιώθη. ἀλλὰ τί ἠλλοιώθη; τὸ γὰρ ἴσον οὐκ ἔστιν ἐνταῦθα λεγόμενον, ἀλλ' ὡς ἐν τῷ ποσῷ ἰσότης, ἐνταῦθα ὁμοιότης.

a10 τὸ pr. EHIKS: εἰ δὲ τὸ FJ δὴ E ἄρα om. F^{1} 12 ἐν τῷ ἴσῳ FJ κινηθέντα μῆκος ἴσον H 13 ἡ alt. om. F 14 ὅτι ἔστιν ἡ EIKS ἡ ΛS: om. EK 15 ὁ alt. . . . ἐκεῖνα Ross ex S: ὁ αὐτός· ἂν δὲ τῷ εἴδει ᾖ, καὶ ἐπ' ἐκεῖνα A: ἀεὶ (ὁ αὐτὸς ἀεὶ FJ γρ. A) ἄτομος τῷ (ἂν δέ τῷ E^{2}, ἓν δὲ τῷ K) εἴδει ἢ ἅμα κἀκεῖνα (ἐκεῖνα E^{1}F, om. K) EKΛ γρ. A 16 εἴδει] εἰ E^{1} εἴδη ἔχῃ H 17 ὁτὲ Ross: ὅτε EFJ^{1}KΣ: ὅτι S: ἔτι HIJ^{2} ἐὰν (ἂν K) δι' οὗ I^{2}KS: ἐν ᾧ E^{2}FJ: E^{1} incertum εἰ] οἱ I 18 δὲ om. FHJ οὐδ' E^{1} 19 ἴσῳ] ἴσῳ χρόνῳ E^{2}FIJ 20 καὶ om. Λ: τὸ E^{2} ἀδιάφορον EHIJS: διάφορον FK ἀδιάφορον εἴδει ὥστε FJ 21 τοῦτο om. S ὁ] γε ὁ F 22 πολλὰ λανθάνει S 23 δὲ F ὁμωνύμων E^{1}S 24 αἱ δὲ ἔχουσαι KΛS: om. E ὁμοίοτητά τινα H 25 οὐδὲ I πότερον K 26 ταῦτα K ἂν om. E^{2}IK 27 ταυτὸν καὶ γλυκὺ καὶ λευκὸν H καὶ] ἢ S 28 ἐν ἄλλῳ om. H φέρεται J 29 δὴ om. K ἐστιν FK 30 ἑτέρα ἑτέρᾳ J: ἑτέρας ἑτέρας E^{2}: E^{1} incertum τὸν] δὲ τὸν FHI: τὸ J 31 ταχέως S τὸ J καὶ] ἔστι δὲ καὶ I τινός E b1 ἔσται HΣS: ἔστιν EFIJK 2 οὐκέτι H ἔστιν EIJΣS: ἔσται FHK 3 ποσῷ ἡ ἰσότης H ἀλλ' ἔστω ἰσοταχὲς τὸ ἐν ἴσῳ χρόνῳ τὸ αὐτὸ μεταβάλλον. πότερον οὖν ἐν ᾧ τὸ πάθος ἢ τὸ πάθος δεῖ συμβάλλειν; ἐνταῦθα μὲν δὴ ὅτι ὑγίεια ἡ αὐτή, ἔστιν λαβεῖν ὅτι οὔτε μᾶλλον οὔτε ἧττον ἀλλ' ὁμοίως ὑπάρχει. ἐὰν δὲ τὸ πάθος ἄλλο ᾖ, οἷον ἀλλοιοῦται τὸ λευκαινόμενον καὶ τὸ ὑγιαζόμενον, τούτοις οὐδὲν τὸ αὐτὸ οὐδ' ἴσον οὐδ' ὅμοιον, ᾗ ἤδη ταῦτα εἴδη ποιεῖ ἀλλοιώσεως, καὶ οὐκ ἔστι μία ὥσπερ οὐδ' αἱ φοραί. ὥστε ληπτέον πόσα εἴδη ἀλλοιώσεως καὶ πόσα φορᾶς. εἰ μὲν οὖν τὰ κινούμενα εἴδει διαφέρει, ὧν εἰσὶν αἱ κινήσεις καθ' αὑτὰ καὶ μὴ κατὰ συμβεβηκός, καὶ αἱ κινήσεις εἴδει διοίσουσιν· εἰ δὲ γένει, γένει, εἰ δ' ἀριθμῷ, ἀριθμῷ. ἀλλὰ δὴ πότερον εἰς τὸ πάθος δεῖ βλέψαι, ἐὰν ᾖ τὸ αὐτὸ ἢ ὅμοιον, εἰ ἰσοταχεῖς αἱ ἀλλοιώσεις, ἢ εἰς τὸ ἀλλοιούμενον, οἷον εἰ τοῦ μὲν τοσονδὶ λελεύκανται τοῦ δὲ τοσονδί; ἢ εἰς ἄμφω, καὶ ἡ αὐτὴ μὲν ἢ ἄλλη τῷ πάθει, εἰ τὸ αὐτὸ ⟨ἢ μὴ τὸ⟩ αὐτό, ἴση δ' ἢ ἄνισος, εἰ ἐκεῖνο ⟨ἴσον ἢ⟩ ἄνισον; καὶ ἐπὶ γενέσεως δὲ καὶ φθορᾶς τὸ αὐτὸ σκεπτέον. πῶς ἰσοταχὴς ἡ γένεσις; εἰ ἐν ἴσῳ χρόνῳ τὸ αὐτὸ καὶ ἄτομον, οἷον ἄνθρωπος ἀλλὰ μὴ ζῷον· θάττων δ', εἰ ἐν ἴσῳ ἕτερον (οὐ γὰρ ἔχομέν τινα δύο ἐν οἷς ἡ ἑτερότης ὡς ἡ ἀνομοιότης), ἤ, εἰ ἔστιν ἀριθμὸς ἡ οὐσία, πλείων καὶ ἐλάττων ἀριθμὸς ὁμοειδής· ἀλλ' ἀνώνυμον τὸ κοινόν, καὶ τὸ ἑκάτερον [ποιόν· τὸ μὲν ποιόν,] ὥσπερ τὸ πλεῖον πάθος ἢ τὸ ὑπερέχον μᾶλλον, τὸ δὲ ποσὸν μεῖζον.

Ἐπεὶ δὲ τὸ κινοῦν κινεῖ τι ἀεὶ καὶ ἔν τινι καὶ μέχρι **5**
του (λέγω δὲ τὸ μὲν ἔν τινι, ὅτι ἐν χρόνῳ, τὸ δὲ μέχρι

^{b}4 ἰσοταχὲς hic EIS: ante ^{b}5 πότερον FHJK ἐν ... μεταβάλλον] αὐτὸ (τὸ αὐτὸ H, om. K) μεταβάλλον ἐν (τὸ ἐν H) ἴσῳ χρόνῳ FHJK 5 οὖν om. H συμβαλεῖν S 6 ὅτι] ἡ FJ ὅτι] ἢ ὅτι F 8 ᾖ οἷον ΚΛS: ποῖον E 9 εἴδη I^1J: om. F^2 10 ὥσπερ om. K οὐδὲ φορά F: οὐδὲ φοραί J 11 πόσα E^2ΛS: om. E^1K φθορᾶς E^1 13 αὐτὸ FS εἴδει καὶ αἱ κινήσεις S 15 ᾖ om. E 16 εἰ HJ^1S: ἢ EJ^2K: ᾖ F: om. I ἀλλοιώσεις ... τὸ om. E^1 ἢ ... ἀλλοιούμενον om. K^1 17 τοιονδὶ HK 18 τὸ πάθος K εἰ FHI et fecit J^2: εἴη E^1: ἢ εἰ E^2: εἰ εἴη K ἢ μὴ τὸ add. Ross αὐτό om. ΚΛ 19 εἰ fecit J^2: ᾖ S ἴσον ἢ add. Pacius δὲ ΛS: om. EK 21 οἷον] οἷον εἰ I θάττων ΛS: θᾶττον EK 22 δ' ΛS: δὴ EK ἴσῳ ἕτερον E^2ΛPS: ἀνίσῳ E^1K τινα IJ^2ΣS: τι $EFHJ^1$K ἐν οἷς FJΣ: om. EHIKS 23 ἡ alt.] εἰ F ἥ om. E: καὶ FJ 24 ὁμοειδής EHIJS: ὁμοιοειδής FK 25 ποιόν ... ποιόν Moreliana: om. Π 27 κινεῖ τι ἀεὶ HIKS: κινεῖται ἀεὶ E: κινεῖ τε ἀεί τι FJ του, ὅτι ποσόν τι μῆκος· ἀεὶ γὰρ ἅμα κινεῖ καὶ κεκίνηκεν, ὥστε ποσόν τι ἔσται ὃ ἐκινήθη, καὶ ἐν ποσῷ), εἰ δὴ τὸ μὲν Α τὸ κινοῦν, τὸ δὲ Β τὸ κινούμενον, ὅσον δὲ κεκίνηται μῆκος τὸ Γ, ἐν ὅσῳ δέ, ὁ χρόνος, ἐφ' οὗ τὸ Δ, ἐν δὴ τῷ ἴσῳ χρόνῳ

ἡ ἴση δύναμις ἡ ἐφ' οὗ τὸ Α τὸ ἥμισυ τοῦ Β διπλασίαν τῆς Γ κινήσει, τὴν δὲ τὸ Γ ἐν τῷ ἡμίσει τοῦ Δ· οὕτω γὰρ ἀνάλογον ἔσται. καὶ εἰ ἡ αὐτὴ δύναμις τὸ αὐτὸ ἐν τῳδὶ τῷ χρόνῳ τοσήνδε κινεῖ καὶ τὴν ἡμίσειαν ἐν τῷ ἡμίσει, καὶ ἡ ἡμίσεια ἰσχὺς τὸ ἥμισυ κινήσει ἐν τῷ ἴσῳ χρόνῳ τὸ ἴσον. οἷον τῆς Α δυνάμεως ἔστω ἡμίσεια ἡ τὸ Ε καὶ τοῦ Β τὸ Ζ ἥμισυ· ὁμοίως δὴ ἔχουσι καὶ ἀνάλογον ἡ ἰσχὺς πρὸς τὸ βάρος, ὥστε ἴσον ἐν ἴσῳ χρόνῳ κινήσουσιν. καὶ εἰ τὸ Ε τὸ Ζ κινεῖ ἐν τῷ Δ τὴν Γ, οὐκ ἀνάγκη ἐν τῷ ἴσῳ χρόνῳ τὸ ἐφ' οὗ Ε τὸ διπλάσιον τοῦ Ζ κινεῖν τὴν ἡμίσειαν τῆς Γ· εἰ δὴ τὸ Α τὴν τὸ Β κινεῖ ἐν τῷ Δ ὅσην ἡ τὸ Γ, τὸ ἥμισυ τοῦ Α τὸ ἐφ' ᾧ Ε τὴν τὸ Β οὐ κινήσει ἐν τῷ χρόνῳ ἐφ' ᾧ τὸ Δ οὐδ' ἔν τινι τοῦ Δ τι τῆς Γ ἀνάλογον πρὸς τὴν ὅλην τὴν Γ ὡς τὸ Α πρὸς τὸ Ε· ὅλως γὰρ εἰ ἔτυχεν οὐ κινήσει οὐδέν· οὐ γὰρ εἰ ἡ ὅλη ἰσχὺς τοσήνδε ἐκίνησεν, ἡ ἡμίσεια οὐ κινήσει οὔτε ποσὴν οὔτ' ἐν ὁπῳσοῦν· εἷς γὰρ ἂν κινοίη τὸ πλοῖον, εἴπερ ἥ τε τῶν νεωλκῶν τέμνεται ἰσχὺς εἰς τὸν ἀριθμὸν καὶ τὸ μῆκος ὃ πάντες ἐκίνησαν. διὰ τοῦτο ὁ Ζήνωνος λόγος οὐκ ἀληθής, ὡς ψοφεῖ τῆς κέγχρου ὁτιοῦν

ᵇ29 εἰ γὰρ EK   καὶ om. E^2K: E^1 incertum   κεκίνηται H   250ª1 δὲ χρόνος E: δὲ χρόνῳ K   ᾧ K   τὸ ΕΣ: om. ΚΛ   2 ἴση om. HI   ἡ om. EJK   ᾧ FH   τὸ om. J   τὸ] τὸ μὲν I   διπλασιάσαν EJ   τῆς τοῦ γ I   3 κινήσει τὴν ζ τὴν HI   4 εἰ om. E^2 et fort. S   τῳδὶ τῷ] τῷ διττῷ E   5 ἐν] τῆς γ ἐν ΣS post ἡμίσει add. χρόνῳ κινήσει I, τοῦ δ χρόνου (χρόνῳ j) Σ, τοῦ Δ χρόνου κινήσει S   6 τὸ pr.] τῆς α τὸ ΣS   7 ἥμισυ K: ἡ ἡμίσεια H: ἡμίσει δ' E   ἡ om. K   τοῦ E   8 ἀναλόγως H   ἡ om. EK   9 καὶ] διὸ κἂν E^2 10 Δ] δ χρόνῳ bcj γρ. S   οὐκ ἀνάγκη E^2HIJΣP γρ. S: οὐκ ἀναγκαῖον F: ἀναγκαῖον E^1KS   11 E] τὸ ε F^1 τὸ om. γρ. S   Z] ζ βάρους Σ γρ. S   12 γ Π γρ. S: γ, τοῦ μήκους S   δὴ ΛΣ: δὲ EK   τὸ] τὴν τὸ F^1 τὸ FHJS: om. EIK   κινεῖ E^1H et post A K: κινήσει E^2FIJS   ὅσην E^2FIJΣS: ὅση E^1HK   ἡ om. E^2I   13 E] τὸ ε HI τὴν om. S   14 τὸ om. FHJ   τι Aldina et ut vid. S: τις K: om. ΕΛΣ   γ ... 15 γ FJS: γ ἢ ... γ HI: γ EK   15 τὴν alt. om. FJ   ε FHIΣ: ζ EJKS   16 οὐ γὰρ εἰ] οὐ γὰρ J: εἰ γὰρ FK   ἡ om. E: εἴη K   κίνησιν ἣ ἡ K   17 οὐ om. HIK   ποσὸν HI   εἷς] εἰ E   18 ἥ] εἴ J   τε om. K   20 ζήνων ὡς λόγος I   ἀληθές K   τῆς FHJKT: τοῦ EI μέρος· οὐδὲν γὰρ κωλύει μὴ κινεῖν τὸν ἀέρα ἐν μηδενὶ χρόνῳ τοῦτον ὃν ἐκίνησεν πεσὼν ὁ ὅλος μέδιμνος. οὐδὲ δὴ τοσοῦτον μόριον, ὅσον ἂν κινήσειεν τοῦ ὅλου εἰ εἴη καθ' αὑτὸ τοῦτο, οὐ κινεῖ. οὐδὲ γὰρ οὐδὲν ἔστιν ἀλλ' ἢ δυνάμει ἐν τῷ ὅλῳ.

εἰ δὲ τὰ ⟨κινοῦντα⟩ δύο, καὶ ἑκάτερον τῶνδε ἑκάτερον κινεῖ τὸ τοσόνδε ἐν τοσῷδε, καὶ συντιθέμεναι αἱ δυνάμεις τὸ σύνθετον ἐκ τῶν βαρῶν τὸ ἴσον κινήσουσιν μῆκος καὶ ἐν ἴσῳ χρόνῳ· ἀνάλογον γάρ. 28

ἆρ' οὖν οὕτω καὶ ἐπ' ἀλλοιώσεως καὶ ἐπ' αὐ- 28
ξήσεως; τὶ μὲν γὰρ τὸ αὖξον, τὶ δὲ τὸ αὐξανόμενον, ἐν ποσῷ δὲ χρόνῳ καὶ ποσὸν τὸ μὲν αὔξει τὸ δὲ αὐξάνεται. καὶ τὸ ἀλλοιοῦν καὶ τὸ ἀλλοιούμενον ὡσαύτως – τὶ καὶ ποσὸν κατὰ τὸ μᾶλλον καὶ ἧττον ἠλλοίωται, καὶ ἐν ποσῷ χρόνῳ, 250[b]
ἐν διπλασίῳ διπλάσιον, καὶ τὸ διπλάσιον ἐν διπλασίῳ· τὸ δ' ἥμισυ ἐν ἡμίσει χρόνῳ (ἢ ἐν ἡμίσει ἥμισυ), ἢ ἐν ἴσῳ διπλάσιον. εἰ δὲ τὸ ἀλλοιοῦν ἢ αὖξον τὸ τοσόνδε ἐν τῷ τοσῷδε αὔξει ἢ ἀλλοιοῖ, οὐκ ἀνάγκη καὶ τὸ ἥμισυ ἐν ἡμίσει καὶ ἐν ἡμίσει ἥμισυ, ἀλλ' οὐδέν, εἰ ἔτυχεν, ἀλλοιώσει ἢ αὐξήσει, ὥσπερ καὶ ἐπὶ τοῦ βάρους.

[a]22 τοῦτον om. F   πεσὼν HJΣ: ἐνπεσὼν E: ἐμπεσὼν FIK   ὅλος ὁ K: ὅλος H   δὴ] δὴ τὸ HI   24 οὐ . . . γὰρ om. EK   δυνάμει om. H   25 κινοῦντα add. Ross, fort. legit P   καὶ FJΣP: om. EHIK   τῶνδε] τῶνδε καὶ K: τῶνδε καὶ εἷς E: δὲ τῶνδε I[2]   ἐκίνει HIK   26 τὸ om. Λ   28 ἐπ' om. HI   ἐπ' om. S   29 αὐξόμενον F   30 δὲ om. EK   δὲ αὔξεται S   [b]1 ἠλλοίωνται FJK   2 διπλασίῳ E[2]ΛS: διπλασίονι K: om. E[1]   διπλάσιον om. K   καὶ] κατὰ I   τὸ δ'] καὶ τὸ ΣS   3 ἢ pr.] καὶ H   4 τοσωδὶ HJ   5 ἢ αὔξει ἢ HI   ἀναγκαῖον F   καὶ ἐν ἡμίσει] ἢ καὶ F: καὶ J   6 ἥμισυ FJKS: τὸ ἥμισυ EHI   οὐδὲ F

NOTE ON THE TRANSLATION

Physics VII in both versions is a crabbed and difficult text, although perhaps not especially so by the extreme standard set by Aristotle's esoteric writings. I have tried to reproduce this character in my translation, expanding on the original only when not to have added some sort of clarification would have introduced an ambiguity absent from the Greek.

At the cost of some awkwardness I attempt to render technical or semi-technical terms uniformly throughout, e.g. 'ἠρεμεῖν' = 'to be at rest'. The exceptions to this rule are the vexed translations of 'κίνησις' and 'αἴσθησις'. It is now unhappily conventional to translate 'κίνησις' by 'motion', so as to reserve 'change' for 'μεταβολή'. 'μεταβολή' occurs just twice in VII (only in α, 246ᵇ12 and 247ᵇ13: 'μεταβάλλον' at 249ᵇ4), where Aristotle intends to contrast all genuine change with merely relational change. I have accordingly felt justified in translating 'μεταβολή' on these two occurrences by 'real change'. This allows me to render 'κίνησις' by the far more natural 'change', although on occasion when locomotion is in question I have, e.g., used 'is moved locally' rather than the unnatural 'is changed locally' for 'κινεῖται τὴν ἐν τόπῳ κίνησιν'. As often proves the case, I have been obliged to translate closely neighbouring occurrences of 'αἴσθησις' by 'sense-organ' and 'perception'.

There is a special problem concerning the translation of 246ᵇ15–16, 'καθάπερ καὶ τὸ εἶδος καὶ τὴν μορφήν'. Otherwise I have rendered 'μορφή' by 'form'. In the opening sections of ch. 3 it is thoroughly unclear whether Aristotle is at all concerned to discriminate between form *qua* shape and form *qua* principle responsible for its subject's being: thus if there is any ambiguity, my translation only mirrors the unclarity of the original (for discussion of the issue, see the commentary,

p. 183 n. 42). But in 246^b15–16 'form' must stand in for 'εἶδος', so that the Greekless reader might be misled. In order to avoid this possibility I have rendered both 'εἶδος' and 'μορφή' by 'form', designating the former by 'substantial form', the latter by 'geometrical form'.

I have consulted and freely borrowed from previous English versions, especially the Oxford translation of Hardie and Gaye and the Loeb translation of Wicksteed and Cornford.

PHYSICS VII: THE α VERSION

1 It is necessary that everything that is changed is changed by something. For if it does not have the origin of change within itself, it is evident that it is changed by something else, since the agent of change will be distinct. If alternatively it does have the origin of change within itself, let us take an object AB that is changed *per se* and not by one of its parts being changed. First, to suppose that AB is changed by itself on the grounds that it is changed as a whole and by nothing external to it is similar to the case in which, should KL change LM and itself be changing, someone were to deny that KM is changed by anything, on the grounds that it is not evident which is the agent of change and which is the object of change. Furthermore, it is not necessary for what is not changed by something to cease from changing as a consequence of something else's being at rest; rather, if anything comes to rest as a consequence of something else's having ceased from changing, it is necessary that it is changed by something. If this is assumed, then everything that is changed will be changed by something. For if we assume that what is changed is AB, it is necessary that it be divisible, since everything which is changed is divisible. Accordingly let it be divided at C. Then if CB does not change, AB will not change, because if AB is going to change, it is clear that AC would change while CB was at rest, so that AB will not change *per se* and primarily. But it was assumed that it changes *per se* and primarily. Therefore it is necessary that if CB does not change, AB is at rest. But it has been agreed that what is at rest because something

PHYSICS VII: THE β VERSION

It is necessary that everything that is changed is changed by something. 1

Thus if it does not have the origin of change within itself, it is evident that it is changed by something else, since the agent of change will be distinct. If alternatively it does have the origin of change within itself, take an object AB that is changed *per se* and not by one of its parts being changed. First, to suppose that AB is changed by itself on the grounds that it is changed as a whole and that it is changed by nothing external to it is similar to the case in which, should DE change EF and itself be changing, someone were to suppose that DEF is changed by itself, on the grounds that he could not detect which is changed by which, whether DE is changed by EF or EF by DE. Again, something changed by itself will never cease from changing as a consequence of another thing's having stopped changing. Accordingly it is necessary, if anything ceases from changing as a consequence of another thing's having stopped, that it is changed by something other than itself. Once this becomes evident, then it is necessary that everything that is changed is changed by something. For if we assume that what is changed is AB, it will be divisible, since it has turned out that everything which is changed is divisible. Accordingly let it be divided at C. Then it is necessary that, if CB is at rest, AB too is at rest. For if it is not, let us assume that it is changed, so that while CB is at rest CA would change. Then AB does not change *per se*. But it was assumed that it changes *per se* and primarily. So it is clear that if CB is at rest, BA will also be at rest, and will then does not change is changed by something, so that it is necessary that everything that is changed is changed by something. For the object of change will always be divisible, and it is necessary when its part does not change that the whole is also at rest.

Since it is necessary that everything that is changed is changed by something, if anything is moved locally by something else which is moved, and again that agent of change is moved by something else which is moved and that one by yet another and so on without cease, it is necessary that there be a first agent of change and that the sequence not go on to infinity. Let us assume that this is not so, but rather that the sequence is unlimited. Let A then be moved by B, B by C, C by D and so on, each member of the sequence being moved by its successor. Thus since it is supposed that the mover moves as it itself is moved, it is necessary that the motions of what is moved and of the mover occur simultaneously, because the mover moves and what is moved is moved simultaneously. Thus it is evident that the motions of A, of B, of C and of each of the other moved movers are simultaneous. Thus let us assign their motions to each, and let E be the motion of A, F of B, and G and H respectively of C and D. For even if all members of the sequence are moved one by another, it will nevertheless be possible to assign to each member a motion which is numerically one, since every change is from something to something and is not unlimited with regard to its termini. By a change which is numerically one I mean a change which occurs from something numerically one and the same to something numerically one and the same in a time numerically one and the same. For a change can be the same in genus, in species, or in number. A change is the same in genus if it belongs to the same category, e.g. to substance cease from changing. But if something stops and ceases from changing as a consequence of another thing's being at rest, then it is changed by something other than itself. So it is evident that everything that is changed is changed by something. For every object of change is divisible, and when its part is at rest the whole will also be at rest.

Since what is changed is changed by something, it is also necessary that everything which is changed is moved in place by something other than itself. And then, since it itself is moved, that mover is moved by another, and that one by yet another. Now the movers will not proceed without limit, but there will be a stop somewhere and something which will be the primary cause of their being moved. For if not, but rather they do proceed without limit, let us assume that A is moved by B, B by C and C by D, and in this fashion let the sequence progress without limit. Thus since the mover is itself simultaneously moved, it is clear that A will be moved simultaneously with B, since when B is moved A will also move, and when C is moved B will also move, and so with C and D. Accordingly the motions of A and B and C and each of the rest will be simultaneous. And we shall be able to take each of their motions. For even if the members of the sequence are moved one by another, the motion of each is nonetheless numerically one and not unlimited with regard to its termini, since indeed everything that is changed is changed from something to something. For it happens that a change is the same either in number or in genus or in species. By a change which is the same in number I mean one which occurs from something one and the same to something numerically one and the same in a time numerically one and the same, e.g. from this white, which is numerically one, to this black in this time, which is numerically one: for if the time is different, the change will no longer be one in number, but rather in species. A change is the same in genus if it is in

or quality. It is the same in species if it occurs from what is the same in species to what is the same in species, e.g. from white to black or from good to bad, where these are indistinguishable in species. It is the same in number if it occurs from what is one in number to what is one in number in the same time, e.g. from this white to
40 this black, or from this place to that, in this time; for if the time is different, the change will no longer be one in number, but rather
42 in species. These matters have been discussed previously.
42 Let us further take the time in which A has finished its own motion and designate that time by K. Then given that the motion of A is limited,
45 the time will also be limited. But since the movers and the moved are unlimited, the motion EFGH of them all will also be unlimited. For it is possible that the motions of A and of B and the rest are equal, and it is possible that the motions of the rest are greater than A's. So that whether they are equal or greater, in either case the whole
50 will be unlimited; for we assume what is possible. And since both A and each of the others are moved simultaneously, the entire motion will occur in the same time as A's. But the motion of A occurs in a limited time, so that an unlimited motion would occur in a limited
53 time, which is impossible.
53 It might seem that our original proposition has been demonstrated in this fashion, but this is not so on account
55 of our not having demonstrated that anything impossible follows; for it is possible that an unlimited motion occur in a limited time, on condition that it is the motion not of one but of many things. And this is the present case: each member is moved with its own motion, and it is not impossible for a plurality to be moved simultaneously. But if it is necessary for what primarily produces local
60 and corporeal motion either to touch or to be continuous with what it moves, as we observe without exception, then it

the same category of being, and the same in species if it occurs from what is the same in species to what is the same in species, e.g. the change from white to black or from good to bad. These matters have also been discussed previously. So let E be the motion of A, F of B, and G and H respectively of C and D, and let the time in which A moves be K. Then given that the motion of A is bounded, the time K will also be bounded and not unlimited. But A and B and each of the rest were moved in the same time. Accordingly it follows that the unlimited motion EFGH takes place in the bounded time K, since all of A's unlimited successors also moved in the time when A moved, so that they move in the same time. For their motions will be either equal to or greater than A's. It makes no difference: either way it turns out that an unlimited motion takes place in a limited time, and this is impossible.

It might seem that our original proposition is demonstrated in this fashion, but this is not so on account of the fact that nothing absurd follows; for it is possible that an unlimited motion occur in a limited time, granted that it is not the same motion but rather distinct motions of a plurality of unlimited things moved, and this is the present case. But if it is necessary for what is primarily moved with a corporeal motion to touch or to be continuous with what moves it, as we observe occurring in all cases (for the thing composed of all the members of the sequence will be either a unity or a continuous thing), let us assume what is possible, and let the is necessary for the things moved and the movers either to be continuous or to touch one another, so that there is some one thing composed of them all. Whether this thing is limited or unlimited has no bearing on the present question, since either way the motion arising from the individual unlimited movers will be unlimited, granted that their motions can be either equal to or greater than one another: we shall take the possible as actual. Thus whether the thing composed of ABCD is limited or unlimited, if it undergoes the motion EFGH in the time K, which is limited, it follows that something either limited or unlimited traverses the unlimited in a limited time. Both cases are impossible, so that it is necessary that there be a stop and that there be some first thing which moves and is moved. That the impossibility follows from a hypothesis makes no difference: we took the hypothesis as possible, and nothing impossible should result from postulating a possibility.

2 The first agent of change, not in the sense of that for the sake of which, but rather the source of the change, is together with what is changed (by 'together', I mean that there is nothing between them). This is common to all objects and agents of change. Since there are three types of change, in place, in quality, and in quantity, it is necessary that the agents of change also be three in number, the mover, the agent of qualitative change, and the agent of increase or diminution. So first let us speak about locomotion, because this is the primary type of change.

Everything subject to locomotion is moved either by itself or by something else. As regards self-movers, it is evident in their case that the object and agent of change are together, since the first mover is present within them, so that there is nothing in between. And as regards things moved by something other than themselves, it is necessary that their motion come about in one of four ways, because there are four species of locomotion produced by something else,

magnitude or
continuous thing be ABCD, and its motion be EFGH. It 30
makes no difference whether this magnitude is limited or
unlimited, since in either case something either unlimited or
limited will be moved an unlimited extent in the limited time
K, and both cases are impossible. Thus it is evident that
there will be a stop sometime and a sequence of things
moved in turn by further things will not proceed without
limit, but there will be some first moved
thing. We must not let the fact that this is demonstrated on 243a
the basis of a hypothesis make any difference: nothing
absurd should have followed from postulating a possibility.

2 The first agent of change, not in the sense of that for the
sake of which, but rather the source of change, is together
with what is
changed. By 'together', I mean that there is nothing between 5
them: this is common to all objects and agents of change.
Since there are three types of change, in place, in quality, and
in quantity, it is necessary that the objects of change also be
three in number: change in place is locomotion, change in
quality is alteration, change in quantity
is increase and diminution. So first let us speak about 10
locomotion, because this is the primary type of change.

Everything subject to locomotion is moved either by itself 21
or by something else. If something is moved by itself, it is
evident that as the mover is present in it, the mover and the
moved will be in contact, and there will be nothing between
them. And what is moved by something else is moved in one
of four ways, because
there are four kinds of motion produced by something else, 25
pushing, pulling, carrying and rotation. And all other types
of locomotion are reducible to these four. Thus pushing

pulling, pushing, carrying and rotation. All types of locomotion are reducible to these four. For pushing on is a variety of pushing that occurs when the mover which imparts a motion away from itself follows along as it pushes, while pushing away occurs when the mover does not
243b follow along with what it moves. Throwing occurs when the mover imparts a motion away from itself that is stronger than the natural motion of what is thrown, which is borne along just for that period in which the imparted motion is in control. Again pushing apart and pushing together are varieties of pushing away and pulling respectively: for pushing apart is pushing away, since pushing away is either from the pusher or from something else, and pushing together is pulling, since pulling is both to the puller and to something else. The same goes for all the species of pushing apart and pushing together, e.g. battening and shedding: the first is a variety of pushing together, the second of pushing apart. And similarly for the other combinations and separations, since all of them will turn out to be pushing together or pushing apart respectively, except for those that are involved in coming-to-be and destruction. And it is at once evident that combination and separation do not constitute a separate kind of change, since all instances of combination and separation can be distributed among the varieties of change mentioned. Further, inhalation is a type of pulling and exhalation is a type of pushing. And similarly for spitting and the other excretive or assimilative changes which happen through the body: assimilations are varieties of pulling, while excretions are varieties of pushing away. And we must also reduce the other kinds of change in place, since they all fall under these four. And furthermore, of these four, carrying and rotation fall under pulling and pushing. Carrying occurs in one of the three other modes of locomotion, since what is carried is moved *per accidens*, given that it is either in or on something that is

divides up into pushing on and pushing away. Pushing on
occurs when the mover is not left behind by what is moved,
while pushing away occurs when the pusher is left behind.
And carrying is found in the other three kinds of loco-
motion, since what is carried is moved not *per*
se but rather *per accidens*, given that it is moved by being 243[b]
either in or on something moved, while the carrier is moved
by being either pushed or pulled or rotated. Thus it is
evident that carrying will occur in the other three kinds of
locomotion. And pulling, either towards itself or towards
something else, occurs when the puller's motion, which is not
separated from the motion of what is pulled,
is faster than it. For pulling is both towards the puller and
towards something else. And the remaining types of motion
which are the same in species will be reduced to these, e.g.
inhalation and exhalation and spitting and whatever
bodily motions are excretive or assimilative, and battening
and shedding: the first is a variety of combination, the
second of separation. And indeed all change in place is
combination
and separation. And rotation is a compound of pulling and 244[a]
pushing, since the mover pushes one part and pulls another.
Thus it is evident that since the pusher and the puller are in
contact with what is pushed and what is pulled respectively,
there is nothing in between the agent and the object of
change.

244a moved, while the carrier carries as it is either being pulled or pushed or rotated, so that carrying is common to all the other three modes. Rotation, on the other hand, is a compound of pulling and pushing, since it is necessary for what causes rotation both to pull and to push: it leads one part of what is rotated away from itself and another part to itself. So that if the pusher and the puller are in contact with what is pushed and what is pulled respectively, it is evident that there is nothing in between the agent and the object of locomotion.

But this fact is clear even on the basis of the definitions. Pushing is motion from either the pusher or something else towards something else, and pulling is motion from something else towards either the puller or something else, which occurs when the motion of the puller is faster than that acting to separate the continuous things from each other: that is how the other is pulled along. (Perhaps it might seem that pulling also happens in another fashion, because wood does not pull fire in the manner described. But it makes no difference whether as it pulls the puller is in motion or stationary: in the latter case it pulls to where it is, in the former, to where it was.) It is impossible for anything to impart motion either from itself towards something else or from something else towards itself without contact, so that it is evident that there
244b is nothing in
2 between the agent and the object of locomotion.

2 But indeed neither is there anything in between the agent and the object of alteration. This is clear from induction, since it happens in all instances that the final agent and the first object of alteration are together: for it is assumed by us that things which are altered are altered by being affected in respect of
5a the so-called affective qualities. For all bodies
5b differ one from another in perceptible qualities, through

This fact is clear even on the basis of the definitions. Pushing is motion from either the pusher or something else towards something else, and pulling is motion from something else towards either the puller or something else. Again there are pushing together and pushing apart. And throwing occurs when the motion is faster than the natural motion of what is borne along, since the push is more powerful, and the thing is borne along just until its motion is stronger. So it is evident that the agent and the object of change are in contact, and that there is nothing in between them.

But indeed neither is there anything between the agent and the object of alteration. This is clear from induction, since it happens in all instances that the final agent and the first object of alteration are together: for qualities are altered inasmuch as they are perceptible. It is in virtue of perceptible qualities that bodies differ
from one another, e.g. weight and lightness, hardness and 244b
softness, sound and soundlessness, whiteness and blackness, sweetness and bitterness, wetness and dryness, density and

having more or fewer or the same to a greater or lesser degree. And indeed the object of alteration is altered by these qualities, since they are affections of the underlying quality. For we say that a thing is altered by being heated or sweetened or thickened or dried or whitened, making the same claim for the inanimate and the animate, and again for both the insensate parts and the sense-organs themselves of animate beings. For in a way the sense-organs too are altered, since actualised perception is a change through the body which occurs when the sense-organ is affected in some respect. Animate things are altered in as many respects as inanimate things, but inanimate things are not altered in all the respects in which animate things are, since they are not altered in respect of the sense-organs. And what is happening escapes the notice of the thing affected if it is inanimate,
245[a] while it does not if the thing affected is animate, and indeed nothing precludes an affection from escaping the notice of animate things too, when the alteration does not come about in respect of the sense-organs. Thus since the object of alteration is altered by perceptible qualities, at least in all these cases it is evident that the final agent and the first object of alteration are together: for the air is continuous with the agent, and the body with the air. And again colour is continuous with light, and light with sight. Hearing and smelling occur in the same manner, since the air is the first agent of change with respect to what is changed. And the case of taste is similar: flavour is in contact with the organ of taste. The same also applies to inanimate and insensate things. So there is nothing between the agent and the object of alteration.

Nor indeed is there anything between the agent and the object of increase, since the first agent produces increase by being added, so that the whole becomes one. And again the agent of diminution acts by some part of it rarity, and the qualities intermediate between these, and it is similar with the rest that fall under the senses, among which are heat and cold, smoothness and roughness. For these are affections of the underlying quality, since perceptible bodies differ either in them or by being affected to a greater or lesser degree in respect of any one of them. Both animate bodies and inanimate things and those parts of animate things which are inanimate are alike affected by being heated or cooled or sweetened or made bitter or affected in respect of some other of the previously mentioned qualities. And the sense-organs themselves are altered, since they are affected: their actualisation is a change through the body which occurs when the sense-organ is affected in some respect. Animate things are altered in all the respects in which inanimate things are, but inanimate things are not altered in as many respects as animate things, since they are not altered in respect of the sense-organs. Being altered escapes the notice of inanimate things, and indeed nothing precludes animate things from failing to notice that they are being altered, when their alteration does not happen in respect of the sense-organs. Thus given that the affections are perceptible qualities and that it is through them that alteration occurs, at least in these cases it is evident that what is affected and the affection are together, and that there is nothing between them: for the air is continuous with the agent, and the body makes contact with the air. And the surface is continuous with the light, and the light with the sight. And similarly the organs of hearing and smelling are continuous with their first changer. The organ of taste and the flavour are in contact in the same manner.

The same goes for the agent and the object of increase, since increase is a sort of accrual, so that the agent and object of increase are in contact. And so for diminution, since the cause of diminution is a sort of removal. So it

being subtracted. Thus it is necessary that the agents of both increase and diminution be continuous with their objects, and there is nothing between continuous things. Thus it is evident that
245b nothing is in between the first agent of change (*viz*. final with respect to what is changed) and its object.

3 It is on the basis of the following considerations that one must reason that every object of alteration is altered by perceptible qualities, and that alteration occurs only in such things as are said to be affected *per se* by perceptible qualities. As far as other things are concerned, one would be most inclined to suppose that alteration occurs both in the possession of shapes, forms and states and in the acquisition and loss of them – but there is no alteration in either case. On the one hand, when it has been completed we do not call the thing on which a shape or structure has been imposed that from which it is, e.g. the statue bronze or the pyramid wax or the bed wood, but rather adapting the words we call them respectively brazen, waxen and wooden. But on the other hand we do so designate something which has been affected and undergone alteration: we say that the bronze and the wax are liquid and hot and hard (and not only thus, but we also say that the liquid and the hot thing are bronze), designating the matter by the same name as
246a the affection. So that since in the case of shape and form the thing which has come-to-be wherein there is the shape is not referred to by means of its material, whereas in the case of affections and alterations it is, it is evident that comings-to-be would not be alterations. Furthermore, it would seem odd to speak in such a manner, to say, e.g. that a man or a house or anything else whatsoever that has come-to-be has undergone alteration. But perhaps necessarily each thing comes-to-be when something is altered, e.g. when the matter is thickened or thinned or heated or cooled: not, however, that the things which come-to-be are altered, or that their coming-to-be is alteration.

245b

is evident that there is nothing in between the final agent of change and the first object of change.

3

It is on the basis of the following considerations that we must reason that all objects of alteration are altered by perceptible qualities, and that alteration is only in such things as are said to be affected *per se* by perceptible qualities. As far as other things are concerned, someone might most readily suppose that alteration occurs both in the possession of shapes, forms, and states and in the acquisition and loss of them. For alteration does seem to occur in these cases, but does not even in them: rather, they come-to-be when some things are altered, since the matter is thickened or thinned or heated or cooled, but their coming-to-be is not alteration. For on the one hand we do not call the form that from which comes the form of the statue, or that from which comes the shape of the pyramid or the bed, but rather adapting the word we call them respectively brazen, waxen and wooden. But on the other hand that is how we refer to what is altered: we say that the bronze is liquid or hot or hard (and

246a

not only thus, but we also say that the liquid and the hot thing are bronze), referring to the matter by the same name as the affection. Thus since that from which come the form and the shape and what has come-to-be is not referred to by the same name as the shapes which emerge from it, while what undergoes alteration is referred to by the same name as its affections, it is evident that alteration occurs only in perceptible qualities. Furthermore, to suppose otherwise would be odd in another way: to say that a man or a house has undergone alteration when it has been perfected would be risible, if we are going to assert that the perfection of the house, its coping or tiling, is an alteration, or that in getting its coping or tiling the house is altered. So it is clear

Nor indeed are corporeal or psychic states alterations, since some of them are virtues, others, vices. Neither virtue nor vice is an alteration. Virtue is a sort of perfection, since each thing is said to be perfect when it acquires its appropriate virtue: then it is most according to nature, just as a circle is perfect when it has become most circular and best. Vice is the destruction and departure from this perfection. Thus just as we do not say that the perfection of the house is an alteration (for it would be odd if the coping and tiling were alteration, or if in getting its coping or tiling the house were altered but not perfected), the same also holds good for both the possession and the acquisition of virtues and vices. For virtues are perfections
246b and vices departures from perfection, so that they are not
3 alterations.

3 Furthermore we assert that all virtues are in the category of relative disposition. For we locate the corporeal ones, e.g. health and fitness, in the mixture and symmetry of hot and cold constituents, either between themselves within the body or between the constituents and the environment. The case of beauty, strength, and the other virtues and vices is similar, since each of them has its being by being related to something, and puts its possessor in a good or bad condition with regard to its proper affections. Proper affections are those by which a thing is naturally generated or destroyed. Thus since relatives are not themselves alterations, nor is there alteration or coming-to-be or in general any real change in them, it is evident that neither states nor their loss and acquisition are alterations. But perhaps it is necessary that they come-to-be and are destroyed when certain things undergo alteration, just as proved to be the case for substantial and geometrical form, e.g. that there be alteration in either hot and cold or dry and wet constituents or in those things wherein the states are primarily. For each

that alteration does not occur in things which
come-to-be. 29

Nor does it occur in states. For states are 29
virtues and vices, and every virtue and vice is in the category
of the relative, just as health is a certain symmetry of hot and 30
cold constituents, either between themselves within the body 246b
or between them and the environment. Similarly both beauty
and strength are in the category of the relative, since they are
certain dispositions of the best towards what is finest, and by
the best I mean what preserves
and caters for the thing's nature. Thus since both virtues and 25
vices are in the category of the relative, and neither are these
coming-to-be nor is there either coming-to-be or in general
any alteration in
them, it is evident that in general there is no alteration 27
involved with states.

thing is said to be a vice or a virtue with reference to those things by which its possessor is naturally altered: virtue renders its possessor either impassive or capable of a certain sort of affection, while vice renders its possessor either capable or incapable in an opposite manner. The same goes for psychic states, too, since they
247a too all have their being by being related to something, and the virtues are perfections, while the vices are departures from perfection. Furthermore virtue puts its possessor in a good condition with regard to its proper affections, while vice puts it in a bad condition, so that neither these nor their loss and gain will be alterations. But they necessarily come-to-be when the sensitive part of the soul undergoes alteration, which will be altered by perceptible qualities: for all ethical virtue concerns corporeal pleasures and pains, and these occur either in action or in memory or in anticipation. Thus some of them occur in action by means of perception, so that the percipient is changed by some perceptible quality, while the others, which occur in memory and in anticipation, are derived from perception. For people take pleasure in remembering how they have been affected, or in anticipating how they are going to be affected. So it is necessary that all such pleasure comes-to-be under the influence of perceptible qualities. Since both vice and virtue come to be present in a subject when pleasure and pain come to be present in it (for vice and virtue concern pleasure and pain), and pleasures and pains are alterations of the sensitive faculty, it is evident that it is necessary that one also acquire and cast off vices and virtues when something undergoes alteration. Therefore their coming-to-be is accompanied by alteration, but they themselves are not alterations.

247b Nor indeed are the states of the intellectual part of the soul alterations, nor is there any coming-to-be of them: for we assert with the greatest assurance that the knower is in

Nor is there any alteration involved 27
with psychic virtues and vices, since virtue is a sort of
perfection: each thing is most perfect
and according to nature when it hits upon its proper virtue, 30
just as
a circle is most according to nature when it is most circular. 247a20
Vice is the destruction and departure from these perfections.
And although the acquisition of virtue and the loss of vice
occur when something undergoes alteration, nevertheless
neither of these is alteration: but that something is altered is
clear. For virtue is either a type of impassivity or passivity in
a given manner, while vice is either passivity or a susceptibility
to affection opposite to that engendered by virtue. And all
ethical virtue resides in pleasures and pains,
since pleasure is either in actualisation or through memory 25
or from anticipation. Thus if it is in actualisation, then
perception is the cause, while if it is through either memory
or anticipation, it is derived from perception. For the
pleasure occurs either in our recollection
of how we have been affected, or in our anticipation of how 28
we shall be affected.

Nor indeed is there alteration in the 28
intellectual part of the soul: for it is asserted with great
assurance that the knower

the category of relative disposition. Furthermore it is evident that there is no coming-to-be of the intellectual states, since the potential knower becomes actual not as a consequence of having changed itself, but rather by means of the presence of something else. For when the particular appears, in a fashion the knower knows the universal by means of the particular. And again there is no coming-to-be of their use and actualisation, unless one imagines that there is a coming-to-be of both catching sight and touching, since the use and actualisation of the intellectual states are similar to these. And the original acquisition of knowledge is neither coming-to-be nor alteration, since we are said to know and understand by means of the intellect having come to rest and being still, and there is no coming-to-be of being at rest, or indeed of any real change, as has been said before. Furthermore, just as when someone has passed from drunkenness or sleep or illness to the opposite condition, we do not assert that he has again come into possession of knowledge, despite his having previously been incapable of using his knowledge, so neither when someone acquires the state in the first place do we say that he becomes a knower. For it is by the soul's coming to rest from its natural disturbance that something comes to have understanding and knowledge. That is why children are incapable of
248a either learning or discriminating by means of the senses as well as their elders, since the disturbance and change during childhood are great. But the soul settles down and comes to rest in some cases because of nature itself, in others, under other influences, and in both sorts of case the processes are accompanied by the alteration of certain things in the body, just as in the transition to use and actualisation, when someone becomes sober and wakes up. Thus it is evident from what has been said that being altered and alteration occur in perceptible qualities and in the sensitive part of the soul, and in nothing else except *per accidens*.

4 One might be puzzled as to whether every change is

is in the category of the relative. This is clear because knowledge does not arise in things which have been changed in accordance with any potentiality, but rather through the presence of something else, since

it is from experience of the particular that we acquire universal knowledge. Nor is its actualisation coming-to-be, unless one asserts that both catching sight and touching are coming-to-be, since the actualisation of the intellectual states is of such a character. And the original acquisition of knowledge is neither coming-to-be nor alteration, since a man becomes knowledgeable and gains understanding by means of his soul's coming to rest and holding still. Thus just as when someone asleep wakes up or drunk becomes sober or ill recovers, neither has he become knowledgeable, despite his having previously not been capable of using or actualising his knowledge, but then when his intellect has been released from disturbance and come to rest and a condition of standing still, the capacity for use of his knowledge returns. And indeed something of the sort also happens in the original condition of knowledge, since there is a certain standing still and coming to rest from the disturbance. Nor are children capable of either learning or discriminating by means of the senses as well as their elders, since the disturbance and change in learning and perceptual discrimination are great during childhood. But the soul settles down and ceases from its disturbance at one time because of nature, at another under other influences. But in both sorts of case something undergoes alteration, just as when someone wakes up and becomes sober as regards actualisation. Thus it is evident that alteration occurs in perceptible qualities and in the sensitive part of the soul, and in nothing else except *per accidens*.

comparable with every other or not. For if indeed they are all comparable, and things changed an equal amount in equal time are changed at the same rate, there will be a circular motion equal to a rectilinear one, and again circular motions greater and lesser than rectilinear ones. Furthermore, there will be an equal alteration and locomotion when in an equal time the one thing has been altered and the other has been transported, with the consequence that an affection will be equal to a length: but that is impossible. Then is it the case that whenever things are changed an equal amount in an equal time then they are changed at the same rate, but an affection is not equal to a length, so that an alteration is neither equal to nor less than a
18 locomotion, so that not all changes are comparable?
18 But
how shall we arrive at this conclusion for the circle and the straight line? For it is odd if it is not possible to be moved such-and-such a distance alike on both a circle and a straight line, but rather it be necessary straight off that one of the motions be either faster or slower, just as if the one were downhill, the other, uphill. Nor does it make any difference to the argument if one asserts that it is necessary straight off that one of them be moved either faster or slower, since then the circular line will be either greater or smaller than the straight one, so that it can also be equal. For if in time A the one traverses B while the other traverses C,
248b it might be that B is greater than C, because that was how 'faster' was described. Accordingly it is also faster if it traverses an equal distance in a lesser time, so that there will be a part of time A in which B goes through a portion of the circle equal to what C goes through in the entire time A. But then if they are comparable, the consequence just mentioned follows, that a straight line can be equal to a circular one. But they are not comparable; so neither are the motions, but such things as are not synonymous are all incomparable. E.g. what is the reason why a pen and a wine and the highest note in a scale

are not comparable in respect of sharpness? They are not
comparable because they are homonyms:
but the highest note in a scale is comparable with the 10
leading-note, since 'sharp' means the same thing as applied
to both of them. So is it that 'quick' does not mean the same
thing as applied to circular and rectilinear motion, and far
less as applied to alteration and
locomotion? 12

Or is it that in the first place this is not true, 12
that if things are not homonymous, then they are
comparable? For 'much' means the same thing as applied to
water and air, but they are not comparable. And if it does
not mean the same, at any rate
'double' does, since it is the ratio of two to one, but water 15
and air are not comparable. Or is it that the same argument
holds good for doubles as well, since 'much' is also
homonymous? But for some things even their definitions are
homonymous: e.g. were one to say that 'much' is such-and-
such an amount and more, the amount would be different in
different cases. And 'equal' is homonymous, and perhaps
'one' as well immediately becomes homonymous.
And if 'one' is homonymous, 'two' is as well, since what 20
reason could there be for some things being comparable,
others not, if indeed their
nature were one? 21

Or is it because they are in different 21
primary recipients? Thus it is that a horse and a dog are
comparable in respect of which is the whiter [='λευκότερον'],
since that in which the whiteness primarily resides, the
surface, is identical, and the same holds good for comparison
in respect of size. But water and speech are not comparable
in respect of which is the purer [='λευκότερον'], since the
purity of each resides in different primary
recipients. Or is it not clear that thus at any rate it will be 25
possible
to make everything one, but to assert that each thing is in a 249a
different primary recipient, and is it not clear that equal and
sweet and white will be the same, but different in different

primary recipients? Moreover, any chance thing is not receptive of any
3 other, but there is one primary recipient for each one.
3 But is it then that comparable things must not only not be homonymous but also not have any specific difference in either themselves or their
5 recipient? I mean that, e.g., colour is subject to specific division, wherefore things are not comparable in this respect (i.e. as to which of them is more coloured, not in respect of a given colour, but rather *qua* colour), but are comparable in respect of whiteness. Similarly as concerns change, things are changed at the same rate by virtue of being changed such-and-such an equal amount in an equal time. If then in a given time one half of a
10 certain length has been altered while the other half has been transported, will this alteration be equal to and the same in rate as the locomotion? But that would be odd: the cause is that change has species, so that if things which have been transported an equal distance in an equal time will be equal in rate, a straight line will be equal to a circular one. So which is the cause, that
15 locomotion is a genus or that line is a genus? For the time is the same, and should the lines be different in species, then the locomotions will differ in species as well, since locomotion has species on condition that that over which it occurs does. (And locomotion is also differentiated according to the organ used, e.g. it is walking if feet are used, flying, if wings are. Or is that not the case, but rather locomotions are differentiated by the shapes of the lines followed?) So that things which are moved the same magnitude in an equal time are equal in rate, and
20 'the same' means undifferentiated in both species and change.
21 So that we must investigate the question of what are the specific differences of change.
21 And this argument indicates that the genus is not one single thing: but apart from the

genus of change there are many other cases which go undetected. Some homonyms differ widely, others have a certain resemblance, while others again are closely related either in genus or by analogy, which is why they do not seem to be homonyms although they really are. So is the species different when the same characteristic is in different recipients, or when different characteristics are in different recipients? And what is the mark of differentiation? By means of what shall we judge that white and sweet are the same or different – is it because they appear different in different recipients, or because they are altogether not the same?

And as to alteration, how will one qualitative change be equal in rate to another? If to become healthy is to undergo alteration, being cured can occur in one case quickly, in another, slowly, and some cases can occur simultaneously, so that there will be
249b
alterations which are equal in rate, since the things were altered in an equal time. But what was it that was altered? For 'equal' is not applied to qualities, but as 'equality' is used of the category of quantity, so is 'similarity' used of quality. But let us assume that there is equality in rate when things undergo the same change in an equal time. So should we compare the recipients of the affections or the affections themselves? In the example under consideration it is the fact that health is one and the same thing which allows us to conclude that the one obtains neither more nor less than the other, but that they are similar. But if the affections are different, e.g. if one thing which is becoming white and another which is becoming healthy are both undergoing alteration, there is nothing in them to be identical or equal or similar, inasmuch as these different affections at once create species of alteration. And this type of change is not single, just as locomotions also do not constitute a unity, so that we must grasp how many species there are of alteration and how many of locomotion.

If then objects of change differ in species, that is those things to which the changes belong *per se* and not *per accidens*, the changes themselves will also differ in species, and if the objects differ in genus or number, the changes also will differ in genus or number. But in order to ascertain whether the alterations are equal in rate, must we observe the affections to see whether they are identical or similar, or must we observe the objects of alteration, so as to see, e.g., whether such-and-such a quantity of each has become white? Or must we observe both, the alterations being on the one hand the same or different according as the affections are the same or different, on the other equal or unequal according as the objects of alteration are equal or unequal? And we must investigate the same question about coming-to-be and destruction. What makes for equality of rate in coming-to-be? There is equality if in an equal time the same and specifically atomic substances come-to-be, e.g. men but not animals. And the coming-to-be would be faster if in an equal time what comes-to-be is different (for we have no pair of terms whereby we might express this difference, in the way that 'dissimilarity' applies to qualities). Or, if substance is number, one coming-to-be is faster than another if in an equal time greater and lesser numbers of the same species come-to-be; but there is neither a term common to the compared substances to express this difference, nor terms applying to the substances taken singly corresponding to 'more' for an affection or preponderant quality, and to 'greater' for quantity.

5 Since whenever anything produces movement, it moves something in something to something (by 'in something' I mean 'in time', and by 'to something', 'to a certain distance': for it is always the case that the mover at once produces and has produced movement, so that there will be a certain amount of distance which has been traversed within a certain amount of time), if then A is the mover, B is what is moved, the distance which has been traversed is C, and the time is D, then it follows that a force equal to A's 250a will move half of B twice distance C in an equal time, and will move it distance C in half the time D: for in this manner there will be an analogy. And if the same force moves the same load such-and-such a distance in a given time and half the distance in half the time, half the impulse will also move half the load an equal distance in an equal time. E.g. let half of A's force be E and half of B be F: the impulse is similarly and analogously related to the weight, so that they will move an equal distance in an equal time.

But if E moves F distance C in time D, it is not necessary that in an equal time E move twice F half the distance C. So if A moves B distance C in time D, E, which is half of A, will not move B in either time D or in some portion of it some portion of the distance C in the same ratio to the whole distance as A is related to E. For it might turn out that E will not move B any distance whatsoever, since if the entire impulse moved the load such-and-such a distance, half of it will not move the load any given distance in any period of time at all. Otherwise one man would be able to move a ship, since the impulse of the haulers and the distance which they all moved the ship are divisible by their number. That is the reason why Zeno's argument is not true, which claims that any portion whatsoever of the millet will make a sound. For nothing keeps it from not moving in any time that amount of air which the entire bushel moved in falling. Indeed the portion of millet does not in fact move such an amount of all the air as it would move were that portion of millet by itself: for neither does any portion exist other than potentially in the whole bushel.

And if the movers are two, and each of them moves each of their loads such-and-such a distance in a given time, then the compounded forces will also move the compound load an equal distance in an

28 equal time, since there is an analogy.

28 Then does the same hold good of alteration and increase as well? For there is something which causes increase, something which is increased, and the
30 one causes increase, the other is increased a certain amount in a certain amount of time. And the case of the agent and object of alteration is similar: something has undergone a certain amount of
250b alteration in respect of greater or lesser intensity in a certain amount of time. And in double the time there will be twice as much alteration, and an object twice the size in double the time. Half the object will be altered in half the time (or half as much in half the time), or altered twice as much in an equal time. But if the agent of alteration or increase causes a
5 certain amount of alteration or increase in a given time, it is not necessary that half the object be changed in half the time and that it be changed half as much in half the time: rather it might turn out that the agents will produce no alteration or increase within that period, just as in the case of the weight.

PART II

ANALYTICAL TABLE OF CONTENTS

Ch. 2 The varieties of contact

Ch. 5 Anti-reductionism: Aristotle and his predecessors on mixture

Ch. 6 Unlikely comparisons

Ch. 7 Playing with numbers

1
INTRODUCTION

Aristotle's distinctive approach to philosophical problems displays a rare combination of power and flexibility. Since he believes that the opinions of the many and the wise and the perceptual phenomena all reflect some vestige of the truth, his investigations typically exploit a remarkably rich and varied collection of suggestive material. Nevertheless, Aristotle's respect for appearances does not unduly restrict his dialectical progress; their more or less superficial incompatibility demands a sharpening, ordering, and modification of the data and warrants a novel resolution of the issue in question. Almost as if people were compelled by the force of the truth itself, ὥσπερ ὑπ' αὐτῆς τῆς ἀληθείας ἀναγκασθέντες (*Physics* $188^{b}29$–30), their views on topics ranging from cosmology to politics contain – and conceal – a correct philosophical account. Aristotle must labour to separate out and purify the truth, but he works in the conviction that it is there to be found in his collection of ordinary and extraordinary beliefs.

Employing this method in the *Physics* Aristotle develops a conception of nature, identifies classes of things and events which are and occur by nature, and describes their constitution and behaviour in accordance with certain criteria for explanation introduced and defended as his arguments unfold. We learn that our study concerns things which possess an intrinsic source of change and rest, such as plants and animals, their parts, and the simple bodies; that natural change occurs in a number of distinct respects, in substance, quality, quantity, and place; and that such changes usually happen for the good, and must properly be so understood. Notwithstanding the scope and subtlety of these analyses, the modern reader may be disturbed by the implications of Aristotle's conservative philosophical technique when used in the exploration of the natural world. His methodological confidence that the truth is there to be extracted from the ἔνδοξα in all their variety would seem to entail the thesis that ordinary language, untutored and cultivated opinion, and perception are to some degree isomorphic with reality: the seen and believed adequately and reliably guide us to the unseen. While such an approach to ethics or politics may not occasion too much surprise, as applied to nature it might shock a philosopher accustomed to the notion that the character of the universe is radically unlike what it appears to be to people here and now. Aristotle's reliance on the assumption that valid explanations are, at least in one sense of the word, fairly easily accessible, makes of the world an all too familiar place, in which the behaviour of irrational animals and even inanimate objects manifests something like the intentionality we recognise in our own actions, and everything is made of the sorts of stuff encountered every day.[1]

I do not want either this simplified, impressionistic sketch of Aristotelian dialectic or my blunt statement of discomfort with some celebrated and difficult arguments in the *Physics* to be taken as anything other than a starting-point for speculation. They are meant to suggest, as an inevitably rough first approximation, a number of considerations concerning method in the light of which one might analyse and evaluate the seventh book of the *Physics*. Bk VII contributes to the elaborate series of arguments Aristotle propounds in order to establish the existence of a first, unmoved cosmic mover. Since Kant's relegation of first mover arguments to the limbo of the antinomies

[1] Hussey's estimation of Aristotle's scientific methodology is not very high:

> 'Two [assumptions] in particular it may be useful to mention here, because they are so alien to our ways of thinking, and not only mistaken but disastrously so: the assumptions (a) that all the sciences are, not merely essentially finite and completable, but in principle deducible from principles which are in some sense self-evident; (b) that the essential truths about physics, at any rate the physics of inanimate matter, lie more or less "on the surface" in the sense that there is no "micro-structure" of matter, and no physical agent not directly observable, by the unaided senses, as such.' (p. x)

For more generous appreciations see Owen (1), Nussbaum (1), Waterlow (1), and Couloubaritsis.

(Full titles and details of publication are to be found in the bibliography.)

they have fallen into scholarly neglect, to the extent that students of philosophy are unconscious of the variety of such proofs advanced, and in particular of the differences between Aristotle's versions and those of his Christian followers. Nevertheless, some readers might think that whatever the grounds for dissatisfaction with such arguments, they are surely unrelated to the methodological issues introduced just now as a frame for the interpretation of bk VII. Whether or not Aristotle reposes a now unusual confidence in the reliability of ἔνδοξα with regard to natural phenomena, the *Physics*' concluding speculations are not immediately or obviously prompted by an attitude of philosophical tolerance towards the collected appearances.

This point should be conceded, and in fact reveals precisely why broad questions about methodology might direct and deepen an investigation of bk VII. Precisely because his conception of a cosmic mover apparently develops at such a distance from Aristotle's first principles in the *Physics*, examination of VII allows us to come to closer grips with the implications of those principles as they are revealed in the book's difficulties and the attempts to overcome them. The nature of Aristotle's strategy is illuminated by the realisation that his arguments in VII for the finitude of any series of dependent movers are conditioned by his initial conception of natural changers, while that conception is in turn modified under pressure from those arguments. It will emerge time and again in the course of this work that reflection on Aristotle's handling of the ἔνδοξα elsewhere in the *Physics* and in other treatises helps to explain the claims of bk VII. In this respect Aristotle's strong commitment to anti-reductionism in one form or another is especially important, and is intimately related both to his approach in general and to his position as expressed in *Physics* VII in particular. My hope is that the detailed study which follows will gradually correct and substantiate these broad introductory remarks, and so yield the materials for a refinement of my initial sketch of Aristotle's approach to natural philosophy.

Bk VII has suffered from neglect and a bad press. In his own *Physics* Eudemus exceptionally diverged from the example of his master's work, declining, in this case alone, to copy this book;[2] Themistius' paraphrase skips the first chapter altogether and deals very briefly with the rest. Alexander characterises its arguments as λογικώτεραι, while Simplicius calls them μαλθακώτεραι (S. 1036.12–13). Although no one has expressed serious doubts about the work's authenticity since Hoffmann's defence of its genuineness in 1905, the opinion that the book does not clearly fit into the main structure of the *Physics* is common.[3] This feeling that VII does not match standard preconceptions concerning the organisation of Aristotle's treatise is in large measure responsible for the traditional dismissal of its reasoning as substandard; if an inferior product, the book can be jettisoned or at least explained away with an easier conscience.

As a rule exegetes dispose of VII by comparing it unfavourably with VIII,[4] subordinating it to its successor in one fashion or another. Simplicius suggests that VII was written earlier than VIII, which superseded it, and that their coverage of important issues overlaps almost completely (S. 1037.1–3).[5] Carteron maintains that VII's purpose is to serve as a prolegomenon to

[2] Simplicius, p. 1036.13–15. (For ease of reference I shall henceforth abbreviate 'Simplicius' to 'S'.)

[3] For example, Ross: 'There is the problem of its relation to the *Physics* as a whole ...' (p. 11) and 'There are several indications that the book is not an integral part of the *Physics*, but is, if it be by Aristotle, an excrescence on the main plan, as α Δ K Λ are in the *Metaphysics*' (p. 15). He contends that originally the title 'τρία περὶ κινήσεως' designated books V, VI and VIII of the *Physics*, but that VII subsequently broke the natural sequence of these three books and distorted later commentators' view of the work's pattern by obliging them to force V into the category of 'τὰ περὶ φύσεως' in order to clear a place within the 'τρία περὶ κινήσεως' for the interloper, bk VII (pp. 3–4). Tracing back references to VII in ancient catalogues is a tricky business, but Ross ventures the guess that the book may figure within Hesychius' list, which perhaps originates with Hermippus, *c.* 200 B.C. (p. 18). Moreover, Ross's conjecture that item 45 in Diogenes Laertius' catalogue of Aristotle's works might refer to VII is perhaps strengthened by the fact that D.L. has 'περὶ κινήσεως α'β'' (not just 'α'', as Ross, p. 15, reports): this might indicate that both versions of VII were in the Alexandrian library. For a shrewd discussion of D.L.'s list, concluding that it does indeed derive from Hermippus and was an inventory of the Alexandrian library, now see Sandbach, pp. 10–12.

[4] Ross claims that Eudemus realised that VII interrupts the unity of V, VI, VIII (p. 3) and that Themistius' omission of VII.1 is understandable in light of the more expansive treatment of the same topic in VIII.4–5 (p. 15).

[5] Ross considers Simplicius' view of the date of VII and its relation to VIII plausible, but restricts overlap to VII.1 (pp. 16–17). I shall interpret VII.2–5 as concerned with the discussion and defence of various premisses featuring in VII.1's proof; if this is the right way to read the book, one cannot isolate a thesis in VII from its supporting arguments and compare it as simple dogma with propositions developed elsewhere in the *Physics*.

VIII, and was indeed composed later under the apprehension that a transition straight from VI to VIII would prove too abrupt.[6] Given the wide influence exerted by Ross's edition and commentary, it is well to note that bk VII, which he does not value too highly, has a curiously important rôle to play in his dating of the whole treatise.[7]

To add to the handicap, the confusing existence of two versions of VII has not encouraged serious consideration of its contents and perhaps reinforces the impression that the book(s) is/are a bothersome 'excrescence' on the *Physics*. The ἕτερον βιβλίον, as Simplicius calls it, is now extant for only the first three chapters of VII.[8] Ross, who labels them α and β, marshals what he regards as decisive organisational and linguistic differences between the versions uniformly indicating the superior authority of α.[9] He questions Hoffmann's suggestion that both versions derive from auditors' notes, but favours the idea for β alone.[10] Thus VII has been described as an early, superficial, redundant doublet clinging precariously to the *Physics*.

[6] Carteron (1), pp. 13–14. Mansion (pp. 14–16) endorses the simpler notion that VII is just an earlier version of VIII.

[7] Ross's method for dating part of the *Physics* proceeds in two simple stages. First, bk VII is an immature production: 'When I come to discuss the problem of book VII, I will give reasons for thinking that it is an early work, written before Aristotle had broken with the Platonic belief in idea-numbers' (p. 8; this is a suspicion going back to a footnote in Jaeger, p. 17). Second, the fact that VII depends on V–VI, themselves later than III–IV, reveals the earliness of the entire stretch of the treatise from III to VII (p. 9). My commentary on VII.4 will argue that the doctrine on which Ross fastens to demonstrate the Platonic character of VII canot be safely attributed to Aristotle, so that the book must not be used as a stationary reference-point for the chronology of the *Physics*. I do not mean to imply that either the book or the treatise is *late*, only that the basis for Ross's dating is weak, and that therefore its casual retention in much subsequent literature is unfortunate.

[8] Nevertheless, it must have continued at least into ch. 4, since Simplicius quotes it for readings in VII.4 (1086.23; 1093.10; other references to the ἕτερον βιβλίον at 1051.5, 1054.31). For information on the MSS, consult Ross, pp. 11–13 (I have, however, redated some of them on the basis of information kindly supplied by Michael Reeve: see the sigla to my text).

[9] Ross, pp. 14–15. Simplicius also does not think at all highly of the other version: '... ἀλλὰ τὴν μὲν γραφὴν ταύτην ἐκ τοῦ ἑτέρου ἑβδόμου βιβλίου ἐνταῦθά τις μετατέθεικε, καὶ οὐδὲν ἔδει πολυπραγμονεῖν αὐτὴν νῦν ὥσπερ οὐδὲ τὰ ἄλλα τὰ ἐκεῖ γεγραμμένα' (S. 1093.10–12).

[10] 'The language [of β], as we have seen, is in certain respects un-Aristotelian. Further, the variations from α seem on the whole not such as a person with α before him would have made. They look more like a hearer's abbreviated and in some respects confused notes of the course of which α is Aristotle's own notes. Or it may be that they are the notes of an earlier or later course than that reported in α, in which Aristotle used a different order and mode of expression' (Ross, p. 18). Manuwald endorses Ross's discussion, while offering further baroque variations on genetic themes.

In the following I try to subject the arguments of *Physics* VII to a close and sustained examination. Despite their preoccupation with the question of how VII does (or does not) fit into the pattern of the treatise in its entirety, interpreters of Aristotle have paid scant attention to a prior issue: *why* do we find the five chapters which constitute VII in the longer, complete version grouped together? Although their connections are far from obvious, commentators have not troubled to trace them out. Ross, whose comments on specific passages are often of considerable value, does not even indicate that he recognises any problem concerning the book's development, as distinct from its status, worthy of discussion; Manuwald, prompted by obscure genetic considerations, takes it for granted that VII lacks any unifying purpose.[11]

I assume that a primary desideratum for any reading is to display VII as an intelligent whole. My strategy for fulfilling this condition is to interpret the remainder of the book as designed both to corroborate claims made in the first chapter and to dismiss apparent and overcome real obstacles to its proof: chs. 2, 3, 4, 5 are, as it were, the primary commentary on ch. 1. In view of the aporetic character of much of the book and Aristotle's failure to make explicit the connections intended, it is inevitable that any such exegesis must remain to some degree conjectural, but it should nevertheless be attempted.

I seek to show that VII.1 argues for the finitude of any sequence of dependent changers by way of a *reductio ad absurdum*. In order to establish this conclusion, Aristotle assumes <u>1</u> that all movers must be in contact with what they move and <u>2</u> that a hypothetical infinity of finite changes may legitimately be regarded as equivalent to a single, infinite change. I argue that ch. 2 is intended to support the first assumption with regard to change in general, while ch. 3 buttresses the treatment of alteration in ch. 2. Ch. 4's enunciation of strictures on kinetic comparisons within and across Aristotelian categories casts doubt on the validity of the second assumption. Finally, ch. 5 may be speculatively construed as providing the conceptual materials for the reformulation of ch. 1's *reductio* along lines

[11] Manuwald, pp. 125–6.

no longer vulnerable to the difficulties raised in ch. 4. Bk VII is animated by a special philosophical tension: how can Aristotle succeed in linking changes together without their merging completely? How can a series of dependent changes retain their separate identities while remaining connected? Hence the choice of image employed in this book's title, which is not casual – Aristotelian changes are like the separate links in a chain, not the merging strands in a cable.[12]

Although my central purpose in these studies is to illuminate and evaluate bk VII as philosophical argument, they do provide indications pertinent to the resolution of the two problems of traditional interest, how to understand VII's place in the *Physics* and what to make of the existence of two versions. I shall argue that the solution of the first puzzle is very simple, so long as one takes proper account of the fact that the collections of lecture notes constituting the *Physics* are not so well integrated as always to indicate argumentative connections with any great perspicuity. In VIII.5 Aristotle attempts to establish the thesis that whenever something is changed, but not changed by itself, the ultimate source of the κίνησις must be an agent which *does* change itself. His argument for the claim depends on the proposition that any series of dependent changers must terminate in a first changed changer. This crucial proposition, baldly asserted in VIII, is the conclusion of VII.1's *reductio*. Thus VII.1's proof (deepened and clarified by the discussion of VII.2–5) legitimates the argument of VIII.5. Since that argument contributes prominently to the establishment of the existence of a first, unmoved cosmic mover, the rôle of bk VII within the *Physics* is to provide reasoning vital to the defence of Aristotle's cosmology.[13]

[12] The image is borrowed from Sarah Waterlow.

[13] My claim that VII serves this purpose is not original: Hoffmann asserts that VIII.5, 256^{a}13–29 depends on VII.1 (p. 25), and recently Waterlow (1) has taken the same line (p. 236, n. 22). Ross rejects Hoffmann's contention: '[t]he reasoning is much the same as that in VII.1, but there is no allusion to the latter' (p. 16). At this point my *caveat* concerning the degree of integration we may reasonably expect a work of the *Physics*' nature to display becomes relevant. Ross correctly remarks that no reference in the text of VIII back to VII binds the books together explicitly. However, if it is right that VIII.5's thesis cries out for a supporting argument which VII very conveniently formulates, one reasonably associates the discussions of the two texts despite the absence of encouragement which explicit cross-references would provide.

With regard to the second problem, the survival of the two versions, I believe that previous commentators have mishandled the issue by assuming that their task is to single out one of the versions as 'superior', 'of greater authority', and to consign the loser to oblivion. Perhaps the physical constraints imposed by the lay-out of a book encourage such an assumption: Ross avoids my complicated juxtaposition of the texts on the page by exiling the β version to the end of his edition. Obviously this treatment strongly suggests that one and only one text is *the* version of *Physics* VII. I dissent from this opinion. Although I concede that were we compelled to limit our attention to a single version, α should be our choice, I believe that the differences between the pair are not so clear-cut (and uninteresting) as editors intent on producing a streamlined text of the *Physics* make out.[14]

My commentary indicates that while both α and β enunciate the same propositions, the arguments they develop in order to generate these shared theses vary, on occasion markedly. Since arguments rather than conclusions are the stuff of philosophy, we should take advantage of this special opportunity to observe differently stressed dialectical exercises dedicated to a common set of themes. On the matter of authorship, the angle from which the versions are always discussed, more or less ambitious hypotheses can be entertained. According to the strong theory, the survival of both α and β permits us to catch Aristotle at work, at one time trying out a strained argument yielding the desired conclusion, at another testing an alternative, sturdier argument whose upshot unfortunately is too weak for his purposes. According to the more cautious theory, β is not Aristotle's own work but emanates from his immediate circle and reacts to α. On the latter option it would not follow

[14] Of course the temptation to denigrate the merits of one member of a pair of apparent doublets is not restricted to the case of *Physics* VII, although perhaps it is the most extreme. One might usefully compare the tack that scholars have typically taken when confronted with the seeming duplication of Aristotle's treatments of pleasure in books VII and X of the *Nicomachean Ethics*: 'where there is contradiction, the preference must be given to book X, for here Aristotle not only criticises the views of others but states his own position positively' (W. D. Ross, *Aristotle* (London, 1923), p. 228). There can be little doubt that here too the urge to dismiss one twin for the sake of neatness merely results in philosophical impoverishment.

that β is spurious in a sense that lessens its intrinsic significance, which resides in its arguments: these remain 'authentic' and accessible whatever the strictly indemonstrable genetic hypothesis one happens to favour. Since I shall concentrate on the differences in argumentation between α and β and find both versions of interest from this point of view, I do not consider their existence a 'problem' and encourage the reader to resist the temptation to explain (away) one or the other.

Naturally this approach has certain awkward consequences, since it entails a double analysis of the first three chapters. Furthermore, because I proceed on the principle that we should display the same interpretative charity towards β that we would show to any Aristotelian text, my readings will inevitably have a provisional character and perhaps have to be modified in light of the final, cumulative evaluation of the ἕτερον βιβλίον. In the course of the commentary I call the author of β 'Aristotle', and do the best I can to make good sense of the work, both as philosophy and as a contribution to Aristotle's particular projects. But if in the end we conclude that β is not his, should we not instead maximise its un-Aristotelian qualities? Clearly, where this would mean deliberately accepting inferior textual variants and endorsing damning interpretations, the answer must be negative. It is especially important to keep an open mind because even if my own résumé prove misguided, the reader might still employ the commentary's collection of specific comparisons with α in order to reach his own, independent conclusions.

The commentary follows the order of the text to which it is devoted, and is keyed to sections of *Physics* VII which I believe constitute argumentative wholes. The interpretation of the first three chapters, for which we have both α and β, attempts to take account of interesting differences between the two. Given the approach which I have adopted to the alternative versions of VII, and my divergence from Ross's readings in a number of key instances, this study includes both his Greek texts modified accordingly and a new translation. All departures from Ross are noted and discussed in the commentary. Since I suspect that simple considerations to do with lay-out have unduly influenced attitudes to β, I have also striven to make unbiased comparative examination of the versions as easy as possible for the reader by printing the two texts on facing pages.

My focus varies from the extremely narrow to the very wide, ranging from textual matters to engagement in philosophical controversies pitched at a fairly abstract level. But this study is neither a strict textual commentary nor a treatment of general issues: since the purpose is to follow the argument of VII wherever it goes, I have found it necessary to adjust my approach considerably to suit multiple challenges. In a single instance, the defence of my attribution to Aristotle of an anti-reductionist methodology, I have modified this scheme for the sake of clarity.

In light of my claim that the proof formulated in ch. 1 is VII's *raison d'être*, the relative brevity of my corresponding first chapter may occasion some surprise. However, given my view of the book's structure, it follows that exegesis of the succeeding chapters gradually enriches one's comprehension of the strengths, weaknesses and further implications of ch. 1's *reductio*. Accordingly, I deliberately restrict myself initially to a presentation of the proof intended to render its logical form perspicuous and to a defence of the argument's significance for the *Physics* in its entirety. If successful, the remainder of *The Chain of Change* should allow one in conclusion to return to the first chapter and reread it with an enhanced understanding of its difficulty and value.

2

MOVED MOVERS

241ᵇ34–242ᵃ49/241ᵇ24–242ᵃ15[1]

Bk VII's opening presents an immediate challenge. An obscure argument issues in a conclusion of unclear scope and strength, the thesis ἅπαν τὸ κινούμενον ὑπό τινος ἀνάγκη κινεῖσθαι. Something evidently moved by something *else* poses no challenge, of course (241ᵇ35–7/241ᵇ24–6); Aristotle must cope with the case of something possessing an internal ἀρχὴ τῆς κινήσεως. To qualify as such, an object must be moved because the whole is moved, and by no external mover; it must be moved καθ' αὑτό,[2] a condition seemingly satisfied if it is not moved by some part of it being moved (241ᵇ38/241ᵇ27).

What is movement καθ' αὑτό? How strict is the demand that something moved from within, a self-mover, move in this way? Perhaps it is weak and reasonable, intended to distinguish accidental unities from the authentic καθ' αὑτὰ κινούμενα. For example, a man running along with a bundle of faggots loaded on his back is not in movement *per se*, since the assemblage man-with-faggots is moved only because one of its parts, the man, is in movement *per se*. But what about the man himself? He moves solely by virtue of his legs' movement: why does he not then similarly fail to meet Aristotle's condition? We might venture the answer that precisely because the man is a man, a living organism, he is integrated to a special degree. Properly speaking, his actions and passions should be predicated of him as a whole rather than of his parts. The parts are only *organs*: the man moves *with* his legs.

By means of some such reasoning we might seek to dis-

[1] References are to both extant versions of the first three chapters of *Physics* VII; I refer to the version printed in the main body of Ross's edition as α, to the ἕτερον βιβλίον as β.

[2] Apparently only in the α version – but see n. 7.

criminate between the man and the man-with-load in order to avoid attributing to Aristotle a stronger and less reasonable conception of καθ' αὑτὰ κινούμενα which would deny that the man could move *per se*. And if the man does not move *per se*, what could? One might conclude that to call this stronger reading of the condition on *per se* movement 'less reasonable' is rather an understatement, since it threatens to prove simply unsatisfiable, at least by the sorts of natural movers a reader of the *Physics* recognises as primary. But in fact this 'unreasonable' construal is what is required by the thrust of the argument: Aristotle goes on to deny that there are any real self-movers. Furthermore, he conducts the discussion exclusively in geometrical terms, abstaining from any *physical* designation of a mover as an animal or a simple body, or even just as a body. These are the puzzles hampering interpretation of this opening gambit, its curious lack of specificity and sweeping negative conclusion.

In a preliminary section (241ᵇ39–44/241ᵇ27–33), Aristotle warns us off ascribing self-motion to anything just because it moves as a whole and not as a result of anything external. Since self-motion could hardly be otherwise described, this direction amounts to Aristotle's firmly withdrawing the concept from circulation, forbidding it any application whatsoever. In fact, perhaps he goes further, not just denying that anything can be properly described as a self-mover, but also implying that the idea is incoherent: there is no way of describing an imaginable movement which does not treat it as an interaction between parts. There are no alternatives besides those exemplified by the running man and the running man-with-faggots, and we cannot conceive of any. Such a contention is reasonable, of course: the puzzle is why we should refuse to call the man a self-mover because he runs with his legs. Aristotle says that *whenever* one incorrectly thinks of something as a self-mover, it is as if one fails to apprehend that one part of a thing is moving another and therefore the whole, and such a thing is not a καθ' αὑτὸ κινούμενον. That this is Aristotle's invariable analysis of what is wrongly categorised as self-motion emerges from the next argument (241ᵇ44ff./241ᵇ33ff.).

People confused about self-motion are unable to detect that a given whole is moved by one of its parts, and so make a faulty inference. The inference is differently formulated in the two versions. α formulates the fallacy as the denial that the whole is moved by something ('εἰ μὴ φάσκοι τις τὸ ΚΜ κινεῖσθαι ὑπό τινος', 241^{b}42–3), while β expresses it as the assertion that the whole is moved by itself ('εἴ τις... ὑπολαμβάνοι τὸ ΔΕΖ ὑφ' αὑτοῦ κινεῖσθαι', 241^{b}30–1). But is this difference merely a triviality, precisely the sort of meaningless verbal variation that is to be expected between an original (α) and the notes copied from it (β)? We shall see that this difference is not trivial: while α will for better or worse neglect to resolve whether the 'something' here introduced is internal or external to the mover, β will specify that the mover is 'something *else*'.

Aristotle next enunciates the principle that either 'what is not changed by *something*' ('τὸ μὴ ὑπό *τινος* κινούμενον', the α version, 241^{b}44) or 'something changed by *itself*' ('τὸ ὑφ' *αὑτοῦ* κινούμενον', the β version, 241^{b}33–242^{a}1) is not brought to rest by something *else* coming to rest. If it is so halted, then it is indeed moved either 'by *something*' ('ἀνάγκη ὑπό *τινος* αὐτὸ κινεῖσθαι', the α version, 242^{a}36–7), or 'by something *other than itself*' ('αὐτὸ ὑφ' *ἑτέρου* κινεῖσθαι', the β version, 242^{a}3). And so (242^{a}38–49/242^{a}5–15):

	1. Anything moving is divisible (proved VI.10, 240^{b}8–241^{a}26).[3]
	2. Let AB, purportedly self-moving, be divided AC/CB.
thesis	3. Then if CB does not move, AB will not move.
	4. If AB did then move, AC would have to be moving while CB rested (proof of thesis by supposition of contradictory).

[3] In β alone is a *back*-reference perhaps explicit in its employment of the philosophical imperfect: 'πᾶν γὰρ τὸ κινούμενον διαιρετὸν *ἦν*' (242^{a}6) versus α's 'πᾶν γὰρ τὸ κινούμενον διαιρετόν' (242^{a}40).

5. So it would not then be the whole of AB in the first instance that was moving: rather, AC would be what moves in the first instance, and AB only derivatively.
6. But we hypothesised that AB *does* move καθ' αὑτὸ καὶ πρῶτον.[4]

restatement of thesis
7. So we can conclude that if CB does not move, neither does AB.

Therefore 'this moves itself' entails 'this is moved by something' (the α version) or 'this is moved by something else' (the β version), since AB satisfies the condition laid down at 242ᵃ35–7/242ᵃ2–3.

Aristotle does in a sense prove that for any purported self-mover AB, there is something distinguishable from it, *viz.* its part CB, which is responsible for its movement. But the part is not 'other than' the whole in the sense that Aristotle requires. Ross comments: 'the motion of the whole logically implies the

[4] Whether 'πρῶτον' ('in the first instance' or 'primarily') actually adds anything significant to the sense of 'καθ' αὑτό' ('*per se*') is thoroughly obscure, since Aristotle's intention to scrap the concept of self-movement hardly encourages him to elucidate the ideas at play here. I incline to the opinion that α's phrase 'καθ' αὑτὸ ... καὶ πρῶτον' (242ᵃ44) simply functions as a hendiadys. β (242ᵃ10) misses out the 'καὶ', which Spengel wishes to insert. The emendation is easy, since 'καὶ' could very well have fallen out by haplography, but unnecessary: given the obscurity of the specification in both versions, we should assume that even without the 'καὶ' β's text means whatever α's does.

One might still feel uneasy about β's claim that we hypothesised that AB moves *per se* and primarily, when it actually provides an explicit antecedent only for '*per se*' – and even that is not entirely unproblematic (*vid.* n. 7 *infra*). In contrast, the immediately preceding sentence in α (242ᵃ43) secures the back-reference for both '*per se*' and 'primarily'. The simplest response on behalf of β is to insist *pro tem.* that the unprepared appearance of 'πρῶτον' in 242ᵃ10 is not terribly shocking, since α's introduction is hardly illuminating in any case. Of course if one were ultimately to decide that β is merely a derivative of α, one might wish in retrospect to reconstrue this crux as a revealing instance where the ἕτερον βιβλίον is not easily or entirely comprehensible without the help of the fuller original text. But there is also an audacious if highly speculative line of defence, suggested by Malcolm Schofield. If we allow for the possibility that β might be the original and α the derivative, then a fairly natural way to translate 242ᵃ9–10 is 'but it was assumed at the beginning that it changes *per se*', although the placement of 'πρῶτον' is rather awkward for this reading. Then the hypothesis is that the author of α misconstrued this sentence, concluded that 'πρῶτον' somehow added to the sense of 'καθ' αὑτό', and so mistakenly introduced the unhelpful gloss of 'primarily' on '*per se*'.

motion of the part, but is not necessarily causally dependent on it'.[5] Aristotle implausibly assumes that 'if CB does not move, AB will not move' entails 'AB, if moved, is moved by CB'. But then, since if AC does not move, AB does not move, it would seem to follow by parity of reasoning that AB, if moved, is also moved by AC. With equal propriety one could conclude from the fact that since if AB does not move, CB will not move, that CB, if moved, is moved by AB. Thus CB is 'responsible' for the movement of AB in a very weak and uninteresting sense; it seems that Aristotle has simply muddled up necessary conditions with agents.

Were we to understand the thesis as modestly claiming that, in anything moved, one can always conceptually differentiate between active and passive factors, the thesis would not be vulnerable to Ross's criticism. On this weak reading, the notional factors are not to be conceived of as actual, causally related parts within the moving whole, such as limbs and torso. What makes it difficult to decide whether this (or any other) construal of the thesis is appropriate is Aristotle's characterisation of the sample ostensible self-mover in exclusively geometrical terms.[6] This abstraction presents us with a simple extended magnitude. We are not tempted to question its divisibility at any point because we have been provided with no

[5] 'The fact is that the general principle laid down in 241^b44–242^a37 is valid if ἄλλο means something outside the thing in question, but not valid if ἄλλο is taken to refer to a part of the thing in question; then the motion of the whole logically implies the motion of the part, but is not necessarily causally dependent on it' (Ross, p. 669).

[6] S. (1039.27ff.) is thoroughly (and reasonably) perplexed by this sort of difficulty. His worries over the possibility of identifying AC with the soul, CB with the body, are especially serious because he is duty-bound, as a Neoplatonist, to reconcile Aristotle's apparently unrestricted negative conclusion denying the existence of any authentic self-movers with the Platonic truth that souls are *essentially* self-moving. He attempts to escape from this quandary by suggesting that Aristotle's argument holds good only for divisible bodies, which indeed are not genuine self-movers; however, it does not apply to souls, which are indivisible: 'καὶ πρὸς τὴν ἐμὴν δὲ ἀπορίαν λέγω, ὅτι τὸ AB τὸ κινούμενόν ἐστι σῶμα, *ὅπερ ὅτι οὐχ ἐξ ἑαυτοῦ, κινεῖται*, ἔδειξεν ἐκ τοῦ μερισθῆναι καὶ μέρους ἐν αὐτῷ ἠρεμεῖν ὑποτεθέντος τὸ ὅλον ἠρεμεῖν· *ὅπερ τῷ ἐξ ἑαυτοῦ κινουμένῳ οὐχ ὑπάρχει διὰ τὸ μηδὲ ἔχειν μέρος*' (1041.28–31). Still, his syncretistic contortions should not blind us to the fact that Aristotle's argument does not readily lend itself to *any* physical modelling.

information distinguishing a given point from any other; C is a random cut. One might attempt to defend Aristotle's procedure with the claim that it merely strips away irrelevant distractions, but its applicability to real physical movers remains unclear.

The two versions are not alike in the encouragement they offer this safely deflationary interpretation of the opening gambit. While α vaguely and prudently tags the part by which the whole is moved as 'something' (242ᵃ47), β's explicit references to 'something else' which is responsible for the movement of the supposed self-mover ('ἄλλο ἠρεμεῖν', 'ὑφ' ἑτέρου κινεῖται', 242ᵃ12–13) make it certain that this version plumps for a strong, undeserved conclusion. So perhaps we should stick to the α version, reading it as at least compatible with the defensible, weak construal of the thesis.[7] However, there is no point in pursuing this conjecture. As will emerge in the sequel, the assertion 'ἅπαν τὸ κινούμενον ὑπό τινος ἀνάγκη κινεῖσθαι', if it does any work, serves as a premiss supple-

[7] Suspicion of β might gain strength from the reflection that, as Ross prints the text, 'ἀλλ' ὑπέκειτο καθ' αὑτὸ κινεῖσθαι πρῶτον' (242ᵃ9–10) seems to refer back to a non-existent antecedent; since α (241ᵇ38) would secure the reference, should we not suspect that β is in fact merely an imperfect copy of, or notes from, α? But we can easily protect the possibility of β's independence by supplying 'κινεῖται καθ' αὑτὸ ἀλλὰ' in 241ᵇ27 from MS F. This is hardly a desperate expedient, as Ross's own comment on the MS in his general introduction to the text testifies: 'F is clearly independent of all the other MSS.; its closest connexions are with the GIJ group and with K, but it diverges considerably more from GIJ than they do from one another' (p. 109). Again, consider his judicious encouragement not automatically to distrust an isolated, promising reading:

> It is evident that any one of these MSS. from time to time, either alone or in very slender company, is liable to preserve the true reading. It is impossible in many cases to say that this may not be the result of conjecture, but in the great majority of the cases the reading thus found in one or more MSS. is also found in one or more of the commentators; and, since they are most scrupulous in distinguishing traditional readings from conjectures, the pedigree of such readings is amply guaranteed. If a few of these readings are the result of conjecture by the copyists, they are so sound and so convincing that we may be just as grateful to their authors as we should be if they were preserving what was handed down to them. (p. 111)

So why does Ross himself not adopt F's reading for 241ᵇ27? Either he failed to observe the problem or he felt that it is of a piece with what he believes is β's general inferiority. We shall find other passages where Ross is content to print a version of the ἕτερον βιβλίον which he would scarcely have tolerated, had he permitted it a place amongst the canonical books, although α enjoys the full benefit of his usual editorial care in the selection of readings and recourse to emendation.

mentary to the argument developed at 242ᵃ49ff./242ᵃ15ff. To be adequate for this purpose, the thesis must be strong enough to entail that there is always an actual distinction to be drawn between physically separate moving elements. Thus, while admitting that on first inspection Ross's damaging criticism seems valid, we should nevertheless postpone evaluation of VII's opening gambit until the accompanying *reductio* has been inspected.

242ᵃ49–242ᵇ53/242ᵃ15–242ᵇ19

This section presents the first argument purporting to prove that any sequence of causally dependent changers must terminate. The divergences between the reasoning of α and β are not insignificant. α cautiously commences with the statement that it employs local motion as one type of κίνησις in its development of the *reductio*: 'ἐάν γέ τι κινῆται τὴν ἐν τόπῳ κίνησιν' (242ᵃ50–1). In contrast, β seems to justify its exposition with the strong claim that 'it is also necessary that everything which is changed is moved in place by something other than itself' (242ᵃ16–17). Furthermore, β's claim clearly cannot follow from the introductory clause, 'ἐπεὶ δὲ τὸ κινούμενον ὑπό τινος κινεῖται' (242ᵃ15–16). One might argue for the unnatural alternative rendering of 'ἀνάγκη καὶ τὸ κινούμενον πᾶν ἐν τόπῳ κινεῖσθαι ὑπ' ἄλλου' as 'everything moved *locally* must be moved by another', but it is terribly strained, and MS I's variant reading, 'ὑπό τινος ἄλλου κινεῖσθαι ἐν τόπῳ', helps to settle the choice in favour of the extreme interpretation of the thesis as put forward by β. VIII.7 will indeed argue that locomotion is prior to change in the remaining categories, albeit in a sense far weaker than what β suggests; a prerequisite for the other types of change, it precedes them in eternal things and is the final acquisition of mortal beings.[8] But the present

[8] Another reason Aristotle adduces for the priority of φορά is that it alone amongst the varieties of change is undergone by all natures, including the heavenly bodies: 'καὶ τῆς κινήσεως ἡ *κοινὴ* μάλιστα καὶ κυριωτάτη κατὰ τόπον ἐστίν, ἣν καλοῦμεν φοράν' (*Physics* IV.1, 208ᵃ31–2). In fact VII.2 (243ᵃ39–40/243ᵃ11) justifies beginning its examination of types of change with locomotion on the grounds of its priority, but there is no need to suppose that this is a point which has or should have emerged before. Whether the first chapter's proof actually possesses sufficient generality to range legitimately over all the kinetic categories is a question which arises in the course of the examination of the following chapters.

argument does not and need not make use of this claim; α's more modest strategy is all that is required. I here give a reconstruction of the α argument alone, since the remaining peculiarities of β's format are just verbal, with several exceptions to be taken up later:

1. Assume an infinite sequence of moved movers, A, B, C . . .
2. Since no motion is unbounded, it is possible to attribute to each mover within the sequence its own particular motion, even if it is a moved mover (v.4).
3. When both are actual and particular, cause and effect are simultaneous (II.3, 195^b16–20).
4. Since these movers move by being moved, the motions of mover and moved must be simultaneous. [by 3]
5. Since A's motion is finite, the time in which it is executed must be finite (VI.7).
6. It is possible that each motion is either equal to or greater than the motion it causes in the series.
7. Thus the total motion constituted by summing the individual motions A, B, C . . . is infinite. [by 6]
8. But this infinite motion must be synchronous with the motion of A. [by 4]
9. Thus an infinite motion will be performed in a finite time. [by 5]
10. But this is impossible (VI.7).
11. Therefore there cannot be an infinite sequence of moved movers.

[12. Therefore any such sequence terminates in a first moved mover.

13. Everything moved is moved by another, by VII.1's first argument.
14. Therefore the first moved mover must be moved by an unmoved mover.]

242^b53–243^a31/242^b20–243^a2

Before proceeding to discussion, I shall run through the final stretch of text, in which Aristotle attempts to dispose of the objection that the preceding proof is not probative because an infinite motion can be executed in a finite time, so long as it is constituted by a *plurality* of finite motions:

1′. A proximate local mover must either touch or be continuous with what it moves. [to be proved in ch. 2]
2′. Therefore A, B, C . . . must either touch or be continuous. [by 1′]
3′. Thus A, B, C . . . constitute a unity. [by 2′]
4′. Whether this unity is finite or infinite, the motion which it executes is unitary and infinite. [by 3′ and 7 of the last proof]
5′. So this unity performs an infinite motion in a finite time. [by 9 of the last proof]
6′. This is impossible. [by 10 of the last proof]
7′. ὥστε ἀνάγκη ἵστασθαι καὶ εἶναί τι πρῶτον κινοῦν καὶ κινούμενον. (242ᵇ71–2)

The first question to be addressed is this: just what has supposedly been proved? Surely the ultimate conclusion at 242ᵇ71–2 claims that there is a first *moved* mover; note that 12–14 of the first reconstruction do not surface in the text, a point to which we shall return when evaluating VII.1's opening argument. There is no warrant for construing the *reductio* as directly concerned with the unmoved, cosmic mover. Simplicius' 'εἶναί τι τὸ πρώτως κινοῦν μηκέτι αὐτὸ ὑπ' ἄλλου κινούμενον' (1047.15–16) has the sense 'a primary mover, *viz.* unmoved by anything else' rather than 'the unmoved mover', which would require 'κινοῦν μὴ κινούμενον'.[9] Ross draws the wrong inference from the commentator and construes as though the text were 'εἶναί τι πρῶτον κινοῦν καί ⟨τι πρῶτον⟩ κινούμενον'.[10] However, the argument is intended to demonstrate no more than the impossibility of an infinite hierarchy of moved movers, that is, to show that there must be a first *moved* mover in any

[9] Cf. Manuwald: 'D.h. ein erstes, das zugleich bewegt und in Bewegung ist, nicht ein erstes Bewegendes und ein erstes Bewegtes' (pp. 34–5).

[10] *Ad* 242ᵇ72: '**καὶ κινούμενον**, i.e. καί τι πρῶτον κινούμενον. Simplicius' paraphrase (1047.15) runs τὸ πρώτως κινοῦν μηκέτι αὐτὸ ὑπ' ἄλλου κινούμενον, which points to the reading μὴ κινούμενον' (p. 671). Ross enshrines this error in his *apparatus criticus* ('μὴ ut vid. S').

given sequence. From this, of course, it follows that at least one mover is unmoved by anything else and perhaps unmoved: what moves a *first* moved mover is not itself a member of the finite, dependent sequence. Nevertheless, the text does not carry out this final step. β's conclusion at 242^{b}32–4 confirms such a restriction of the thesis: 'ἔσται τι ὃ πρῶτον κινηθήσεται', 'there will be some first moved thing'.

– *Premiss 2* –

Having identified the proposition which the *reductio* seeks to establish, we may now pick out features of its reasoning for inspection, beginning with the argument's second premiss, 'Since no motion is unbounded, it is possible to attribute to each mover within the sequence its own particular motion, even if it is caused by a moved mover.' This must be intended to dispose of the objection that inasmuch as a member of the sequence, e.g. P, moves solely by virtue of being moved, properly speaking the motion it performs should not be attributed to it, but rather to the next higher mover, Q, on which it depends. By parity of reasoning, however, since Q is itself also a moved mover, we cannot stop there. But if *ex hypothesi* the sequence consists exclusively of moved movers, we shall never arrive at a mover with which we might associate its own proper κίνησις, and so Aristotle cannot make the necessary transition from a series of movers to a series of motions. His response is to point out that no motion is unbounded; every κίνησις must have its own particular whence and whither, even if produced by a moved mover. But if the objection were correct, the only motion to speak of would be the κίνησις associated with the entire infinite series, because there would be no discrete motions correlated with the moved movers within the sequence, and such an unbounded κίνησις is impossible.[11]

[11] Simplicius seems to believe that the justification for attributing a discrete motion to each mover within the series is simply that the movers are numerically distinct individuals: 'ἐπειδὴ ἕκαστον τῶν κινούντων καὶ κινουμένων ἓν κατ' ἀριθμόν ἐστι, τοῦ δὲ ἑνὸς κατ' ἀριθμὸν μία κατ' ἀριθμὸν ἡ κίνησις' (1043.9–11) and 'τοῦ γὰρ ἀριθμῷ ἑνὸς μία ἡ κατ' ἀριθμὸν κίνησις καὶ ὡρισμένη τῷ ἑνί' (1043.14–15), but this interpretation fails to take into account Aristotle's insistence that a κίνησις not be ἄπειρος τοῖς ἐσχάτοις.

One might reject my explanation on the grounds that it attributes to Aristotle an all too effective line of thought, since this supposed rejoinder to the objection that moved movers lack their own proper motions would suffice by itself to demonstrate that no sequence of dependent movers can be infinite. ‘πᾶσα γὰρ κίνησις ἔκ τινος εἴς τι, καὶ οὐκ ἄπειρος τοῖς ἐσχάτοις’ (α’s 242ᵃ65–6, cf. β’s 242ᵃ30–2): surely Aristotle can move straight from this contention to the chapter’s conclusion, circumventing all the complications of the *reductio*?

There are several responses to make to this problem. First, one might concede that taking such a shortcut is indeed a logical option for someone working with the entire set of propositions which Aristotle endorses, but that it is a good thing that he himself did not follow this swift and easy route to his goal, since he would then merely have begged the question. Furthermore, it is true that his idea of κίνησις and the related concepts of spatial and temporal continua which Aristotle introduces and analyses in the *Physics* tolerate infinity only in certain special, carefully restricted respects. Therefore in any given instance what is of interest is not that Aristotle denies infinity, but rather why the denial is important to him in such a context and how he goes about it, what sorts of arguments he marshals in order to convince us of his case. Here in *Physics* VII he develops an elaborate and challenging *reductio* designed to establish that no causal sequence can be infinite, an argument ultimately depending on one special aspect of the hypothetical situation, that it would demand the performance of an infinite motion within a finite time.

Finally, one might even question whether the characterisation of the κίνησις ruled out at this stage of the proof as ἄπειρος *τοῖς ἐσχάτοις* is altogether the same as that of the κίνησις which is the target of the entire enterprise. The latter is clearly ἄπειρος = infinite; but perhaps the former is ἄπειρος = indefinite with respect to termini. Admittedly the motion would be indeterminate or unbounded as a consequence of there being no last member of the sequence to set a limit, that is, because the series is infinite, but it need not follow that Aristotle would or should be concerned to make out a case at this juncture for the corresponding infinity of the κίνησις. After all, a worry about postulating *single* infinite motions arises later in the chapter, introducing the supplementary proof, and is perhaps never successfully laid to rest, but this is to anticipate too much.

Premiss 2 introduces an excursion on the subject of the criteria for kinetic individuation (242^{a}66–242^{b}42/242^{a}32–242^{b}8): since Aristotle means that each of the motions within the sequence is one in number, he takes the opportunity to distinguish between this sense of oneness and unity in genus and species, referring us back to the pertinent discussion in bk v.4 (242^{b}41–2/242^{b}7–8). It would not be altogether unreasonable to entertain some suspicion about the authenticity of the passage, which inconveniently interrupts the course of a difficult argument. Perhaps an original Aristotelian reference to a 'κίνησιν μίαν ἀριθμῷ' would have sufficed to suggest an obvious gloss, including the explicit back-reference to bk v, which eventually intruded itself into the text. (Since one has to account for its presence in both versions, this hypothesis obviously sits most easily with the opinion that β derives from α – otherwise the story will become much too complicated.) Nevertheless we should not feel too suspicious: although the excursion is not very firmly anchored, it introduces material which later chapters will show to be highly pertinent to the evaluation of the *reductio*, and its placement, if inconvenient, is natural, especially if we are dealing with lecture notes.

β's exposition of this passage is inferior to α's, taking up the ways in which a change might be one in the confused order ἀριθμῷ – εἴδει – γένει – εἴδει. Furthermore, Ross comments on the phrase 'ἐν τῇ αὐτῇ κατηγορίᾳ τῆς οὐσίας ἢ τοῦ γένους' (242^{b}4–5): 'These words could not be allowed to stand if we supposed this second version to be by Aristotle' (p. 729). Why should this be so? At first blush, the words 'in the same category of being *or of genus*' make precious little sense. Perhaps a glossator, exercised by the unexceptionable phrase 'ἐν τῇ αὐτῇ κατηγορίᾳ τῆς οὐσίας', possibly worried about whether 'οὐσία' here does not mean 'substance', introduced the addition 'ἢ τοῦ γένους', which almost reduces the sentence to gibberish. The solution is simply to exclude 'ἢ τοῦ γένους', leaving a relatively unproblematic text.[12]

– *Premisses 3 and 4* –

From 'When both are actual and particular, cause and effect are simultaneous' (premiss 3) Aristotle deduces 'Since these movers move by being moved, the motions of mover and moved must be simultaneous' (premiss 4). He allows himself this supposition of causal simultaneity because he does not recognise a concept of inertia; although he is happy to concede that the causal κίνησις may extend beyond the caused κίνησις (242ᵇ47–49/242ᵇ17–18), he does not even consider the possibility that the *effect* may extend beyond the cause.[13]

The distance between even an embryonic notion of inertia and Aristotle's own preferred concept of motion is vast. To see this it is enough to remark that he adverts to inertial motion as an *unacceptable* consequence of the supposition that there is an infinite void: 'ἔτι οὐδεὶς ἂν ἔχοι εἰπεῖν διὰ τί κινηθὲν στήσεταί που· τί γὰρ μᾶλλον ἐνταῦθα ἢ ἐνταῦθα; ὥστε ἢ ἠρεμήσει ἢ εἰς ἄπειρον ἀνάγκη φέρεσθαι, ἐὰν μή τι ἐμποδίσῃ κρεῖττον' (*Physics* IV.8, 215ᵃ19–22). So far from assuming that such motion regularly or usually or naturally occurs, he is confident that a hypothesis entailing it must be rejected.

In large measure it is this limitation of the Aristotelian conceptions of causation and dynamics which stamps his outlook as antique, pre-modern in a quite specific sense. After all, although standard accounts have often simplified the intellectual history, rejection of Aristotle's explanation of ballistic motion has long been recognised as a crucial element in the development of modern science.[14] This consideration is highly

[12] Of course some scholars would remain suspicious of the phrase 'category of being', but the issue is highly contentious: see Frede's 'The Title, Unity, and Authenticity ...' for a thorough discussion of the problems.

[13] For a suggestive study of Aristotle's 'transmission' theory of causation, see A. C. Lloyd's 'The Principle that the Cause is Greater than its Effect'.

[14] Weisheipl's book, despite its character as a brief introduction to its subject, mediaeval physical theory, briskly dismisses the Galileo myth of a complete break with a monolithic tradition, and is very good at conveying the complexity of the responses to Aristotle.

pertinent to the student of *Physics* VII, since it is no coincidence that Aristotle's notorious treatment of projectiles (VIII.10, 266^{b}28–267^{a}8, 267^{b}9–15) occurs within a book devoted to the establishment of the prime, cosmic mover. It is prompted by the need to clear away apparent exceptions to a familiar thesis: 'εἰ γὰρ πᾶν τὸ κινούμενον κινεῖται ὑπὸ τινός, ὅσα μὴ αὐτὰ ἑαυτὰ κινεῖ, πῶς κινεῖται ἔνια συνεχῶς μὴ ἁπτομένου τοῦ κινήσαντος, οἷον τὰ ῥιπτούμενα;' (266^{b}28–30: I shall later discuss this tolerance which bk VIII evinces towards self-movers, very much in contrast to bk VII's initial argument).

The crudest sort of positivism would have it that Aristotle and his scholastic successors simply failed to come up with the correct explanation of projectile motion; they observed its occurrence, but could not understand it. This, of course, is to assume that the Peripatetics, confronted with the phenomena, propounded a ballistic theory for its own sake; but a sensitive reading of the last two books of the *Physics* clearly suggests otherwise, that Aristotle developed his position on projectiles in response to the requirements of the very argument that we are examining, and of others like it. Thus if we wish to comprehend just why it is that Aristotle's conceptions of change and motion are antique, why it is that his dynamics are pre-modern, we must begin by going through *Physics* VII's *reductio* as carefully as we can in order to become familiar with the *argumentative* matrix of his views. That is the only way to do them justice, to appreciate his positions as more than intellectual history's eccentric cast-offs.

– *Premisses 5, 9, and 10* –

These premisses rely on Aristotle's contention that no proportion holds between the finite and the infinite, a contention which comes up for consideration in the course of the commentary on VII.5 (pp. 332–5 *infra*).

– *Premisses 6 and 7* –

Premiss 6, 'It is possible that each motion is either equal to or greater than the motion it causes in the series' (242^{b}47–50,

242ᵇ65–7), figures crucially in the development of the *reductio*, since it provides the basis for the claim of premiss 7 that the sequence as a whole performs an infinite movement. The modal nature of premiss 6 makes this stage of the argument very difficult to assess properly. Ross comments *ad* 242ᵇ47–50: 'Whether the movements of the terms of the supposed infinite series A, B, Γ ... are equal or form a series of movements increasing in magnitude, their sum is an infinite movement. We take one or other of these possible cases to be real, ignoring the third possible case, that in which the movements of A, B, Γ ... are a series of movements decreasing in magnitude, in which case they would not form an infinite movement' (p. 670).[15] But if this view is correct, Aristotle fails to recognise that the modal character of premiss 6 endangers his interim conclusion 11, 'Therefore there *cannot* be an infinite sequence of moved movers.' In wrapping up the *reductio* he refers to the hypothesis to be rejected (242ᵇ72–243ᵃ31/242ᵇ34–243ᵃ2). Simplicius (1047.16–18) correctly suggests that the dismissed hypothesis is 'movers and moved are infinite in number' (=premiss 1).[16] But having derived an impossibility, we have been given no reason to reject premiss 1 rather than premiss 6: why should we not conclude that the supposedly irrelevant third option, that the movements decrease in magnitude, is in fact the only possibility? It would then follow that the necessary finitude of any sequence of moved movers has not been established by the *reductio*.

The complementary puzzle in the β version is not quite the same. While α, as we have noted, formally introduces premiss 6 as a modal proposition (242ᵇ47–50, 242ᵇ65–7), in β the disjunction is simply asserted categorically: 'καὶ γὰρ ἤτοι ἴση ἡ κίνησις ἔσται τῇ τοῦ A, ἢ μείζων' (242ᵇ17–18). Thus it would seem that in the alternative formulation the *reductio* recognises a sole hypothesis to be dismissed, that the causal hierarchy lacks a topmost member. If justifiable, this divergence from α would be very much to β's advantage, but no

[15] Cf. Wicksteed and Cornford's note: 'It is immaterial that the conclusion might not follow, if, for example, the movements formed a convergent series' (vol. II, note b, pp. 212–13).

[16] Manuwald is in agreement (p. 35).

motivation is provided for the implicit denial of the possibility that the sequence could consist of movements decreasing in magnitude. Thus if both versions appear to falter at this juncture, they are logically deficient in clearly and importantly different ways: α's reasoning seems to be invalid, while β's seems unsound.

But is this criticism well founded? Surely Ross and Cornford are wrong to assume that Aristotle merely ignores a supposedly irrelevant third option, that as one ascends in the sequence the motions might *decrease* in magnitude: that would fall foul of Aristotle's rejection of the notion that effects might exceed causes. Their interpretation goes astray because they have forgotten that despite the mathematical character of the description, they are dealing with a causal sequence, not simply a mathematical series. So it seems as if Aristotle's logic is vindicated, and that we might even conclude that β's formulation is superior to α's because less misleading: the ascending motions' equality or increase are not two possibilities among others, but rather all the options there are. Furthermore, that Aristotle rests his case for the infinity of the total κίνησις on this supposition (note 'γὰρ', 242^b47, 'εἴπερ', 242^b65) reveals some creditable sureness in his grasp of the nature of infinite sums. It implies that he realises that he must *discount* the possibility of an infinite series which nevertheless converges; the Zenonian paradoxes testify to the difficulty of this concept.

– *Premiss 1′* –

Aristotle's stipulation that *somatic* motion must be imparted by a proximate mover in contact with what it moves (242^b60/ 242^b25) will be examined when we come to the beginning of ch. 2 (pp. 122–3 *infra*). Although no extension of the scope of this premiss is explicit in the text, we should assume that the contact condition holds for changes in respect of quantity and quality as well; the proof gains considerably in strength if applicable to all kinetic categories. The basis for this assumption is that ch. 2 attempts to show that the condition is valid for all the types of change: unless ch. 1's argument does indeed range over κίνησις in all the categories, ch. 2's exercise is needlessly ambitious. Moreover, in default of this implicit extension of premiss 1′ we should be obliged to assume that both versions bank heavily on the notion of locomotion's priority, despite the fact that this thesis is gratuitous in our context and that it is enunciated in β alone (*vid. supra*, p. 99).

– *Premiss 3′* –

Aristotle's response to the objection to his preliminary proof (1–11) moves Ross to a flat denial: one *cannot* unify the synchronous infinity of finite κινήσεις so as to produce one single, infinite κίνησις.[17] Simplicius' lame endorsement of the strategy ('τρόπον τινὰ ἑνοῦσθαι')[18] lamentably ignores his own enunciation of the conditions for kinetic unity:[19] a change single in number occurs between the self-same *termini a quo* and *ad quem* and is performed by one and the same individual. If ch. 2 succeeds in proving that mover and moved must be in contact, then the assumption that the sequence A, B, C ... is spatially connected is warranted. Nevertheless, it would seem that such a linkage does not satisfy Aristotle's own criteria for kinetic individuation as enunciated in the very midst of VII.1, in the excursion appended to premiss 2 of the *reductio*'s first part (242ᵃ66–242ᵇ42/242ᵃ32–242ᵇ8). How can Aristotle insist that there must be individual motions E, Z, H, Θ associated with movers A, B, Γ, Δ even if they are moved, inasmuch as no motion can be unbounded, while nevertheless claiming that spatial contact or continuity suffices to yield a total, infinite motion EZHΘ? It is at least not obvious that κινήσεις are addible, at any rate not as Aristotle standardly defines them.

[17] 'The argument is invalid, because there is in fact no "movement EZHΘ" which anything suffers, but only movements E, Z, H, Θ which A, B, Γ, Δ respectively suffer, even if A, B, Γ, Δ *are* in contact' (p. 676).

[18] 'τὰ δὴ τοιαῦτα ἅπτεσθαι ἀνάγκη τῶν ὑπ' αὐτῶν κινουμένων καὶ διὰ τῆς ἀφῆς τρόπον τινὰ ἑνοῦσθαι αὐτοῖς' (1046.14–16).

[19] 'πᾶσα γὰρ κίνησίς φησιν ἔκ τινος εἴς τι. τοῦτο γάρ ἐστι τὸ κινήσει εἶναι καὶ ὅλως μεταβολῇ τὸ εἶναι ἔκ τινος εἴς τι καὶ ὡρίσθαι τῷ ἐξ οὗ καὶ τῷ εἰς ὅ. εἰπὼν δὲ ὅτι ἑκάστου τῶν κινούντων καὶ κινουμένων μία τῷ ἀριθμῷ κίνησις, δείκνυσιν ὅτι "ἡ ἐκ τοῦ αὐτοῦ εἰς τὸ αὐτὸ κατὰ ἀριθμὸν ἐν τῷ αὐτῷ κατ' ἀριθμὸν χρόνῳ γινομένη"' (1043.15–20).

This is a problem to which we shall recur when we attempt to make some sense of the difficult ἀπορίαι brought up in ch. 4 and of the rationale for ch. 5.

– *Premiss 4′* –

Why does Aristotle leave open the question of whether the unity supposedly constituted by the contact between the members of the infinite sequence of moved movers is finite or infinite? Presumably he wishes to forestall the objection that there can be no body of infinite magnitude, a thesis for which he himself has argued and to which he will recur (*Physics* III.5, VIII.10). All that matters for the purpose in hand is to get out the proposition that such a unity must perform an infinite motion. However, it is unclear that this follows unless by the same token one could conclude that the body whose parts are A, B, C ... is of infinite magnitude. While obviously not identical, surely the claims of infinite extension and of infinite motion are alike to be derived from the endlessness of the sequence of moved movers and are related by a biconditional. If a single, infinite motion, why not a single, infinite body? Aristotle should not have allowed himself to concede that the unity established by contact might be finite, but the flaw is not fatal, since it merely conceals another reason to reject the idea that a causal sequence might not terminate. His mistake is to have gone too far in his effort to concentrate our attention on one particular unacceptable consequence of the hypothesis.

– *The modal status of the reductio* –

Finally, we should remark that Aristotle introduces and rounds off his supplementary proof, 1′–7′, with a reminder of what is required by the logic of the *reductio* (242^{b}55, 242^{b}72–243^{a}31):[20]

[20] β's formulation is troubling: for α's 'ἀδύνατον' it substitutes 'ἄτοπον' (242^{b}21, 243^{a}2), but this would be acceptable as a synonym only in those relatively informal contexts where by 'ἀδύνατον' Aristotle means to convey that a thesis is 'impossible' because too bizarre, too much in conflict with cherished or firmly anchored beliefs, to be seriously entertained. In our text the argument demands that something *impossible* be derived, and this is clearly what Aristotle intends us to understand; this is an instance where the *bona fides* of the ἕτερον βιβλίον must come into question.

the job is complete when we have succeeded in deriving an impossible conclusion, since that from which something impossible follows is itself impossible. This principle is the converse of 'nothing impossible follows from what is possible', which is Aristotle's criterion for contingency: 'λέγω δ' ἐνδέχεσθαι καὶ τὸ ἐνδεχόμενον, οὗ μὴ ὄντος ἀναγκαίου, τεθέντος δ' ὑπάρχειν, οὐδὲν ἔσται διὰ τοῦτ' ἀδύνατον' (*A. Pr.* I.13, 32ᵃ18–20; *cf. Met.* Θ.3, 1047ᵃ24–6, *Met.* Θ.4, 1047ᵇ10–11).[21]

The compressed and puzzling text of VII.1 presents us with a number of different topics to explore. An intricate *reductio ad absurdum* purports to establish the conclusion that any sequence of causally dependent movers must terminate in a moved mover which is not moved by something similarly dependent on yet a further mover. If to the conclusion of this *reductio* we append the proposition issuing from VII.1's opening gambit, that whatever is moved is moved by another (12–14 of the reconstruction), we derive the further thesis that any series of moved movers ultimately depends on an unmoved mover. But the transition between the chapter's sections (242ᵃ49–50/242ᵃ15–16) is left obscure by the text. Aristotle does not himself so relate the arguments as to finish

[21] Waterlow has a nice argument to deflect the criticism that *A. Pr.* I.13, 32ᵃ18–20, if intended as a definition, as perhaps suggested by 33ᵃ24–5, is circular: 'No doubt he would agree that the modalities form a primitive set of concepts. If this means that in some strict sense of "definition" they are none of them definable, so be it. His point in this and parallel passages is that they can be *explained*, by means of their mutual relations' (Waterlow (2), p. 16). She also offers an excellent explanation of just how the principle might function for Aristotle:

> What the sentence just quoted [*A. Pr.* I.13, 32ᵃ18–20] explicates is 'possible' in the sense of 'contingent', i.e. 'neither necessary nor impossible'. It is this sense, rather than the wider one that merely negates 'impossible', that guards the distinction between modality and fact, since without it the necessary and the not-impossible coincide with the true. Aristotle's loyalty to the distinction (in some form or other) is sufficiently proved by his ὁρισμός of contingency, and the same interest is also expressed as a particular concern to mark off the impossible from the merely false. For it is by being false that a proposition best displays the fact of its not being necessary; hence if not impossible it is contingent. However, if false this may be because it is impossible, or again it may not, since not all falsehoods are obvious impossibilities. On the other hand, not all impossibilities are obvious. So how do we decide that a false proposition is possible, when *ex hypothesi* we lack the most obvious grounds for asserting this – namely its truth? Aristotle's answer is: *suppose* it true and see whether any impossibility follows. Thus this explanation of 'contingency' is also a principle for determining what is contingent. (*ibid.*, p. 17)

with an unmoved mover; this failure to make an obvious connection is a first problem.

Second, the assertion that mover and moved must be in contact is employed in the *reductio* but not provided with argumentative support. VII.2 attempts to make good this deficiency. Third, although the strategy of VII.2–5 leaves no doubt that the *reductio* is intended to range over all the categories of change, VII.1 in both versions obscures this fact: α omits to mention that the contact condition applies to kinetic categories other than locomotion, while β's insistence on the priority of φορά misleadingly suggests that the prominence of this type of change has a rôle to play in the *reductio*. Fourth, it would seem that however these problems are resolved, Aristotle's claim that the hypothetical infinite series of finite κινήσεις may legitimately be regarded as equivalent to a single, infinite κίνησις is apparently condemned by the standards for individuation of changes he himself lays down. VII.4 highlights this fundamental difficulty and VII.5 indicates a possible escape route. Thus the remainder of bk VII, and consequently the rest of this commentary, are committed to the elucidation of VII.1's *reductio*; succeeding chapters take up the second, third and fourth issues enumerated. However, the first problem, the relation of VII.1's opening gambit to the following *reductio*, calls for immediate treatment. Its solution also reveals how bk VII contributes to the larger pattern of the *Physics* and why this text deserves to be taken seriously.

*   *   *

As noted in the comments on 241b34–242a49/241b24–242a15, Ross roundly condemns VII's opening: the argument seems to play on a gross equivocation, slipping from the innocuous claim that the whole's motion depends on that of its part (AB stops along with BC) to the unwarranted assertion that the whole is moved by something other than itself. That this is β's strategy, that by 'something' it intends 'something *else*', is beyond doubt: 'ἀλλ' εἴ τι τῷ ἄλλο ἠρεμεῖν ἵσταται καὶ παύεται κινούμενον, τοῦθ' ὑφ' *ἑτέρου* κινεῖται. φανερὸν δὴ ὅτι πᾶν τὸ κινούμενον ὑπό τινος κινεῖται' (242ᵃ12–14). α's formulation seems more guarded: 'ὃ δὲ ἠρεμεῖ μὴ κινουμένου τινός, ὡμολόγηται ὑπό τινος κινεῖσθαι, ὥστε πᾶν ἀνάγκη τὸ κινούμενον ὑπό τινος κινεῖσθαι' (242ᵃ45–7). On the other hand, its earlier invocation of the principle apparently brings it into line with β: 'εἶτα τὸ μὴ ὑπό τινος κινούμενον οὐκ ἀνάγκη παύσασθαι κινούμενον *τῷ ἄλλο* ἠρεμεῖν, ἀλλ' εἴ τι ἠρεμεῖ *τῷ ἄλλο* πεπαῦσθαι κινούμενον, ἀνάγκη ὑπό τινος αὐτὸ κινεῖσθαι' (241ᵇ44–242ᵃ37).

Accordingly if the opening gambit is to be put to work in conjunction with the *reductio*, as in 12–14, our choices are not attractive. It unhappily appears either valid but completely inadequate for the job (perhaps α, if 'something' ≠ 'something *else*'), or strong enough to satisfy the needs of the proof, but only at the price of being founded on a trifling ambiguity (certainly β). One should admit that there is no way to defend VII.1's opening moves. But is it possible to avoid marring the challenging *reductio*, by the expedient of jettisoning the unfortunate opening gambit and remaining content with Aristotle's explicitly formulated conclusion, that any sequence terminates in a first *moved* mover?[22]

Reluctance to regard the opening gambit as an integral part of the book's development is reinforced by a comparison of this section with VIII.4, which seems to deal with the same

[22] Ross thinks not:

> He does not say in so many words that the first mover must be unmoved, but we can draw the inference by applying to the first mover the proof advanced in the first part of the chapter. If the first mover were in movement, the movement could not be caused by the first mover itself, nor could it exist uncaused, nor is there any prior mover to cause it. We may fairly suppose that Aristotle drew this conclusion and considered himself to have proved the existence of a transcendent unmoved mover. (p. 99)

But the first mover (that is, the mover established as first within the series of *moved* movers by the *reductio*) is *ex hypothesi* in motion; Ross should rather have expressed his thesis as concerning what moves this first (dependent) mover. Furthermore, Ross presumably intends us to understand 'transcendent unmoved mover' as the cosmic first cause. However, even if we do make the advocated inference, it yields only the conclusion that any series of moved movers depends on some unmoved mover or other, not the much stronger thesis that there is a unique cosmic mover. If anything, the proof's generality discourages an immediate application to the cosmos without some intervening supplement.

topic. There Aristotle sets himself the task of establishing that animals and the simple bodies are moved by something other than themselves; these animals and simple bodies are of course the things possessing an internal source of change and rest with which VII.1 is concerned. Although in VIII.4 Aristotle denies them entirely unrestricted causal autonomy from their surroundings, he nevertheless freely identifies animals as *self*-movers. Thus it appears that while VII.1 equates 'being moved by itself' ('καθ' αὑτὸ κινούμενον') with '*not* being moved by something', VIII.4 in contrast treats 'being moved by self' as an *instance* of 'being moved by something'.

In VII.1, something (ostensibly) moved by itself must be shown not to be a self-mover; in VIII.4, it is easily assumed that self-movers are moved by something, the soul, and (referring back to VIII.2) that something *else*, the environment, necessarily contributes to their movement. The case of inanimate things which move naturally poses the only problem that VIII.4 recognises: the elements must be shown to be moved by something other than themselves, and the difficulty resides in finding a plausible candidate. However, in VII.1 all apparent self-movers are regarded as problematic, and the κινούμενα in question are identified in the most abstract terms possible as physically divisible bodies. As if he had conceded that VII.1's fallacious if conveniently brisk and simple opening gambit is untenable, Aristotle works in VIII.4 to establish the same claim, now properly distinguishing between types of natural mover and providing appropriately distinct treatment for each.

One might protest that comparing VII.1's initial argument unfavourably with VIII.4 contributes nothing to the issue of whether that argument should be conjoined with the following *reductio*. All that emerges from the exercise is a confirmation of the traditional impression that bk VIII is uniformly superior to its predecessor, whether VII is an outmoded first try or a slight *prolegomenon* to the real thing.

The relevance of the comparison becomes clear if one goes on to VIII.5. In this chapter Aristotle develops several arguments for two theses: first, that any sequence of movers ultimately depends on a first mover moved by itself; second, that any such self-mover must be analysed into moving but unmoved and moved but unmoving components. At 256ᵃ13–21 is Aristotle's first argument for the claim that dependent movement must always be traced back to a self-mover. From where do the premisses come? 'ἅπαν τὸ κινούμενον ὑπό τινος κινεῖται' was carefully established case by case in VIII.4. But the assertion that the first mover moves itself also relies on the thesis that an infinite sequence of moved movers is impossible. There is no need to postulate anything beyond an ultimate self-mover: 'ἀδύνατον γὰρ εἰς ἄπειρον ἰέναι τὸ κινοῦν καὶ κινούμενον ὑπ' ἄλλου αὐτό· τῶν γὰρ ἀπείρων οὐκ ἔστιν οὐδὲν πρῶτον' (256ᵃ17–19). The second 'γάρ' suggests that the clause introduced reveals the alleged grounds for the crucial premiss. But the explanatory tag 'since in an infinite series there is no first term' does no such thing – it should be backed up by an argument proving that there *must* be a first term. The *reductio* in VII.1 would fill the lacuna in the reasoning perfectly.

Aristotle's second argument in VIII.5 (256ᵃ21–256ᵇ3) fares similarly. He elaborates on his first attempt by specifying that the relation of causal dependence between the moved movers is one of instrumentality. Again a finitude claim is employed, and again no justifying argument is forthcoming: 'ἔστιν τι ὃ κινήσει οὐ τινὶ ἀλλ' αὑτῷ, ἢ εἰς ἄπειρον εἶσιν. εἰ οὖν κινούμενόν τι κινεῖ, ἀνάγκη στῆναι καὶ μὴ εἰς ἄπειρον ἰέναι' (256ᵃ27–9).[23] The third argument, despite its introductory claim to be reaching the same goal by a different route (256ᵇ3), is transitional in character, concerned with the possibility and likelihood of an unmoved rather than merely self-moving first mover (e.g. 'οὐκ ἀνάγκη κινεῖσθαι τὸ κινοῦν', 256ᵇ8).

Thus Aristotle's arguments in VIII for the termination of causal sequences in self-movers remain open to serious dispute unless fortified by VII.1's *reductio*. Since VIII's grand structure

[23] Philoponus comments on VII.1's *reductio:* 'Γράφεται καὶ ὁμοίως ἔσται λαβεῖν μίαν ἑκάστου κίνησιν. — Οὐδέν, φησίν, ἀδύνατον τὸ λαβεῖν ἑκάστου τῶν κινούντων ἰδίαν τινὰ κίνησιν· εἰ γὰρ καὶ ἅμα κινοῦσί τε καὶ κινοῦνται, ἀλλ' οὖν δῆλον ὅτι τῆς μὲν χειρὸς ἑτέρα ἐστὶν ἡ κίνησις καὶ ἡ τῆς βακτηρίας ἑτέρα καὶ ἡ τῆς θύρας ἄλλη' (p. 874). Interestingly, he borrows his illustration of VII's hypothetical sequence from the passage in VIII.5 following directly on the section I have quoted (256ᵃ30ff.).

consists of a long series of conditionals – if causal chains terminate, they depend on self-movers; if such self-movers must be analysed into unmoved moving and unmoving moved components, etc. – a real defect in a single argument endangers all conclusions following it in the book. Therefore Aristotle's project to prove that there exists an unmoved, cosmic mover cannot in logic do without the vital support provided only by VII.1's *reductio*. Since VIII must in a crucial instance rely on the *reductio*, we should conclude that the text of the *Physics* as we have it does not adequately present the argumentative materials at Aristotle's disposal required for the establishment of his cosmic scheme. The best account we might reformulate on his behalf incorporates VII.1's *reductio* but uses VIII.4 in preference to VII.1's opening gambit.

In order to avoid misapprehension, I should at once emphasise the modesty of this proposal. I am not suggesting that bks VII and VIII of the *Physics* are explicitly related – the text of VIII.5 contains no reference back to VII – nor am I advocating some sort of ideal revision on the grounds that Aristotle himself would have wished it. What I do maintain is that since the concluding arguments of the *Physics* for a cosmic mover cannot do without VII.1's *reductio*, we should recognise the significance of its implications for the large project regardless of the fact that as presented the *reductio* comes in conjunction with an obscure and bad argument. That the remainder of the book is devoted to exposition of the *reductio* further encourages the decision to regard it as VII's *raison d'être*. Laying stress on VII's opening gambit and thereby assuming that the book's express objective is a full unmoved mover proof tempts one to view it as a competitor to VIII. Inevitably the more expansive and detailed text wins the contest and VII is dismissed, with the consequence that the importance of the *reductio*'s contribution is overlooked.

One might object to this exegesis on the following lines. I have argued that we should concede the inferiority of VII's opening gambit but concentrate on the *reductio* alone in evaluating the text because, in addition to its intrinsic interest, it plays an irreplaceable part in what would be Aristotle's best attempt to make good his claims. But it might be urged that VIII.5 is not deficient in the fashion that I have suggested. On the many occasions when he considers the issue, Aristotle always decisively rejects the possibility of an actual infinity. The premiss 'ἀνάγκη μὴ εἰς ἄπειρον ἰέναι' employed in VIII.5 is merely another expression of this general attitude, and derives adequate support from the various treatments of infinity scattered throughout the corpus; the help of VII.1 is not a *sine qua non* of the argument's success.

I would reply that this objection unfairly accuses Aristotle of uncharacteristically shoddy thinking. While it is true that his reaction to the notion of an actual infinity is uniformly negative, he never relies on vague generalities in order to dismiss the idea. On the contrary, he is at pains to consider each of a considerable variety of cases on its own merits. He denies that there can be a body of infinite magnitude (*Physics* III.5, *DC* I.5), a division completely carried through so as to produce an infinity of parts (*GC* I.2), an infinite number of elements (*Physics* I.6), an infinite number of elemental contrarieties (*GC* II.5), or an infinity of instrumental goods (*NE* I.2). But in each instance he is careful to point out what specific absurdity he believes would result, were the infinity in question to be accepted. Nowhere does he simply indulge an unargued dislike for the concept. Perhaps most interesting is his position in *SE* 9.[24] Aristotle argues that there may be an infinite number of proofs and refutations (although it is not at all clear why), and so an infinite number of sophistical or false refutations. But this possibility does not apparently endanger our ability to grasp the number of dialectical and pseudo-dialectical refutations, since assumption of this ability is a necessary premiss for the *SE* to proceed. Thus we should not swiftly accuse him of a unique lapse in *Physics* VIII.5, especially when so much

[24] 'ἄπειροι γὰρ ἴσως αἱ ἐπιστῆμαι, ὥστε δῆλον ὅτι καὶ αἱ ἀποδείξεις. ἔλεγχοι δ' εἰσὶ καὶ ἀληθεῖς· ὅσα γὰρ ἔστιν ἀποδεῖξαι, ἔστι καὶ ἐλέγξαι τὸν θέμενον τὴν ἀντίφασιν τοῦ ἀληθοῦς ... ἀλλὰ μὴν καὶ οἱ ψευδεῖς ἔλεγχοι ὁμοίως ἂν εἶεν ἐν ἀπείροις· καθ' ἑκάστην γὰρ τέχνην ἔστι ψευδὴς συλλογισμός ... λέγω δὲ τὸ κατὰ τὴν τέχνην τὸ κατὰ τὰς ἐκείνης ἀρχάς. δῆλον οὖν ὅτι οὐ πάντων τῶν ἐλέγχων ἀλλὰ τῶν παρὰ τὴν διαλεκτικὴν ληπτέον τοὺς τόπους· οὗτοι γὰρ κοινοὶ πρὸς ἅπασαν τέχνην καὶ δύναμιν' (*SE* 9, 170^a22–36).

depends on the success of the reasoning. No argument against infinity extant in the corpus with the exception of VII.1's *reductio* is framed in terms of a hypothetical hierarchy of moved movers; the match with the gap in VIII is exact. In these circumstances not to admit the connection would be perverse.

If this is so, we are at last in a position to decide whether we need combine the opening gambit with the *reductio*, as Ross suggests. The answer is that in a sense we do, in a sense we do not. We do not, inasmuch as it is not used in VIII, whereas VIII.5 does require the argument of 242ᵃ49ff./242ᵃ15ff. Again, the opening gambit is hardly the focus of VII, since the remainder of the book is taken up with the *reductio* in one way or another. But in a sense we do: the reconstruction of the *reductio* includes steps 12–14, albeit within brackets, because by introducing 13, 'Everything moved is moved by another', one gives the opening gambit a job to perform. It needs such a rôle – otherwise it seems pointless.

However, perhaps the following alternative scheme for providing the opening with a function might recommend itself as more obvious and attractively simple.[25] Everything *moved* is moved by something else; but this does not mean that we should grant that every *mover* is itself moved by something else. That is, without the opening argument the question posed by the *reductio* would lack any theoretical motivation. One could not even entertain the question of whether an infinite sequence of moved movers is a possibility if one had not registered that everything moved is moved by something else. Someone who denied the initial thesis would be deprived of the very reason to consider causal sequences, problematic or not. Just as VIII.5 follows naturally from VIII.4, so is it equally intelligible that the opening gambit introduces the *reductio*, although VII's opening is not nearly so good as VIII.4.

According to this interpretation the hidden steps 12–14 ought to be expunged from the reconstruction. Thus the seeming divergence between the versions in their formulations of the

[25] I owe this suggestion to Malcolm Schofield.

opening claim, insufficient strength (α) versus unwarranted strength (β), has no direct bearing on the development of the *reductio*; and as already mentioned, perhaps this supposed difference between α and β is only apparent. The opening gambit and the *reductio* even in conjunction deliver no more than a first *moved* mover.

I tentatively reject this alternative construal of ch. 1's structure on the basis of 242ᵃ49–54 in the α version. A sequence of moved movers must terminate *because* ('ἐπεί') necessarily everything moved is moved by something. I grant that the line of reasoning is obscure, but it nevertheless seems more likely that 'everything moved is moved by something' is intended to provide a partial *justification* of finitude, rather than merely to motivate the infinity/finitude issue. Furthermore, the consequence is said to be 'ἀνάγκη εἶναί τι τὸ πρῶτον κινοῦν'. Should we understand '⟨καὶ κινούμενον⟩', as at 242ᵇ72, which as it stands lacks the 'ἐπεὶ ...' premiss? Or is this instead a complete description of an *un*moved mover, derivable by filling in the premisses 12–14?

At first glance β's transitional passage (242ᵃ15–20) might seem in contrast to favour the alternative interpretation, since it reads as though the first argument's conclusion leads not to α's assertion that any sequence must terminate, but rather to the thesis that *everything* moved must be moved locally by another: 'ἐπεὶ δὲ τὸ κινούμενον ὑπό τινος κινεῖται, ἀνάγκη καὶ τὸ κινούμενον πᾶν ἐν τόπῳ κινεῖσθαι ὑπ' ἄλλου.' This indeed suggests that the opening gambit is here employed simply to generate (apparently endless) causal sequences. However, 'ὃ πρώτως αἴτιον ἔσται τοῦ κινεῖσθαι' (242ᵃ20), a particularly strong phrase, might again signify an *un*moved mover distinct from the first moved mover figuring explicitly in the conclusion of β's *reductio* (242ᵇ34).

I do not maintain that a firm case can be made out for one interpretation in preference to the other; I merely suggest that on a fine balance the reading which assigns to the opening gambit the task of providing the implicit steps 12–14 as a supplement to the *reductio* seems more plausible. But whatever the choice we opt for, the important point to recognise is that while we cannot simply dismiss VII's unfortunate introduction without careful thought, the argument to which it somehow leads deserves serious, independent consideration.

We are now ready to examine the commentary on the *reductio*'s intricacies provided by chs. 2–5. These fall into two groups: chs. 2–3 defend certain of the proof's assumptions; chs. 4–5 raise a difficulty concerning the unification of the sequence of moved movers and perhaps overcome it. To the extent that the performance of VII.1 has repercussions for the *Physics* as a whole, the quality of the succeeding chapters' contributions indirectly influences the treatise in its entirety. In view of this fact the occasional difficulties we shall encounter in attempting to reconcile the arguments of VII with Aristotelian doctrines elsewhere expressed will prove of particular interest. The task in hand of defending the finitude proof puts strain on a number of Aristotle's cherished beliefs. This tension brings out the strengths and weaknesses of both the proof and those beliefs, and permits us to recognise some surprising consequences of familiar Aristotelian ideas which otherwise would remain obscure.

3

THE VARIETIES OF CONTACT

In the second chapter of VII Aristotle attempts to prove that for all types of κίνησις, changer and changed, that is proximate changer and its first changed, must be in contact. 'πρῶτον κινοῦν' so understood, i.e. as 'the immediate source of change', contrasts with the first chapter's 'πρῶτον κινοῦν', which signifies the changer at the top of a causal hierarchy. As 'πρῶτον' shifts in sense, 'ἅμα', originally temporal and transitive (242ᵃ58–62/242ᵃ23–8), becomes spatial and intransitive. The condition referred to in ch. 2 by 'ἅμα' is denoted in ch. 1 by 'ἅπτεσθαι' and 'συνεχὲς εἶναι' (242ᵇ60–3/242ᵇ25–7). However, context removes any threat of misleading ambiguity.

Ch. 2 is intended to support the first premiss of the *reductio*'s second section (1′ in the reconstruction).[1] Since Aristotle tries to demonstrate that nothing intervenes between a κινοῦν and its properly correlated κινούμενον whether the change be locomotion, alteration or increase-and-diminution, the supposition that he regards ch. 1's *reductio* as applicable to all the categories seems justified (see *supra*, pp. 108–9). Now if it is necessary that mover and moved be together in space while motion is transmitted down the kinetic series, then their ac-

[1] Cf. Simplicius *ad loc.*: 'τοῦτο δὲ τότε μὲν ἀπὸ τῆς ἐπαγωγῆς ἐπιστώσατο εἰπὼν "καθάπερ ὁρῶμεν ἐπὶ πάντων", νῦν δὲ ἀποδεῖξαι αὐτὸ καθ' ἕκαστον κινήσεως εἶδος προτίθεται, ὅτι τὸ προσεχῶς κινοῦν ἀνάγκη ἅμα εἶναι τῷ κινουμένῳ' (1048.4–6). In explicating the Aristotelian concept of force Carteron writes: 'If force is not separable, either as a quality, or as a quantity, from its subject, it is not surprising that the action of a mover on a *mobile* distinct from itself can be understood only if the mover accompanies the *mobile* all the time' (Carteron (2), p. 168). He documents this claim with his n. 34: 'The proof of this point is the object of *Phys.* VII.2, where Aristotle examines in turn local motion and its species, pulling, pushing, carrying, rotating, and their variations, pushing on, pushing away, dilating, contracting, and the sub-divisions of these. All are reducible to pulling and pushing (243ᵃ10–244ᵇ2). Next he examines change of quality (244ᵇ2–245ᵃ11), and last increase of size (245ᵃ11–16). In fact, this proof was presupposed by the proof of the prime mover given in chapter one; cf. 242ᵃ24–8' (*ibid.*, pp. 168–9).

tion must be synchronous. Thus we might expect that the arguments of ch. 2 could illuminate premisses 3 and 4 of the *reductio*'s first section, 'When both are actual and particular, cause and effect are simultaneous' and 'Since these movers move by being moved, the motions of mover and moved must be simultaneous.' In the comments on premisses 3 and 4 it was remarked that they reflect Aristotle's rejection, or at any rate neglect, or anything like a concept of inertia. One of the chief problems posed by ch. 2 is the difficulty of coming to terms with his handling of this topic and his dismissal of the possibility, not so much of action at a distance, as of an effect's continuing either temporally or spatially beyond its immediate cause.

243ᵃ32–40/243ᵃ3–11

With one minor exception, the introductions of α and β are identical.[2] Aristotle makes clear that by 'πρῶτον κινοῦν' he means to refer not to a first (i.e. ultimate?) final cause, but to a first efficient cause, i.e. the proximate source of change. He issues the disclaimer not because final causes were previously in question in ch. 1 – in fact they were explicitly excluded from consideration (242ᵇ59–61/242ᵇ24–7) – but rather because a final cause is the sole type of changer which need not and often cannot be in contact with what it moves. Thus the proof ranges over all the kinetic categories, but applies to only one sort of Aristotelian causation.

This restriction is a feature common to the arguments of both bk VII and bk VIII, and is responsible for the important difference between the conceptions of the First Cause developed in the *Physics* and *Metaphysics* Λ: in the *Physics* the *primum movens* is the ultimate efficient cause; in the *Metaphysics* it is the ultimate final cause. Of course Aristotle

[2] α specifies three categorially distinct κινοῦντα (243ᵃ37), β three κινούμενα (243ᵃ8). Nevertheless the difference is slightly in α's favour, since it proceeds to specify types of changer (243ᵃ38–9), while β somewhat inconsequently enumerates types of change, not subjects of change (243ᵃ8–10).

does produce special arguments for his theological theories, arguments which principally rely on the axiom that actuality precedes potentiality (*Metaphysics* Λ.6 and *De Anima* III.5); the trouble is that he does not help us to see how to combine the conceptions of the First Cause developed more or less independently in the *Physics* and the *Metaphysics*. Gauging the repercussions of this difficulty lies beyond the scope of this study, but we should at least not allow it to pass unremarked, as it usually does in synoptic reviews of Aristotelian cosmology and theology. On the other hand, an awareness of the problematic relation between treatises should not distract our attention from the obscurity and complexity of the connections between books VII and VIII within the *Physics*, connections which we have already had reason to emphasise.[3]

What is the substance of the thesis to be established, that proximate, efficient changer and changed are in contact? Aristotle glosses the claim with the explanation that nothing intervenes between agent and patient. This specification does not exactly match definitions of contact enunciated elsewhere in the *Physics*: 'ἅμα μὲν οὖν λέγω ταῦτ' εἶναι κατὰ τόπον, ὅσα ἐν ἑνὶ τόπῳ ἐστὶ πρώτῳ' (V.3, 226ᵇ21–2) and 'ἁπτόμενα δ' ὧν ⟨τὰ ἔσχατα⟩ ἅμα' (VI.1, 231ᵃ22–3). The concept in VII.2 seems instead roughly to correspond to the other books' descriptions of 'ἐφεξῆς', according to which things are successive if nothing of the same kind intervenes between them (226ᵇ34–277ᵃ6, 231ᵃ23). A more suggestive text for comparison with VII.2 on its treatment of 'ἅμα' is *De Generatione et Corruptione* I.6. With a back-reference to *Physics* V.3, Aristotle there defines objects in contact as those (a) which are discontinuous, (b) have size, (c) whose extremities are together and (d) which are capable

3 Quite apart from eliding the issue of how the cosmological story of the *Physics* can or cannot be combined with the account of the *Metaphysics*, the handbooks usually disguise the fact that *Physics* VIII apparently just stops, without any sort of proper conclusion or summation. Of course it shares this feature with many Aristotelian works, and I do not mean to imply that *Physics* VIII is somehow suspicious on account of its unfinished structure. But one ought to realise that the traditional, unflattering comparison of VII with VIII largely depends on the false notion that VIII alone is a *finished* product.

of changing and being changed by one another.[4] So according to VII.2, if something is a proximate mover it is in contact ('ἅμα') with that which is moved; according to this passage, if two objects are in contact ('ἁπτόμενα'), one of them is capable of being a proximate mover. Thus in the *GC* Aristotle reverses the order of inference displayed in the *Physics* VII principle, although the *GC* thesis is incorporated in a definition, not argued for.[5]

The discrepancy between the books of the *Physics* should not lead us to suppose that in VII Aristotle deliberately diverges from the analyses of V and VI (if indeed they are earlier than VII.2). The vagueness and lack of detail of VII.2's description will make it easier to establish the thesis for distinct kinetic categories; the careful attention to nuance in definition evident elsewhere would merely hamper the argument's progress here. But this is not to suggest that Aristotle is cheating: rather, his confidence in the correctness of his claim is so complete that he forgoes any great refinement in its exposition.

Aristotle announces that locomotion will be treated first, on the grounds of its kinetic primacy (243^a39–$40/243^a11$). As

[4] 'εἶ οὖν ἐστίν, ὥσπερ διωρίσθη πρότερον, τὸ ἅπτεσθαι τὸ τὰ ἔσχατα ἔχειν ἅμα, ταῦτα ἂν ἅπτοιτο ἀλλήλων ὅσα διωρισμένα μεγέθη καὶ θέσιν ἔχοντα ἅμα ἔχει τὰ ἔσχατα. ἐπεὶ δὲ θέσις μὲν ὅσοις καὶ τόπος ὑπάρχει, τόπου δὲ διαφορὰ πρώτη τὸ ἄνω καὶ κάτω καὶ τὰ τοιαῦτα τῶν ἀντικειμένων, ἅπαντα τὰ ἀλλήλων ἁπτόμενα βάρος ἂν ἔχοι ἢ κουφότητα, ἢ ἄμφω ἢ θάτερον. τὰ δὲ τοιαῦτα παθητικὰ καὶ ποιητικά· ὥστε φανερὸν ὅτι ταῦτα ἅπτεσθαι πέφυκεν ἀλλήλων, ὧν διῃρημένων μεγεθῶν ἅμα τὰ ἔσχατά ἐστιν, ὄντων κινητικῶν καὶ κινητῶν ὑπ' ἀλλήλων.' (*GC* 323^a3–12)

[5] If Williams is correct in his claim that *GC* I.6's curious references to one-way contact, where the mover touches what it moves but is not touched in return, are meant to accommodate the case of the incorporeal Prime Mover, then the fit between *Physics* VII.2 and *GC* I.6 is hardly coincidental:

> Aristotle's views about the first mover are bound to produce awkwardness in the application of the concept of contact. The unmoved mover touches the *primum mobile*, for contact is a universal requirement between every mover and thing moved, where there is no intermediary (*Physics*, VII.2.243^a34–5), and Aristotle locates the first mover at the circumference of the Universe (*Physics*, VIII.10.267^b9). But since it is immaterial it is difficult to see how anything could touch *it*. Thus there seems good reason both to affirm and to deny contact between the *primum movens* and the *primum mobile*, and the way out could easily be felt to be provided by an analogical extension of the notion of *contact* making it a one-sided relation. (p. 118)

Williams's entire section on *GC* I.6 is judicious and should be consulted.

Simplicius and Ross remark, the claim that φορά is prior to all other changes will be made good in VIII.7,[6] but here it seems a fifth wheel. If it carried any real weight, surely the argument for the necessity of contact in locomotion would support the demonstrations for the other types of κίνησις, while in fact they stand or falter on their own.[7]

243ᵃ11–15/243ᵃ21–3

Self-movers are supposed to give no trouble: because the motive component is *inside* the self-moving complex, nothing external can come between κινοῦν and κινούμενον in this case. This easy dismissal is troubling on a number of counts. First, it might seem directly to contradict ch. 1's initial argument. There (241ᵇ34–7/241ᵇ24–6), things moved by something else pose no difficulty and are immediately dismissed, while ostensible self-movers are problematic; here, the order is reversed, despite ch. 1's conclusion that nothing *strictly* speaking is a self-mover. Perhaps one should understand 'things apparently self-moving but really moved by parts of themselves'.

Second, surely the πρῶτον κινοῦν for animate self-movers is the soul. As regards ch. 1, we have noted the obstacles which impede this identification (*supra* p. 97 and n. 6 to the previous chapter). If it is possible to regard VII.1's exercise as more than a mathematical operation, then the cause of motion it isolates would be a part reached by physical division, and so not the soul. Furthermore, the qualification that the contact condition

[6] 'ἐπὶ πρώτης τῆς φορᾶς ὡς πρώτης οὔσης τῶν κινήσεων, ὡς δείξει ἐν τῷ ἐφεξῆς βιβλίῳ, τὸν λόγον ποιεῖται' (S. 1048.23–5, and cf. Ross *ad* 243ᵃ39–40, p. 671).

[7] On 'ὑπὲρ τῆς φορᾶς', which he prints at 243ᵃ10 in the β version, Ross comments:

> ὑπὲρ τῆς φορᾶς for περὶ τῆς φορᾶς in 243ᵃ10 creates some suspicion. This use of ὑπέρ is found thrice in the *Categories*, five times in the *Topics*, and five times in the *Nicomachean Ethics*, and nowhere else in Aristotle's genuine works. But it is common in the *Magna Moralia* and in the *Rhetorica ad Alexandrum*. It is a late use; where it occurs in genuine works of Aristotle it is probably due to corruption, and where it exists in a work of unknown date it is an argument for lateness. (p. 14)

The answer, of course, is simply to read 'περὶ', with MSS FHI; for a defence of the principle governing such choices, see n. 7 in the previous chapter.

holds good for '*σωματικὴν* κίνησιν' (242^{b}60/242^{b}25) would also seem to exclude the soul–body relation from its range. As regards ch. 2, the sense of 'contact' invoked is no more obviously appropriate for animals. Simplicius concedes that the join between body and soul is not physical: 'οὕτω γὰρ ἡ ψυχὴ σύνεστι τῷ σώματι κινοῦσα αὐτό, κἂν μὴ σωματικῶς κινῇ' (1049.12–13). But if this is so, then the conception of contact employed is so broadly defined that the proposition that mover and moved must touch threatens to degenerate into a radically ambiguous claim. This danger is avoided if what the thesis in fact asserts is that the organic locus of the soul is in direct contact with the bodily parts to which it imparts motion, but Aristotle neglects to expand his description along such lines.

Third, if animals are the sole concern,[8] the natural motions of the elements seem to have been disconcertingly overlooked. If self-moving, how does one discriminate a motive part within them? In the treatment of the elements in bk VIII, the focus is on *external* contributions to motion. So although VIII.4 will argue weakly that what generates an element or removes impediments to its ascent or fall serves as a sort of external mover, such an elemental genitor or liberator clearly does not stay in touch with the element once its motion is underway. Since Aristotle refuses to endow the elements with simple souls, this gap in VII.2's argument apparently remains unfilled: there is no obvious candidate for an internal mover that might maintain contact with the simple bodies in motion, which is what the contact condition demands. Both VII.1 and VII.2 are inexplicit and unsatisfactory on the topic of self-motion – and that of natural motion, inadequately distinguished from it in the opening of VII.1, and neglected in the opening of VII.2.

8 Simplicius perhaps implies as much: 'διελὼν δὲ τὰ κατὰ τόπον κινούμενα εἴς τε τὰ ὑφ' ἑαυτῶν κινούμενα καὶ ἐν ἑαυτοῖς ἔχοντα τὸ κινοῦν, ὥσπερ τὰ ζῷα ἐν ἑαυτοῖς ἔχει τὴν ψυχὴν κινοῦσαν τὸ σῶμα, καὶ εἰς τὰ ἔξωθεν καὶ ὑπ' ἄλλου κινούμενα' (1049.6–8), and Wicksteed and Cornford are certain: 'Note that the natural movement of the elements is not included' (note a, p. 218).

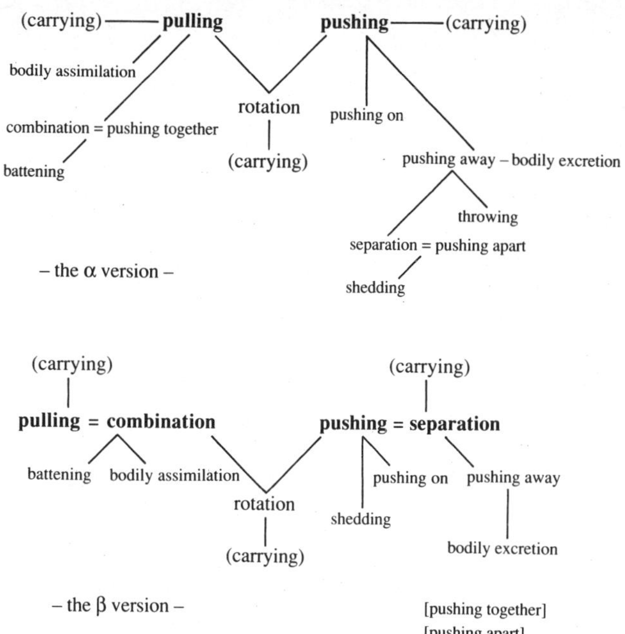

Figure 1

243ᵃ15–244ᵃ6/243ᵃ23–244ᵃ18

In this section Aristotle develops a classification of motion imparted by an external agent (see figure 1: the reader should note that the scheme represented is somewhat conjectural, since in places the text is abbreviated and ambiguous). Both α and β reduce all locomotion to ὠθεῖν and ἕλκειν (243ᵇ16–17). β accomplishes this by reducing all φορά to σύγκρισις and διάκρισις, presumably if not explicitly to be identified with pulling and pushing (243ᵇ28–29).[9] On the MS reading of

[9] Ross contends that β is manifestly inferior in this section:

(1) In 243ᵃ17 α gives the main forms of φορά in the order ἕλξις, ὦσις, ὄχησις, δίνησις. It then refers to the subspecies of ἕλξις and ὦσις in ᵃ18–ᵇ16, and finally points out in ᵇ16–244ᵃ4 that ὄχησις and δίνησις are reducible to ἕλξις and ὦσις. β first in 243ᵃ24 gives the species of φορά, in the order ὦσις, ἕλξις, ὄχησις, δίνησις, but expounds them in the order ὦσις (ᵃ26–8), ὄχησις (ᵃ28–ᵇ23), ἕλξις (ᵇ23–9), δίνησις (ᵇ29–244ᵃ17), which obscures the point clearly brought out in α that ἕλξις and ὦσις are logically prior to ὄχησις and δίνησις.

243ᵇ10–11 α runs on a parallel course; however, on Simplicius' reading, endorsed by all recent editors, α asserts no more than that σύγκρισις (combination) and διάκρισις (separation) can be subsumed under the preliminary four, not yet reduced to two fundamental kinetic types.[10] Both versions first dispose of ὄχησις (carrying) by reduction to the remaining three and then of δίνησις (rotation) by reduction to the final two (243ᵇ17–244ᵃ2/243ᵃ28–243ᵇ23 and 244ᵃ2–4/243ᵇ29–244ᵃ17). Under ὦσις (pushing) β specifies only ἔπωσις (pushing on) and ἄπωσις (pushing away). α also includes ῥῖψις (throwing – a sub-class of pushing away?), and then δίωσις (pushing apart) and σύνωσις (pushing together), of which pushing apart

(2) In α 243ᵇ12–15 ἐκπνοή, πτύσις, and the ἐκκριτικαὶ κινήσεις are rightly described as forms of ὦσις. In β 243ᵇ25–7 they are absurdly described as ἕλξεις. (But this should perhaps be emended by excising ἕλξεις and understanding κινήσεις with αἱ λοιπαί.) (p. 14)

As to (2), the suggested emendation should be adopted (as Ross himself actually does: see his text and commentary on β *ad. loc.*, p. 730). However, Ross does not notice that in the version which he prints 'αὐταὶ τῷ εἴδει' makes little sense: accordingly I read 'αἱ αὐταὶ τῷ εἴδει' with ΚΛ, and translate 'And the remaining types of motion which are the same in species . . .'. As to (1), it should be conceded that β's overall organisation is slip-shod and confused. However, Ross overlooks interesting differences of detail in the classifications of the two versions which do not always or clearly tell in favour of α; we shall consider these divergences individually as they arise.

[10] '"πάντα γάρ, φησί, τὰ εἴδη τῆς κινήσεως ὑπὸ ταῦτα εὑρεθήσεται· εἰ γὰρ πάντα μὲν ὑπὸ τὴν δίωσιν καὶ τὴν σύνωσιν, τούτων δὲ ἡ μὲν σύγκρισις ἡ δὲ διάκρισις, πάντα εἰς σύγκρισιν καὶ διάκρισιν ἀνάγοιτο ἄν." ταῦτα ὁ 'Αλέξανδρος αὐτῇ λέξει γέγραφεν, καίτοι τοῦ 'Αριστοτέλους εἰπόντος "ὁμοίως δὲ καὶ αἱ ἄλλαι συγκρίσεις καὶ διακρίσεις· ἅπασαι γὰρ ἔσονται διώσεις καὶ συνώσεις, πλὴν ὅσαι ἐν γενέσει καὶ φθορᾷ." ὥστε οὐχ ἡ σύνωσις σύγκρισίς τίς ἐστιν οὐδὲ ἡ δίωσις διάκρισίς τις, ὡς ὁ 'Αλέξανδρός φησιν, ἀλλὰ τοὐναντίον αἱ συγκρίσεις καὶ διακρίσεις συνώσεις καὶ διώσεις εἰσί . . . ἐν μέντοι τῷ ἑτέρῳ ἑβδόμῳ βιβλίῳ οὕτως αὐτῇ λέξει γέγραπται· "καὶ πᾶσα δὴ κίνησις ἡ κατὰ τόπον σύγκρισις καὶ διάκρισίς ἐστι"' (S. 1052.5–13, 20–2).

Ross comments:

Simplicius evidently read ἡ σύγκρισις; it seems as if Alexander first interpreted this reading, and then went on to interpret the alternative reading ἢ σύγκρισις. The latter reading derives some support from the alternative version in ᵇ29, καὶ πᾶσα δὴ κίνησις ἡ κατὰ τόπον σύγκρισις καὶ διάκρισίς ἐστιν. But the authority of the alternative version is very slight, and these words in it are simply the result of a misreading of η συγκρισις. The other reading agrees much better with the general argument of the passage. (p. 672)

Ross is correct in his judgement about the true reading in α, but wrong in his explanation of the β text as merely the upshot of a scribal error. As we shall see, this discrepancy between the versions is more likely to result from a substantial and interesting doctrinal difference (pp. 129–132 *infra*).

is brought under pushing away and pushing together transferred from pushing to pulling. Combination and separation are brought under (identified with?) pushing together and pushing apart, i.e. ultimately under pulling and pushing. β avoids the classification of pushing together which contradicts the implications of ordinary usage, merely introducing it and pushing apart as an afterthought at 244ª21 without expressly assigning them to either pushing or pulling. The object of this exercise is that, if successful, the reduction of all locomotions to either pushing or pulling will simplify the task of establishing the necessity of contact between mover and moved: the case will need to be made out for ὦσις and ἕλξις alone. But before examining how Aristotle manages this point we must investigate certain puzzling features of the reduction.

*　*　*

What is one to make of the discrepancy between α's and β's handling of combination and separation? Does it merely again lay bare the inferiority and unreliability of β? We may arrive at a decision by considering why Aristotle includes in his classification those supposed species of pushing and pulling which do figure in it. Since the reduction is surely not intended to be taken as exhaustive in its detail, there must be some reason for the choices Aristotle makes. Perhaps the examples are either especially convincing instances of pushing or pulling; or, in contrast, particularly difficult cases; or sorts of motion which his competitors had claimed were either *sui generis* or generic, and so evidently either not captured by or not subsumed under Aristotle's favoured ultimate genera, pushing and pulling.

This idea seems plausible: e.g., the types whose names are compounds formed with 'ἕλξις' or 'ὦσις' are present because it might appear uncontentious that they bear out Aristotle's thesis, and maybe α insists that throwing comes under pushing away just because it is so intractable a case for him. Yet what about battening and shedding, which are included in the classifications of both α and β? Mention of bodily assimilation and excretion is hardly surprising, since one understands that any number of important physiological processes are implicitly brought into the scheme by the reduction of the ἐκκριτικαὶ κινήσεις to pushing and of the ληπτικαὶ κινήσεις to pulling. But why should Aristotle have troubled with trivial, mechanical procedures, stages in the weaving of cloth? Are they here simply as random instances taken from the indeterminate number of motions imparted by manufacturing machines, motions seemingly complex, but compounds nonetheless of pushing and pulling?

There might be a more ambitious reason for the inclusion of battening and shedding, which if attributed to Aristotle bears directly on our understanding of the classification of combination and separation and our view of the significance of the difference between α and β. Alexander as quoted by Simplicius believes that the α version identifies combination with pushing together, separation with pushing apart, for the third sort of motive mentioned above, in order to score a polemical point against the competition. Although certain Presocratics (the reference is very vague: 'τινες τῶν φυσικῶν') considered combination and separation to be the principles, not only of all changes but also of coming-to-be and passing away, Aristotle declares that they are not even principles, but merely varieties of pushing and pulling.[11]

But could Alexander have got Aristotle's target wrong? Might the α version bear witness to Aristotle's reaction to certain major Academic preoccupations? Plato assigns an all-important rôle to two grand, multifarious τέχναι, συγκριτική (or συμπλοκή) and διακριτική. One of the most striking aspects of Plato's exposition of this idea is his confidence that combination and separation are to be discerned everywhere, from wool-working to the intermingling and segregation of

[11] '"Εἰπὼν τὰς συγκρίσεις καὶ διακρίσεις τὰς μὲν συνώσεις εἶναι τὰς δὲ διώσεις, καὶ διὰ τοῦτο τὰς μὲν ἕλξεις τὰς δὲ ὤσεις, ἐπειδή τινες τῶν φυσικῶν ἀρχὰς οὐ μόνον τῶν κατὰ τόπον κινήσεων ἀλλὰ καὶ πασῶν ἐτίθεντο τὴν σύγκρισιν καὶ διάκρισιν καὶ οὐ μόνον κινήσεων ἀλλὰ καὶ μεταβολῶν πασῶν, αὐτὸς οὐ τοῦτο μόνον ἀναιρεῖν δοκεῖ τὸ πασῶν ἀρχὰς αὐτὰς εἶναι τῶν κινήσεων, ἀλλ' οὐδὲ ἀρχαί, φησίν, εἰσὶ πρῶται οὐδὲ γένος τί ἐστιν ὅλως κινήσεως τοῦτο παρὰ τὰ τέτταρα τὰ εἰρημένα, ἀλλ' ὑπ' ἐκεῖνα καὶ ταῦτα ἀνάγεται καὶ τὰ τούτων εἴδη ...".' (1051.16–23)

social classes to the connections and distinctions between concepts. He never qualifies his claims, and it is quite clear that he does not mean them to be taken metaphorically: these phenomena are universal, and to describe both carding and the sorting out of concepts as 'separation' is to use the word literally and correctly.[12]

Now Aristotle's mention of battening and shedding suggests that he is thinking of combination and separation in the context of weaving – precisely the context in which the Eleatic Stranger introduces these terms, whose scope turns out to be so surprisingly wide. To the objection that this is a very subtle clue to Aristotle's intentions, one should respond that his original audience could hardly fail to take the hint. Might Aristotle not be intending to substitute language clearly limited to the physical world for Plato's more resonant terminology? The natural realm must be understood in its own terms; there

[12] The principal texts are *Statesman* 282Bff., 306Aff., *Sophist* 226Bff., 253Eff., 259E, 262C. Owen's illuminating study should be consulted, and his thorough demonstration that Plato considers all these uses of the terms to be somehow related deserves to be quoted at length:

> What then is the 'letter' or 'letters' common to the things weaving and statescraft, the 'same likeness and nature' (*Statesman* 278B1–2), the 'same form' (278E8), the 'same enterprise' (πραγματεία, 279A8)?
>
> After 305E2–306A3, if not before, there can be no doubt. The common element is Combining or Interweaving. It is put to work first in the analysis of wool-weaving, later in that of the social interweaving required of the king or statesman, whether this is the intertwining of the military, judiciary and forensic classes (cf. 305E2–6) or, as the ES [Eleatic Stranger] finally argues, the interbreeding of aggressive and gentle strains in the citizens (306A–311C). At 282B6–7, where it is called συγκριτική, its counterpart is διακριτική, Separating; and the ES says 'These two arts we have found to be important in all fields' (μεγάλα τινὲ κατὰ πάντα ἡμῖν ἤστην τέχνα). But where did we find this out? Well, in 281A weaving was distinguished as a sort of συμπλοκή from combing or carding, which is τῶν συνεστώτων καὶ συμπεπιλημένων διαλυτική; and between them these two kinds of operation exhaust all departments of wool-working. That might be all that is implied by κατὰ πάντα here. But in fact the arts of combining and separating have seen ambitious use in the *Sophist*, the *Statesman*'s dramatic precursor, and the reader is expected to have the argument of that dialogue in mind (cf. *Plt*. 284B7–9). In *Soph*. 226B–C Separation is itself introduced by examples (παραδείγματα) drawn from menial operations such as carding and spinning, much as Combination is in the *Statesman*; and then it is taken to cover, *inter alia*, the separating of men from various sorts of physical and mental ills (226C–231B). Thereafter the verb is reimported to describe the skill of the dialectician in distinguishing the concepts he investigates (253E1, cf. 253D1–3). (Owen (2), p. 146)

should be no μετάβασις εἰς ἄλλο γένος. Furthermore, on at least one occasion Plato explicitly gives σύγκρισις and διάκρισις some considerable (if obscure) prominence, when he declares that all qualities 'follow on' them.[13] Thus in the reduction of combination and separation Aristotle administers a sharp and rather contemptuous rebuke for the Academic inflation of σύγκρισις and διάκρισις and protects his classification from the threat posed by Plato's rival conception.

If this interpretation is adopted, the implications for our reading of the β version are clear. So far from betraying a scribal error, β's tactic of identifying combination and separation with pushing and pulling represents the opposite response to the challenge posed by the Academic view. α is polemical and pugnacious; β is mild and conciliatory, implying that its classification and Plato's come to much the same thing. According at least to the traditional Jaegerian criteria invoked for the dating of Aristotelian texts, this difference suggests that α is a more mature work than β. We ought to resist this inference; the web of speculation is already strained. What we should accept is that there is at least a reasonable possibility that the difference between the versions at this juncture is doctrinal rather than accidental, and that it could either reveal an interesting shift in Aristotle's reaction to Platonic authority, whatever the chronology might be, or reflect the pro-Platonic attitude of the β-author, if he is not Aristotle himself.

* * *

[13] 'ἄγει μὲν δὴ ψυχὴ πάντα τὰ κατ' οὐρανὸν καὶ γῆν καὶ θάλατταν ταῖς αὐτῆς κινήσεσιν ... καὶ πάσαις ὅσαι τούτων συγγενεῖς ἢ πρωτουργοὶ κινήσεις τὰς δευτερουργοὺς αὖ παραλαμβάνουσαι κινήσεις σωμάτων ἄγουσι πάντα εἰς αὔξησιν καὶ φθίσιν καὶ διάκρισιν καὶ σύγκρισιν καὶ τούτοις ἑπομένας θερμότητας ψύξεις, βαρύτητας κουφότητας, σκληρὸν καὶ μαλακόν, λευκὸν καὶ μέλαν, αὐστηρὸν καὶ γλυκύ, καὶ πᾶσιν οἷς ψυχὴ χρωμένη ...' (*Laws* 896E8–897B1)

It is hard to know just what to make of Plato's claim here that qualities 'follow on' combination and separation, but it is tolerably clear that it might very well have been interpreted as contending that ἀλλοίωσις is reducible to σύγκρισις and διάκρισις, inasmuch as ποιότητες result from their action. With his own category theory in mind, an Aristotelian would then infer that if alteration can be ranged under combination and separation, *a fortiori* all changes in spatial position must also be reducible to these kinetic genera, and thus derive the β version's classification of locomotion as a special case.

Aristotle's apparently elegant reductive schema does not function altogether smoothly.[14] 'ἡ μὲν γὰρ δίωσις ἄπωσις (ἢ γὰρ ἀφ' αὑτοῦ *ἢ ἀπ' ἄλλου* ἐστὶν ἡ ἄπωσις), ἡ δὲ σύνωσις ἕλξις (καὶ γὰρ πρὸς αὑτὸ *καὶ πρὸς ἄλλο* ἡ ἕλξις)' (243^b3–6: cf. e.g. 243^b25). With these appended 'others', what becomes of the distinction between a push and a pull? So long as we consistently describe with reference to the mover, the cut remains sufficiently clear. But the expansion, prompted by the need to accommodate all the obvious types of locomotion within the genera of pushing and pulling, actually threatens to make nonsense of the classification. For example, pushing together (a sort of pulling) seems to be both 'to something else' and 'away from itself', and thus to bestraddle the two fundamental categories of pushing and pulling. ἕλξις and ὦσις are concepts which come unstuck once reference to the pusher or puller itself as a *terminus* for the motion disappears from the description; but if that reference is preserved, Aristotle can no longer claim to effect a universal reduction of all the species of locomotion to ἕλξις and ὦσις.

We are likely to warm to Aristotle's thesis to the extent that we are influenced by the simple conviction that, as a matter of obvious fact, we *do* keep in contact with what we push or pull: but then again it becomes important that he not only does not overtax the very ordinary concepts that he has called into service, but that he also not stray too far from the homely observations favourable to his case. Accordingly, despite the impression that the passage might convey of detailing a rather abstract classificatory procedure, it actually reflects precisely those features of typical daily situations which we would regard as accidental, irrelevant to scientific descriptions couched in the authentically abstract, mathematical terms of modern

[14] One might be tempted to object that the schema is tolerably clear in a diagram, but surely not in a verbal description – and that alone is what Aristotle actually provides. But it is not unreasonable to conjecture that he would naturally have made use of a whiteboard to convey his meaning: how could any lecturer do otherwise, when trying to communicate a rather tricky classification? If this speculation is sound, it would go some way towards accounting for the looseness of this stretch of text, which would originally have served Aristotle as only an *aide-mémoire*.

mechanics. In 'τὸ δ' ὀχοῦν ὀχεῖ ἢ ἑλκόμενον ἢ ὠθούμενον ἢ δινούμενον' (243^{b}20–244^{a}1: cf. 243^{b}21–2), how does one account for the curious interweaving of active and passive forms? 'A carrier carries *being moved.*' Surely what implicitly prompts adoption of this analysis is the prominence in Aristotle's mind of a model illustrated, for example, by a horse drawing a cart bearing produce, a self-mover propelling a passive vehicle serving as a carrier. In effect he is saying: 'Just *look* and you will see that the ways in which things in the world move reduce to the pair pushing and pulling, and that there is no pushing or pulling without contact.' But this is not a crude attempt to construct a kinetic classification on a naive observational basis. Since the whole exercise is motivated by the need to convince us of the unassailable truth of the contact condition, the more mundane the data marshalled, the better for the project in hand.

Ross claims that the treatment of δίνησις raises a tantalising possibility:

> Apart from the defects of Aristotle's dynamics named above [in his theories of weight and natural velocity], perhaps his most serious error is his division of natural movement into two kinds, the rectilinear movement of the terrestrial elements and the rotatory movement of the celestial spheres. In regarding circular motion as being equally simple with rectilinear, he falls into a natural confusion between identity of direction and constant change of direction. This bifurcation, and the wider bifurcation of movement into natural and compulsory, are the main reasons why he failed to reach a correct and unified dynamical theory. Yet there is in Aristotle a hint at a true theory of rotation. In book VII (243^{a}17) he says there are four ways in which one body may be set in motion by another – pulling, pushing, carrying, and twirling or rotation. The accounts given of pulling and pushing imply that they act in a straight line to or from the motive agent (243^{a}18–^{b}6); and rotation is said (244^{a}2) to be compounded out of pulling and pushing, the motive agent pulling one part of the moving object and pushing another part. Here circular motion is in fact described as the resultant of two simple rectilinear movements. If Aristotle had extended this analysis to include the 'natural' circular motion of the celestial spheres, he would have been on the track which ultimately led to Newton's explanation of the movement of the planets. But in fact he always treats the rotation of the heavenly spheres as equally simple with rectilinear motion (*Phys.* 261^{b}28–31, *De Caelo* 268^{b}17–19). (p. 33)

Were Ross correct, his discovery would be worthy of considerable notice. For one thing, we would have to explain why Aristotle does not extend his analysis in the promising direction indicated, so as to produce a unified dynamical theory. For the present I shall play Ross's fellow-traveller and attempt to provide an answer. In VIII.8, where rotatory motion is irreducible, it is not in fact *called* δίνησις – instead, Aristotle uses the expressions 'ἡ δ' ἐπὶ τῆς περιφεροῦς ⟨κίνησις⟩' (264ᵇ9); 'ἡ κύκλῳ κίνησις' (264ᵇ18); 'ἡ τοῦ κύκλου ⟨κίνησις⟩' (264ᵇ27–8). In VII.2 Aristotle's analysis takes shape under the influence on his thinking of the workings and employment of very ordinary technology; he describes from within the kinetic situation, as it were, through the eyes of the agent. On the same lines, what he says about δίνησις concerns *giving* something a spin and does not present an account of *how* the spun object spins.

Consider this reconstruction of Aristotle's position: 'To set a (spindle, top, hand-mill, etc.) twirling, you must both push and pull.[15] But if the celestial spheres are ensouled and independent (perhaps the doctrine of the *DC*), they require no external impulse; if alive and desiring the unattainable perfection of the Prime Mover (as in *Met.* Λ), they still are not subject to an imposed efficient impulse, since they rotate under the influence of a final cause. Thus the heavenly ἐπὶ τῆς περιφεροῦς κίνησις just isn't δίνησις, despite superficial appearances.' A check in Bonitz bears out this contention: the word occurs eight times in the corpus, five times in VII.2 and only once in an undoxographical context to do with celestial phenomena (*DC* 290ᵃ10).[16]

[15] Other commentators are unanimous in this interpretation:

> 'ὁ γὰρ δινῶν ποτὲ μὲν ἐφ' ἑαυτὸν προσάγει τὸ δινούμενον, ποτὲ δὲ ἀφ' ἑαυτοῦ ἀπωθεῖ ὡς ἐπὶ τῶν ταῖς χερσὶν ἀληθόντων· ὠθῶν γὰρ ἀφ' ἑαυτοῦ τὴν μύλην καὶ πάλιν ἕλκων ποιεῖται τὴν δίνησιν' (Simplicius, 1053.24–7);
>
> 'ὅταν γὰρ δινῶμεν τὸν ῥόμβον, τῷ μὲν ἑτέρῳ τῶν δακτύλων ὠθοῦμεν αὐτόν, τῷ δὲ ἑτέρῳ ἕλκομεν πρὸς ἑαυτούς' (Philoponus, 875.17–18);
>
> 'Obviously, as Simplicius notes, this assertion is made on the strength of the action of the mill-girl, or whoever it may be, that pulls and pushes the mill-stone by the handle as she grinds' (Wicksteed and Cornford, n. c, p. 221).

[16] δινεῖν: *De Mundo* VI.399ᵇ9; *Mech.* 35.858ᵇ4.

δίνη: *Physics* II.196ᵃ26; *Physics* IV.214ᵃ32; *DC* II.295ᵃ13; *DC* III.300ᵇ3; *Meteor.* III.370ᵇ22; *De Mundo* IV.396ᵃ23; *De Insom.* III.461ᵃ8; *GA* IV.722ᵇ19; *De Mirabilibus* 130.843ᵃ30; *Problemata* XXIII.932ᵃ14.

δῖνος: *Meteor.* III.370ᵇ28; *Problemata* XXIII.932ᵃ5.

δίνησις: *Physics* VII.243ᵃ17, 243ᵃ25, 243ᵇ17, 244ᵃ2, 244ᵃ16; *DC* II.284ᵃ24; *DC* II.290ᵃ10 ('τοῦ σφαιροειδοῦς δύο κινήσεις εἰσὶ καθ' αὑτό, κύλισις καὶ δίνησις'); *DC* II.295ᵃ10.

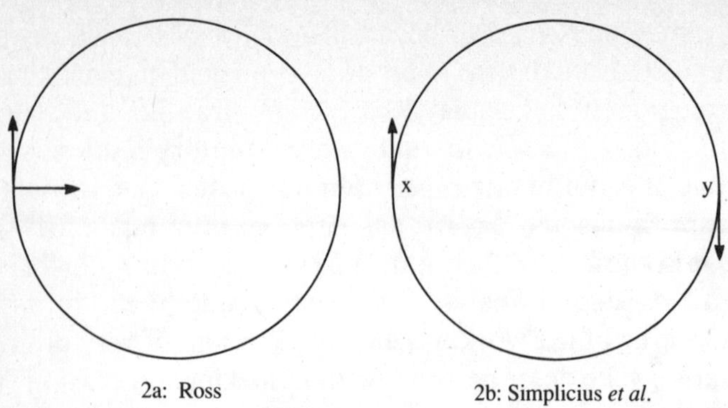

2a: Ross

2b: Simplicius *et al.*

Figure 2

I now wish to part from Ross's company, and would criticise his account of Aristotle's position as follows. As regards the contention that 'he falls into a natural confusion between identity of direction and constant change of direction', have we been given sufficient reason to believe that Aristotle avoids this confusion in VII.2? Ross does not commit himself to very much – he says that we have a 'hint', not a theory. But if Aristotle's treatment of rotation is truly exceptional here, then it must approach the vectorial analysis hinted at by Ross ('the resultant of two simple rectilinear movements') and represented by the figure 2a. However, there is no textual justification for such an assumption: instead, figure 2b accurately represents what Aristotle actually says, and indicates nothing more than 'push at x and pull at y'. Ross recognises that the text indicates this much ('the motive agent pulling one part and pushing another part'); his mistake is to suppose that it contains anything more. For Ross's reading to hold good, the rectilinear pushing and pulling movements would have to be components of a single resultant κίνησις. But the push and pull are applied in different places, as Ross admits. Aristotle does not in VII.2 give any indication that he was working with an embryonic, revolutionary conception of dynamics.

Ross goes in for this speculation because he believes that if sound, it stands to Aristotle's credit. He would be an ancient forerunner of successful dynamical theory, since one could extrapolate from the revamped Aristotelian analysis to the

Newtonian explanation of planetary motion, and that explanation is a paradigm of good science. Great scientists have intellectual ancestries; to find a place in such a genealogy is to earn honourable mention in the history of science. We shall directly confront Whiggish methodology when examining VII.5, a text especially vulnerable to this appraoch (*infra*, pp. 300ff.). At the present juncture we should note that ironically it is not Aristotle himself who deserves Ross's praise, but rather a Peripatetic ignoring the constraints imposed on his studies by his master's philosophy: the anonymous author of the *Mechanica* explicitly resolves circular motion into rectilinear components (848^{b}–849^{b}).[17] Yet we should not be disappointed with VII.2's humble message about δίνησις: it contributes as it should to Aristotle's effort to make good the contact thesis, while the 'correct' resolution of rotation would prove at best irrelevant to the argument. In this instance, and in others that we shall encounter, supposed scientific truth would detract from the cogency of Aristotle's reasoning; the argument's validity is more important than the truth of its premisses.

244^{a}7–244^{b}2/244^{a}19–25

Aristotle has gone through the business of reducing all φορά to either pushing or pulling in order to make the job of proving the validity of the contact condition for locomotion that much easier: he need deal with only the two genera of motion imparted by an external agent, ὦσις and ἕλξις. An appeal to definitions is meant to preclude kinetic intermediaries – the problem is that it is extremely difficult to extract anything that begins to look like an argument from the text. In fact we are informed that the necessity of contact is *also* evident from the definitions of pushing and pulling ('καὶ', 244^{a}7/244^{a}19), which

[17] Cf. Owen (3): 'It is illuminating to contrast the treatment of motion in the *Mechanica*, a work which used to carry Aristotle's name but which must be at least a generation later. There (*Mechanica* I) circular motion is resolved into two components, one tangential and one centripetal (contrast Aristotle's refusal to assimilate circular and rectilinear movements, notably in *Physics* VII.4). And the remarkable suggestion is made that the proportion between these components need not be maintained for any time at all, since otherwise the motion would be in a straight line' (pp. 160–1); and cf. de Gandt *passim*.

suggests that Aristotle has already made out a case for his thesis. In α the reduction closes with what seems to be a simple conditional: 'ὥστ' *εἰ* τὸ ὠθοῦν καὶ τὸ ἕλκον ἅμα τῷ ὠθουμένῳ καὶ τῷ ἑλκομένῳ, φανερὸν ὅτι τοῦ κατὰ τόπον κινουμένου καὶ κινοῦντος οὐδέν ἐστι μεταξύ' (244a4–6). Presumably Aristotle is so confident of the manifest truth of the antecedent that he takes the establishment of the consequent, that nothing intervenes between mover and moved, for granted; this is so obvious a fact that it must be accepted as soon as it is formulated. The β version explicitly makes the inferences that α elides: 'φανερὸν οὖν ὡς *ἐπεὶ* ἅμα τὸ ὠθοῦν καὶ τὸ ἕλκον τῷ ἑλκομένῳ καὶ ὠθουμένῳ ἐστίν, οὐθὲν μεταξὺ τοῦ κινουμένου καὶ τοῦ κινοῦντός ἐστιν' (244a17–18).

How are the definitions to serve as evidence for the contact thesis? What is to be shown is that in any motion there *must* be a mover immediate with what is moved. Aristotle asserts in the definitions that any motion is from A to B: in pushing, A may be the mover itself while in pulling, B may be the mover. But again, where is an argument for Aristotle's claim? The contrast between the two versions is now reversed. β does not even bother to draw the conclusion from the definitions (244a19–20), while α presents an 'argument' that anyone not already convinced of the truth of the contact thesis would dismiss as simple question-begging: 'ἀδύνατον δὲ ἢ ἀφ' αὑτοῦ πρὸς ἄλλο ἢ ἀπ' ἄλλου πρὸς αὑτὸ κινεῖν μὴ ἁπτόμενον, ὥστε φανερὸν ὅτι τοῦ κατὰ τόπον κινουμένου καὶ κινοῦντος οὐδέν ἐστι μεταξύ' (244a14–244b2).

α alone recognises an objection: 'Wood does not pull fire this way ⟨that is, this is not a case of one thing being pulled *along with* another⟩' (244a12).[18] This would seem to be a sort of

[18] The contrast is with the case where the agent prevails over the natural tendency of its load, which acts so as to pull away from it (244a10: on account of 'συνεφέλκεται' (244a11) one must reject Ross's attempt to extend the definition to cover ὦσις as well by omitting 'τοῦ ἕλκοντος'). β's text (243b23–4) probably means the same thing, but its claim that the motions of puller and load are not separated, rather than that the puller ensures that it is not separated from the load, is confused and difficult to understand. The best gloss on these unseparated motions would be to say that the puller and load together make up a complex undergoing one and the same κίνησις. Unfortunately, if the motion of the puller is 'faster', then it must be faster than the load's, which acts against it, so that one could not consistently assert that these opposed κινήσεις are unseparated.

pulling that does not satisfy the requirement that mover and moved be in contact, since fuel draws fire without touching it. Aristotle's reply is surprising: he assures us that whether what pulls moves or is stationary is of no moment, for it pulls either to where it was (the ordinary case) or to where it is (wood pulling fire). The response suggests that the *final* state of immediacy with a static mover *attracting* what it moves[19] is supposed to neutralise the threat posed to the contact thesis, although the argument clearly concerns *initial* conditions. α seems content with immediacy either at the start or at the finish of the motion when it cannot have both; β simply omits any mention of the problem that compels α to make this damaging concession.

It is only at this juncture that β introduces and defines throwing, which has already been mentioned as an especially difficult case for Aristotle (*supra*, p. 106). α allows its occurrence 'when the mover imparts a motion away from itself that is stronger than the natural motion of what is thrown, which is borne along just for that period in which the imparted motion is in control' (243ᵃ20–243ᵇ2).[20] In this instance β's definition differs merely verbally: 'throwing occurs when the motion is faster than the natural motion of what is borne along, since the push is more powerful, and the thing is borne along just until its motion is stronger' (244ᵃ21–3).

244ᵇ2–245ᵇ2/244ᵃ25–245ᵇ18

Aristotle argues for immediacy in ἀλλοίωσις. The section 244ᵇ5–10 in the α version, claiming that alteration is in and by perceptible qualities, poses a textual problem.[21] Since there is

[19] Aristotle neglects the notoriously perplexing puzzle of magnetic attraction. But this is not the evasion it might seem: in fact the phenomenon of fuel drawing fire is more awkward for him, since theorists could (and routinely did) posit some sort of efflux from the magnet which would permit it to touch the iron particles it attracts (cf. Ross (p. 673)). As is his wont, Simplicius (1055.24–1056.7) first praises Alexander for insisting that magnetism does not fall within the scope of the contact condition, but then criticises him for introducing an irrelevance.

[20] Cf. 'ἔτι νῦν μὲν κινεῖται τὰ ῥιπτούμενα τοῦ ὤσαντος οὐχ ἁπτομένου, ἢ δι' ἀντιπερίστασιν, ὥσπερ ἔνιοί φασιν, ἢ διὰ τὸ ὠθεῖν τὸν ὠσθέντα ἀέρα θάττω κίνησιν τῆς τοῦ ὠσθέντος φορᾶς ἣν φέρεται εἰς τὸν οἰκεῖον τόπον ...' (*Physics* IV.8, 215ᵃ14–17).

[21] Ross's discussion (p. 673) should be consulted.

no antecedent for 'τῶν εἰρημένων' in 244^{b}6, something must be inserted between it and 'ἀλλοιούμενον' in 244^{b}5 – but how much? Prantl and Ross borrow 'ὑπόκειται ... ἀλλοιοῦσθαι' (244^{b}5–5^b) from Simplicius (1057.24–6), and add 'ἅπαν γὰρ ... ἀλλοιούμενον' (244^{b}5^b–5^d) from MS H. Prantl interposes between these two additions 'τὸ γὰρ ποιὸν ... σώματα ἀλλήλων', not from Simplicius, as Ross claims in his *app. crit.* ('ex S addenda ci. Prantl (cf. ^{a}27–^{b}16)'), but rather directly from β, 244^{a}27–244^{b}16. We should decide between the emendations on the basis of the arguments that they yield. Prantl's text gives:

1. A quality is altered in or by being perceptible, and perceptible features are what differentiate bodies. [assumption]
2. So things altered are altered by being affected in respect of their affective qualities. [by 1]
3. The number or intensity of perceptible features is what differentiates all bodies. [assumption]

Since the presence of both the first and the third premisses is clearly unnecessary, Ross's less extensive emendation is to be preferred. Accordingly the argument in its entirety runs as follows:

1. The number or relative intensity of perceptible features is what differentiates all bodies. [assumption]
2. So things altered are altered by being affected in respect of their affective qualities. [by 1]
3. But the number and relative intensity of perceptible features are the affections of their underlying quality. [assumption]
4. So everything altered is altered by perceptible features. [by 3]
5. Whenever perceptible features act on each other, they are in contact. [by induction]
6. Perception involves some affection in a perceptual organ. [assumption]
7. So perception is a sort of alteration. [by 6]

8. So in every case of perception proximate changer and changed are in contact. [by 5 and 7]
9. And similarly in every case of non-perceptual alteration proximate changer and changed are in contact. [by 5]
10. But these are all the types of alteration there are. [assumption]
11. Therefore nothing intervenes between what is altered and what alters it. [by 8, 9 and 10][22]

[22] The distinctive characteristics of the β version are as follows:

(1) In place of the fourth premiss of the reconstruction, 'So everything altered is altered by perceptible features', it has 'qualities are altered inasmuch as they are perceptible. It is in virtue of perceptible qualities that bodies differ from one another' (244ᵃ27–244ᵇ16, generously expanded in translation). This is so compressed in the original as to be comprehensible only by consulting α and understanding β's words as a very elliptical expression of the claims set out in premisses 1–4 of the reconstruction; the complementary theses in 244ᵇ19–22 help, but their appearance should not be so long delayed.

(2) While α sensibly distinguishes between non-percipient and percipient parts of living things ('τῶν ἐμψύχων τά τε μὴ αἰσθητικὰ τῶν μερῶν καὶ αὐτὰς τὰς αἰσθήσεις', 244ᵇ9–10), β's attempt at the same point exaggeratedly and wrongly designates non-percipient parts as inanimate: 'τά τε ἔμψυχα τῶν σωμάτων καὶ τὰ ἄψυχα καὶ τῶν ἐμψύχων ὅσα τῶν μερῶν ἄψυχα', 244ᵇ24–5.

(3) 'καὶ αὐταὶ δὲ αἱ αἰσθήσεις ἀλλοιοῦνται' (244ᵇ25). β here leaves out the qualifying 'πως' (244ᵇ11) added in the α version. One might suspect that this omission together with the contrast noted in (2) marks the difference between somebody who does and somebody who does not understand Aristotle's theory of perception and its contribution to his general psychology. But so far as (3) at least is concerned, see the discussion of premisses 6–8 (pp. 144–9 *infra*) for a possible way out of the difficulty.

(4) Ross comments on 'τὸ τῆς ἀλλοιώσεως' (245ᵃ20): 'τὸ τῆς ἀλλοιώσεως 245ᵃ20, 246ᵃ29, ᵇ26, 248ᵇ27, τὸ τῆς ἡδονῆς 247ᵃ25, 27, τὸ τῆς ἐπιστήμης *ib.* 30. This seems to be found, in genuine works of Aristotle, only in *De Resp.* 472ᵇ9, and it is a late and feeble idiom' (p. 14). Ross is wrong on all counts. First, the idiom is early (Thucydides: 'τὸ τῆς ξυμφορᾶς' (III.59.1.6–7); 'τὸ τῆς τύχης' (IV.18.3.2–3, VII.61.3.3–4); 'τὸ τῆς ἐπιστήμης' (VII.62.2.3–4); 'τὸ τῆς ὀλιγαρχίας' (VIII.89.4.2–3). Plato: 'τὸ τῆς πόας' (*Phaedrus* 230C2–3); 'τὸ τῆς μνήμης' (*Phaedrus* 250A4–5); 'τὸ τῆς τέχνης' (*Gorgias* 450C8–9, *Phaedrus* 269C6–7); 'τὸ τῆς εὐσχημοσύνης τε καὶ ἀσχημοσύνης' (*Republic* 400C6–7); 'τὸ τῆς ψυχῆς' (*Republic* 508D3–4); 'τὸ τῆς ἐλευθερίας' (*Republic* 562D9–E1); 'τὸ τῆς ἀναπνοῆς' (*Timaeus* 80C8–D1); 'τὸ τῆς συγγνώμης' (*Critias* 107E3–108A1); 'τὸ τῆς ἀκροπόλεως' (*Critias* 111E5–6); 'τὸ τῆς αἰσχύνης' (*Laws* 648C8–D1); 'τὸ τῆς φήμης' (*Laws* 838C7–8); 'τὸ τῆς Πυθίας' (*Laws* 947D3–4)). One could add further, somewhat dubious examples, but these suffice to establish beyond any doubt that the idiom is definitely not 'late' in any sense pertinent to the credentials of a supposed Aristotelian text. Second, it is not 'feeble' (I can only pit my subjective impression against Ross's, but he certainly gives us no reason to suppose there is anything especially decadent about the expression). Third, and most important, it does indeed recur elsewhere in genuine works of Aristotle: 'τὸ τῆς ἡδονῆς' (*EN* 1157ᵇ14–15);

– Premisses 1–4 –

Things interact in those respects wherein they differ – that is a version of the hoary principle that unlike acts on unlike, and is the basis for the derivation of premiss 2 from premiss 1. The claim that 'the number or relative intensity of perceptible features is what differentiates all bodies' is not without parallel in Aristotle. In *Metaphysics* H.2 he is eager to embrace the idea that there are many different ways in which different sorts of things can be, that the *differentiae* of being are numerous and diverse. In the course of enumerating some of these ways he makes reference to 'the affections of perceptibles' in a passage pertinent to VII.2: 'τὰ δὲ τοῖς τῶν αἰσθητῶν πάθεσιν οἷον σκληρότητι καὶ μαλακότητι, καὶ πυκνότητι καὶ μανότητι, καὶ ξηρότητι καὶ ὑγρότητι, καὶ τὰ μὲν ἐνίοις τούτων τὰ δὲ πᾶσι τούτοις, καὶ ὅλως τὰ μὲν ὑπεροχῇ τὰ δὲ ἐλλείψει' (1042^{b}21–5). So long as we do not understand ch. 2 as asserting that 'all bodies differ in their perceptible features *and in no other respects*',[23] the fit with *Metaphysics* H.2 is perfect, and we have no good reason to extract the stronger, unacceptable thesis from the text of *Physics* VII.

What might give us pause, however, is the thought that the *Metaphysics*' description of the πάθη τῶν αἰσθητῶν as *defining* characteristics of some sorts of things could lead one to suppose that change in them would be existential, and so generation or destruction rather than alteration. But need these classifications of change be rigorously exclusive? In the right circumstances, can a token of the change-type alteration not *count as* generation or destruction? This and related issues arise explicitly in VII.3, and are considered in ch. 4 (*infra*, pp. 165ff.).

'τὸ τῆς πηδήσεως' (*PA* 669^{a}18–19); 'τὸ τῆς ἀκοσμίας' (*Politics* 1272^{b}7–8); 'τὸ τῆς ὀσφρήσεως' (*De Sensu* 443^{a}1–2). Naturally, the reader is still struck by β's frequent, manneristic use of the idiom, but Ross exaggerates and misrepresents his case in this instance (of course, he could not make use of computer searches, while Robert Sharples has kindly put his modern expertise at my service).

(5) 'τὸ πάσχον καὶ τὸ πάθος ἅμα' (245^{a}21–2). While it does no damage, this curious variation on the usual claim that τὸ ἀλλοιοῦν and τὸ ἀλλοιούμενον are in contact makes no contribution to the argument.

[23] It just might be significant that β specifies that the differentiated bodies are *perceptible* (244^{b}21).

The question which springs to mind concerning the opening moves in the argument is this: according to Aristotelian theory, alteration is change in the category of quality; but that category includes states, conditions, capacities, shapes and external forms as well as the affective qualities.[24] What, then, is the justification for in effect offering a new definition of alteration as restricted to change in the παθητικαὶ ποιότητες? Another way of expressing the same puzzle is as follows: what is the justification for restricting alteration to perceptibles? Simply at the level of terminology, Aristotle's substitution of 'perceptible features' for 'affective qualities' in premisses 1–4 is hardly surprising, since he actually defines the affective qualities as productive of affections *in the senses*.[25] But again, why should a change in something's capacities not be considered an alteration? And if not ἀλλοίωσις, then what is it? We shall discover that as ch. 2 strives to validate the *reductio*'s employment of the contact condition, so ch. 3 will argue that all alteration occurs through sensible qualities. In the course of one of the most interesting exercises carried out in *Physics* VII, the third chapter attempts to demonstrate that changes in conditions, etc. demand more complex logical analyses than the simple accounts sufficient for alteration in perceptible qualities (*infra*, pp. 152ff.). Accordingly we should postpone decision on the legitimacy of the opening of VII.2's argument until the next chapter.

24 *Categories*, ch. 8, 8ᵇ25ff., lists ἕξις and διάθεσις, δύναμις, the παθητικαὶ ποιότητες, and σχῆμα and μορφή as the varieties of τὸ ποιόν. Of course it must be remembered that the actual reference to 'παθητικαὶ ποιότητες' (244ᵇ5ᵃ) is supplied from Simplicius (p. 140 *supra*), but the very close similarity of the *Categories*' description (9ᵃ28–9ᵇ9) to that appearing in VII.2 (244ᵇ6–8/244ᵇ16–21) should settle any residual doubts about the addition.

25 'παθητικαὶ δὲ ποιότητες λέγονται οὐ τῷ αὐτὰ τὰ δεδεγμένα τὰς ποιότητας πεπονθέναι τι· οὔτε γὰρ τὸ μέλι τῷ πεπονθέναι τι λέγεται γλυκύ, οὔτε τῶν ἄλλων τῶν τοιούτων οὐδέν· ὁμοίως δὲ τούτοις καὶ ἡ θερμότης καὶ ἡ ψυχρότης παθητικαὶ ποιότητες λέγονται οὐ τῷ αὐτὰ τὰ δεδεγμένα πεπονθέναι τι, τῷ δὲ κατὰ τὰς αἰσθήσεις ἑκάστην τῶν εἰρημένων ποιοτήτων πάθους εἶναι ποιητικὴν παθητικαὶ ποιότητες λέγονται' (*Categories*, ch. 8, 9ᵃ35–9ᵇ7). Aristotle does go on to discuss *psychic* affective qualities (9ᵇ33–10ᵃ10), but it is tolerably clear that they come in as an afterthought and should not be taken too seriously (see Ackrill's negative comments *ad loc.*, pp. 106–7).

– *Premiss 5* –

This is the heart of the argument for immediacy in ἀλλοίωσις, and again one is struck by Aristotle's confidence that his thesis is unassailable: how else does it follow that the validity of the contact condition for alteration 'is clear from induction' ($244^b3/244^a26$)? Despite the intricacy of the reasoning, the argument's reliance on some rather esoteric category theory, and the obscurity of some of its inferences, it ultimately rests on the supposition that we can just *see* that ἀλλοιοῦν and ἀλλοιούμενον invariably and necessarily touch while interacting. This is why VII.2 is so baffling and poses so considerable a challenge to the philosophical imagination. In order to do justice to this text, we must somehow *attempt* to look at the world in the Aristotelian way; from that perspective what now seems dubious or patently false appears obviously true, while some of our truths are not even conceivable options.

It would be naive to suppose that such exercises in intellectual sympathy can be taken very far, and silly to presume on their strength that it is 'uncharitable' to criticise Aristotle from our point of view – none other is available to us. What is valuable about this procedure is that it might help us to realise that the range of questions which Aristotle recognises does not overlap entirely with our own. So expressed the idea may be nothing but a cliché; but there is a gap between registering manifest changes in the history of philosophy and actually appreciating their significance. Grappling with Aristotle's assurance in VII.2 and noting analogous features as they arise throughout the book can make a contribution to that effort.

– *Premisses 6–8* –

Aristotle introduces perception in order to be able to claim that inspection reveals that the contact condition is satisfied by all types of alteration without exception (premiss 10). This manœuvre raises two quite serious problems: how is it that here Aristotle seems willing to regard αἴσθησις as ἀλλοίωσις, contrary to the celebrated view expressed in *De Anima*? And even if that difficulty be set aside, why does he think it obvious that acts of perception conform to the rule that nothing intervenes between changer and object of change?

In the *De Anima* (417^{b}2–16) Aristotle maintains that when what is such as to perceive or think is brought into a condition of actual perception or thought by an appropriate object, the change either ought not to be called 'alteration', or should be designated a special variety of ἀλλοίωσις. He makes this recommendation because things can be affected in two very different respects, either by their contraries and to their destruction, or by objects that are actually what the subjects of change are only potentially and to their preservation. Coming to perceive or to think are changes in this latter respect, and Aristotle introduces the notion of a unique type of ἀλλοίωσις or even a distinct sort of change in order to discriminate sharply between such positive realisations of potentiality and much more common instances of destructive alteration under the influence of contraries.

But then how can this thesis be squared with VII.2's proposition that perception *is* alteration? There are a number of options: 1 We must simply accept the contradiction, which perhaps arises because VII is an immature work pre-dating *De Anima*. It makes use of a rather crude, physiological model of perception reminiscent of the Presocratic conceptions of αἴσθησις that Aristotle himself will eventually criticise as woefully inadequate. 2 We should emphasise the differences between the versions of VII, making out a case for the consistency of α with the *De Anima* doctrine, but condemning β as the product of someone who just does not understand Aristotle's theory of perception. The β version baldly asserts that the senses alter (244^{b}25), while α at least qualifies its claim with 'πως' (244^{b}11). 3 We could try to argue that the supposed contradiction is merely apparent, and can easily be explained in light of what Aristotle is concerned to establish at this juncture in VII.2. There are two ways of developing this final option. i It can be treated as an expansion of 2 by restricting its argument to α; ii it can be treated as a real alternative to 2 by downplaying the significance of β's failure to qualify the contention that perception is alteration. I shall argue for 3ii, but if unconvinced the reader should consider the possibility of elaborating some version of 3i in favour of α before plumping for the disappointing last resort, 1.

In the *De Anima* Aristotle says what he does in order to accommodate the idea that actualised percipient and intellect are identical in form with their objects, that what comes to perceive or think is preserved and developed in the change rather than destroyed. That thesis is of course entirely compatible with the further, vague claim that, considered in its entirety, the process of perception (unlike cognition, which lacks an organ) *somehow* involves episodes of alteration in the ordinary sense of qualitative change between contraries. But while to add this further claim would not be contradictory, it contributes nothing to the main point argued in the *De Anima* and might indeed most safely be suppressed in that context as likely to distract and perhaps even to confuse the reader.

The situation in *Physics* VII.2 is neatly complementary: the priorities of the *De Anima* have simply been reversed. Aristotle highlights the involvement of what one might call 'standard' alteration in perception and either barely acknowledges (the α version) or neglects (the β version) its special character as 'positive' change.[26] Tending towards option 3i outlined above, one might charge that the author of β here reveals his lack of authority, but this would be an exaggerated reaction. Both versions explain how it is that perception is (β)/is in a way (α) alteration in precisely the same, studiously vague terms (244^{b}10–12/244^{b}25–7). The explanation is expressed in the reconstruction as premiss 6: perception *involves* some affection in a perceptual organ. Both versions make this point by means of a genitive absolute: 'ἡ γὰρ αἴσθησις ἡ κατ' ἐνέργειαν

[26] We should nevertheless note that even in *De Anima* II.5, Aristotle's procedure is initially to introduce his standard views concerning agency, change etc., and only then to add the qualifications necessary for the very special case of perception. This pattern is far from being the result of some trivial clumsiness in presentation: it appropriately reflects Aristotle's desire to *exploit* general facts about change for the purposes of the philosophy of mind. He never simply rejects these facts outright; that is why he regards a review of Presocratic models, which (over-) emphasise certain physiological processes, as a highly appropriate introduction to his own theory.

κίνησίς ἐστι διὰ τοῦ σώματος, πασχούσης τι τῆς αἰσθήσεως'/ 'ἡ γὰρ ἐνέργεια αὐτῶν κίνησίς ἐστιν διὰ σώματος πασχούσης τι τῆς αἰσθήσεως.' The obscurity introduced by the grammar is not a terrible fault in the exposition. It lends the reasoning the give needed for Aristotle to concede the *De Anima* thesis without embarrassment if challenged, yet not to relinquish the advantage in VII.2 of an argument that has a strong, clean line uncluttered by complicated reservations.

Accordingly we can reconstruct Aristotle's strategy as follows: 'It is *obvious* that whenever perceptual features act on each other, they are in contact. Let us just point out that this fact ensures the satisfaction of the contact condition for all cases of alteration. Now there are certain special changes unique to animals, perceptions, in which ἀλλοίωσις somehow (never mind *just* how for the moment) figures. So if we register that nothing intervenes between changer and object of change in these special cases as well as in non-perceptual alteration, we shall allay (or at any rate postpone) any suspicions about the universality of the contact requirement.'

Analysis of VII.3 will confirm this interpretation, since Aristotle argues there that neither entering nor leaving a perceptual or cognitive state, nor the states themselves, should be regarded as simply consisting in alterations – although perhaps changes in these epistemic conditions are invariably accompanied by changes in quality (*infra*, pp. 231–5, 235–8). Thus even if we are inclined to worry about doctrinal consistency, we ought in the first instance to consider VII.2's simplifications only with the benefit of hindsight – the benefit of VII.3's complications – not in the light of the *De Anima's* more familiar thesis. Since ch. 3 will confront the issue directly, it seems that the first difficulty, Aristotle's apparent willingness in VII.2 to treat αἴσθησις as a sort of ἀλλοίωσις, dissolves on inspection.

This leaves what might strike one as a lesser problem for Aristotle's argument, the basis for his confidence that perceptual alterations, or the alterations associated with perception, satisfy the contact condition. The claim, enunciated for all the sense modalities (245ª5–9/245ª22–5), is that whenever perception occurs, both subject and object are in contact with the intervening medium. But then if the proximate changer is the object perceived and the proximate subject of change is the percipient organ, it just is not true that nothing intervenes between them (245ᵃ21–2 in the β version) – in fact something *always* gets in the way.[27] Thus we must identify the immediate agent and subject of alteration (245ᵃ4–5 in the α version) or affection and what is affected (245ᵃ21 in the β version) not with the object of perception and the sense-organ, but rather with the *medium* and the organ (this is made explicit only at 245ᵃ8). So how is it that Aristotle can assume that these cases support his contention that contact is a necessary condition for change, when if anything they seem to constitute an awkward exception to his general claim?

In response it would hardly do to beg the question by arguing that since we *know* that the contact condition is exceptionless, the proximate changer must be the medium rather than the object perceived. If the appeal to perception is to help, we must be given independent grounds for accepting the identification of the medium as the proximate agent of perceptual change. Although it is only suggested by the text of VII.2, we can construct a plausible solution of this difficulty on Aristotle's behalf from materials he provides elsewhere.

In the *De Anima* (II.6, 418ᵃ7ff.) he informs us that things like the son of Diares, for example, are perceived *per accidens*; the individual senses have their own proper objects which are perceived *per se*, incorrigibly, and are inaccessible to any other sense. The *per se* perceptible of vision is colour, or more precisely colour as it manifests itself within a transparent medium actualised by light (II.7, 418ᵃ26ff.). With reference to VII.2 might we then not speculate that the perceptual model in-

[27] Cf. Ross's comment *ad* 245ᵃ6–7: 'This agrees with the doctrine of *De An.* 418ᵃ31 that colour must act directly on τὸ κατ' ἐνέργειαν διαφανές, air, water, & c., in order to act *indirectly* on the eye' (p. 674, my italics). Many readers of the *De Anima* are struck by Aristotle's curious insistence that, in the cases of touch and taste, a medium *must* intervene between subject and object, despite the lack of an obvious candidate to fill the rôle (II.11). Since he takes such trouble over this point, arguing that the flesh comes between what is touched and the internal sense-organ, one might suspect that the function of the medium is actually to separate rather than to join subject and object, in order to aid the extraction of form from matter. If this speculation is valid, then it should come as no surprise that the exigencies of the argument in VII.2 create real tensions in Aristotle's model of perception.

dicated suggests not that the object acts on the sense *through* a passive medium, but rather that the object properly identified as a *per se* perceptible is *unified* with the activated medium, so that the immediacy requirement is satisfied?

There are some features of the text which encourage this reading. Perhaps β's specification of 'ἐπιφάνεια' (245ᵃ23), 'surface', as what is continuous with light, the medium in vision, reveals that Aristotle has a *per se* perceptible in mind, since surface is the primary recipient of colour (as made clear in VII itself, ch. 4, 248ᵇ23). Again, the very contention that object, medium and organ are *continuous* ('συνεχής', 245ᵃ5/245ᵃ22, coupled with 'συνάπτει') might imply that Aristotle is taking this extrapolation for granted. The objection that this is far too much recondite theory to assume silently should be met with a reminder of how frequently it has emerged in the course of this examination of VII.2 that in his confidence Aristotle is indeed inclined to make some surprisingly casual assumptions.

* * *

Ch. 2 concludes (245ᵃ11–16/245ᵃ26–9) with a very brief section maintaining that the contact condition holds good for the category of quantity as well. Perhaps the fact that ingested material is thoroughly assimilated by the organism, becoming *continuous* with its matter, while if it wastes away it loses its own bulk ('συνεχές', only 245ᵃ15), justifies this especially scanty treatment of increase-and-diminution.

* * *

Aristotle denies that there can be action without contact (most explicitly at *GC* 322ᵇ22–5). He takes the contact condition for granted as the basis for a number of very important theses, for example when he argues that locomotion is prior to all the other kinetic categories (*Physics* VIII.7, 260ᵃ20ff.).[28] But VII.2

[28] Contact is confidently assumed in other important context, e.g. *Physics* III.2: 'τοῦτο δὲ ποιεῖ θίξει, ὥστε ἅμα καὶ πάσχει· διὸ ἡ κίνησις ἐντελέχεια τοῦ κινητοῦ, ᾗ κινητόν, συμβαίνει δὲ τοῦτο θίξει τοῦ κινητικοῦ, ὥσθ' ἅμα καὶ πάσχει' (202ᵃ6–9).

is the only text in which he actually argues for the contact requirement. A brief summary will prove helpful in a final assessment of Aristotle's effort.

Within VII.1 Aristotle does not verify certain premisses figuring in the *reductio*. So as to gain the point that moved movers act simultaneously, he insists that proximate changer and object of change must be in contact for them to interact. In ch. 2 he tries to make good this deficiency, arguing for the applicability of the contact condition to all the kinetic categories. He starts with locomotion, the primary type of change. His strategy is to reduce every variety of φορά to a sort of push or pull, and then to establish that neither ἕλξις nor ὦσις can occur without contact between agent and patient. An appeal to definitions is meant to secure this conclusion. The case for ἀλλοίωσις rests on the claim that alteration is in and by perceptible qualities, which will be taken up in VII.3. For the sake of completeness Aristotle puts in a final word about increase-and-diminution.

The overwhelming impression that one derives from this chapter is that Aristotle takes it for granted that the kinetic contact condition is completely uncontentious. While he goes through the motions of defending the thesis, in ch. 2 he seems concerned not so much to argue for his conclusion as to display it to advantage: from the outset his belief in it is immovable. That ch. 1's *reductio* employs this proposition occasions the exercise, but from Aristotle's point of view very little is required to carry it out.

This fact discloses an important if difficult moral for historians of philosophy. From our perspective, Aristotle's performance in this instance is weak: after all, it cannot be obvious that changer and object of change must remain in contact, since we strongly believe the reverse. Consequently we anticipate a vigorous argument from someone who fails to admit the possibility of inertial motion – a disputant who must contend with the truth has his work cut out for him, to turn an Aristotelian sentiment against its author.

If we approach the text with this expectation, we are bound to be frustrated. Ancient philosophers often provide unfamiliar answers because they address entirely different questions, and we do well not to insist on posing our own to them. The character of VII.2 demonstrates this need for historical perspective rather vividly. But what we can demand from Aristotle is a close and argumentative engagement with his theses when their implications with regard to what he *does* believe appear problematic. In VII.3, which takes up and elaborates VII.2's claims about alteration, he is revealed hard at work on this job.

4

ALTERATION AND REDUCTION

Physics VII.3 is devoted to establishing the thesis that alteration is exclusively change in sensible qualities. As we have seen, ch. 1's *reductio* involves a thought-experiment: we are invited to consider the unification of a hypothetical infinity of finite movements into a single, infinite movement. That ploy requires the premiss that every mover is in contact with what it moves; ch. 2 attempts to verify this contact thesis, and considers each kinetic category in turn. Aristotle's case for alteration rests on the assumption that the only qualities subject to ἀλλοίωσις are perceptible affective qualities (premiss 4 in the reconstruction, *supra* p. 140).

Ch. 3 marshals evidence for this assumption, and the need for a battery of supporting arguments directly motivates its composition and accounts for its position within the intricate structure of bk VII. The argument for a first moved mover relies on the claim that an infinity of dependent, finite movements would be synchronous; they would be synchronous because mover and what is moved must be in contact; finally, demonstrating that alteration occurs in sensible qualities alone would make good the last promissory note and round off ch. 1's *reductio*.[1]

In fact the third chapter consists of a series of denials: such-and-such a type of change, presumably despite some contrary appearances, is not a variety of alteration. At the outset one may safely assume that Aristotle does *not* regard these processes as changes in sensible quality, or at least that he believes that they somehow amount to more than such

[1] This is how Simplicius understands the purpose of ch. 3: 'Δεικνὺς ὅτι ἡ κατ' ἀλλοίωσιν κίνησις ἅμα ὄντων τοῦ τε ἀλλοιοῦντος καὶ τοῦ ἀλλοιουμένου γίνεται, συνεχρήσατο τῷ τὴν ἀλλοίωσιν κατὰ πάθος γίνεσθαι, πάσχειν δὲ τὰ πάσχοντα ὑπὸ τῶν αἰσθητῶν, ὥστε τὰ ἀλλοιούμενα ὑπὸ τῶν αἰσθητῶν ἀλλοιοῦσθαι· τούτῳ οὖν χρησάμενος τότε νῦν δείκνυσιν αὐτό' (1061.25–9).

change. Otherwise his efforts would lack point, for whether or not a change is an instance of alteration, so long as it *is* a change in sensible quality, it does not contravene the requirement that alteration is exclusively such a change. To put this simple but elusive point formally, $(x)(F(x) > H(x))$ and $\sim[(x)(F(x) > H(x))]$ are alike irrelevant to the truth-value of $(x)(G(x) > H(x))$. In terms of bk VII the issue of whether or not a change is a change in sensible qualities is important because Aristotle is confident that any such κίνησις satisfies the contact condition (premiss 5 of the reconstruction, *supra* p. 140). So one also guesses that Aristotle feels that the changes in question here in ch. 3 do not fulfil the contact requirement. It will emerge that they fail to do so as a matter of logic: to suppose that states, conditions, etc. *could* themselves touch their changers would be a nonsense.

Aristotle's position is complex and perhaps ambiguous. He argues not only that the acquisition, exercise and loss of ἕξεις, etc. are not alterations, but also that these changes and events do not occur 'without alteration', that in some obscure sense they depend on ἀλλοίωσις. How should we understand this? There are at least two general options, and a definitive choice between them is extremely difficult, perhaps impossible. As has been suggested, Aristotle may be denying that these changes are alterations because if that is so then it does not matter if the contact thesis of VII.2 does not apply to such cases. The great problem with such a line of interpretation is if this is indeed Aristotle's intention, how could he *justify* the claim that such exceptions do not matter, as if the contact thesis need not apply to all changes? The threat is that a demonstration that there are changes not captured by the standard classification of kinetic categories would only serve to undermine the *reductio*, whose scope is supposed to be universal.

One the other hand, perhaps we might lay greater emphasis on Aristotle's insistence that such changes do not occur *without* alteration, and speculate that then they do actually come within the scope of the contact condition, but only indirectly. That is, perhaps they satisfy the requirement inasmuch as the alterations with which they are associated do so: but then

Aristotle must convince us that the logical relation between these special changes and their alterations justifies the claim that the contact condition is satisfied at a remove, and he has very little to say in elucidation of that relation.

It is possible that choice between these options is so difficult because within bk VII a general tendency in Aristotle which I label anti-reductionism is subjected to some countervailing pressures. Aristotle is inclined to insist that the special changes amount to more than simple alterations (the anti-reductive move); but here in ch. 3 there must also be some temptation to assimilate them to the alterations in order to rescue the contact requirement (the reductive move). Perhaps Aristotle does not ultimately succeed in sorting out and reconciling these opposing tensions.

'Anti-reductionism' is not an entirely happy term: it has been put to a remarkable variety of uses and has acquired any number of connotations irrelevant or positively inappropriate to the Aristotelian position I shall seek to characterise. Nevertheless on balance nothing better is available, and since in fact this tendency in Aristotle makes itself felt along a very broad front, a flexible expression is desirable, so long as it is kept under control. As I proceed I shall attempt to justify application of the term and of its associated cluster of related notions case by case.

An exegesis of ch. 3 must address three questions. First, outside *Physics* VII's arguments, how does alteration usually figure within Aristotle's natural philosophy? Without a sharp conception of the genus, we shall not be in a position to evaluate a denial that some type of change is a species of alteration. Second, how persuasive are Aristotle's several arguments for the claim that some change is not (simply) alteration, and how might they contribute to a resolution of the problems concerning Aristotle's overall strategy rehearsed above? Third, apart from their merits as contributions to the project of bk VII, are these arguments compatible with other Aristotelian characterisations of such changes? If not, do VII's peculiarities seem attractive when one looks beyond the bounds of the *reductio* and its needs? Whether or not in the last analysis ch. 3 yields completely satisfactory replies to these questions, it easily repays concentrated study, since it contains in germ a vast proportion of the most famous (or notorious) Aristotelian theses.

Quality and alteration

As is so often the case with Aristotle, the recognition of alteration as a distinct type of change has a Platonic precedent. In the *Theaetetus* Plato attempts to reduce the position of the relativistic flux theorists to incoherence. On the basis of the ascription to them of the view that everything is continuously subject to *all* change, he charges that this would make of the world an impossible place of radical instability. The flux would not only rob any assertion of dependable, lasting truth-value, but also frustrate any attempt just to refer to its evanescent features. Even the simplest language would not do, since all discourse presupposes that its subject is not instantaneous. It is within the context of this *reductio* that Plato distinguishes alteration from locomotion, so that Theaetetus might be clear as to the absurd extent of the commitment of the 'Heracliteans'.[2]

Although it is true that Plato introduces this distinction within a polemical context, there is no good basis for the suspicion that he would refuse to endorse it independently on its own merits, and the recognition of two types of change also appears in the *Parmenides*[3] (for our purposes nothing hangs on the relative dating of these dialogues). He goes no distance towards *defining* alteration or providing some criterion whereby we might detect it: we are merely informed that it is change

[2] 'Τοῦτο μὲν τοίνυν ἓν ἔστω εἶδος. ὅταν δὲ ᾖ μὲν ἐν τῷ αὐτῷ, γηράσκῃ δέ, ἢ μέλαν ἐκ λευκοῦ ἢ σκληρὸν ἐκ μαλακοῦ γίγνηται, ἤ τινα ἄλλην ἀλλοίωσιν ἀλλοιῶται, ἆρα οὐκ ἄξιον ἕτερον εἶδος φάναι κινήσεως;' (*Theaetetus* 181C9–D3).

[3] '"Ορα δή, οὕτως ἔχον εἰ οἷον τέ ἐστιν ἑστάναι ἢ κινεῖσθαι. – Τί δὴ γὰρ οὔ; – "Οτι κινούμενόν γε ἢ φέροιτο ἢ ἀλλοιοῖτο ἄν· αὗται γὰρ μόναι κινήσεις' (*Parmenides* 138B7–C1; cf. 162C–E).

One's confidence might be undermined by the reflection that the concept of ἀλλοίωσις only appears within the obscurity of the second part of the *Parmenides*. Furthermore, since the introduction of alteration in the *Theaetetus* occurs in a polemical context, how seriously can we take any of Plato's suggestions? But whatever the vexed puzzles surrounding the motivation and implications of the *Parmenides*' antinomies, Owen has clearly demonstrated that they exert a seminal influence on Aristotelian physics (see Owen (1), pp. 244–51).

occurring in a subject static in place, and provided with a couple of examples to give us some idea of what Plato has in mind. Aristotle would accept these instances, change from light to dark and from soft to hard. However, Plato does not indicate that he recognises the opportunity to formulate a general characterisation of ἀλλοίωσις on the basis of their common feature, that these transitions are passages from one perceptible contrary to another.

The *Parmenides* asserts that alteration and locomotion between them exhaust the kinetic possibilities, an opinion from which Aristotle would certainly dissent. Nevertheless, since Plato so rarely has occasion to recognise type distinctions between changes, one should hesitate before supposing that he is seriously committed to classifying growth, for example, as either locomotion or alteration. The point is not that Plato's claims are neatly compatible with the Aristotelian categories, but rather that they do not constitute an embryonic scheme potentially in competition with the Aristotelian theory.[4]

Plato casually neglects further distinctions not pertinent to the matter in hand at a given juncture in the dialectic, and never elaborates the pioneering suggestions already recorded. In fact, Platonic alteration does not enjoy a steady career. On the one hand, the *Laws*' formal classification of change (893B–894D) neglects ἀλλοίωσις, and in the course of his proof that there must be a first self-moving mover, the Athenian stranger employs 'alteration' in an untechnical sense not to mean qualitative change, but transformation in general.[5] On the other,

[4] It has been argued that at least the α version might perceive a conflict with Platonic classifications of change (see pp. 131–2 *supra*), but that is not to say that Plato himself is committed to anything like a formal classification of *somatic* κίνησις rivalling Aristotle's: his central concern is with the distinction between psychic and corporeal change and changers, not with sub-dividing the latter category.

[5] 'καὶ πῶς, ὅταν ὑπ' ἄλλου κινῆται, τοῦτ' ἔσται ποτὲ τῶν ἀλλοιούντων πρῶτον; ἀδύνατον γάρ. ἀλλ' ὅταν ἄρα αὐτὸ αὑτὸ κινῆσαν ἕτερον ἀλλοιώσῃ, τὸ δ' ἕτερον ἄλλο, καὶ οὕτω δὴ χίλια ἐπὶ μυρίοις γίγνηται τὰ κινηθέντα, μῶν ἀρχή τις αὐτῶν ἔσται τῆς κινήσεως ἁπάσης ἄλλη πλὴν ἡ τῆς αὐτῆς αὑτὴν κινησάσης μεταβολή;' (*Laws* 894E6–895A3; 'ἀλλοιουμένην' occurs with the same generalised sense at 895B6). Of course this Platonic argument for the thesis that soul is the first, *self-moving* cause is in direct competition with the characteristic feature of Aristotelian cosmology which bks VII and VIII together champion, that the First Mover must be unmoved. Waterlow subtly explores the nature of Aristotle's quarrel with the concept of self-change in her chapter 'Self-Change and the Eternal Cause' (Waterlow (1), pp. 204ff.).

his later enumeration of subordinate, somatic changes does range across types including both increase-and-diminution and examples of alteration, albeit here conceived of as 'following on' combination and separation (*Laws* 896E8–897B1).[6]

Aristotle endorses this idea of qualitative change which is to be found in Plato and develops it to its limits.[7] This is not to assert that Plato conceived the notion *ab ovo*, or to deny that traces of it may be discerned in the Presocratics. For example, when Parmenides rules out change in bright colour as well as shift in place, he obviously recognises that there is some sort of broad distinction to be made between spatial change and all other transformations.[8] Perhaps one might urge that a rough concept of qualitative change is already implicit in prephilosophical discourse, and that its refinement is inevitable as soon as thinkers reflect on the differences between κινήσεις. But so far as it goes there is nothing wrong with this first, simple response to the question, 'why does Aristotle postulate a distinct category of qualitative change?' – he found it in his Platonic legacy. While he sometimes spurns this inheritance, it is rare for him merely to ignore it.

* * *

[6] One might argue that the *Laws* is so ill-integrated a compendium, perhaps incorporating very early material, that this passage should not be read as a final doctrinal revision, superseding the position of the *Theaetetus* and the *Parmenides*. Still, the text at least discourages easy belief in a Platonic 'theory' of alteration. (The apparent implication that ἀλλοίωσις is reducible to or perhaps a sub-variety of σύγκρισις and διάκρισις is briefly discussed in n. 13 to 'The Varieties of Contact'.)

[7] Glen Morrow's helpfully synoptic 'Qualitative Change in Aristotle's *Physics*' emphasises the necessity of adverting to Plato's preface when considering Aristotle's views on alteration. However, while his identification of the *loci* of pressures active in shaping the Aristotelian concept is more or less correct, his disapproving contrast of Aristotle's physical science with *Platonic* atomism is misguided. In the light of Aristotle's explicit concern to combat Democritean and Empedoclean theories of combination (see pp. 173ff. and ch. 6 *infra*), one should rather concentrate on the disagreement with the Presocratics. Morrow does not pause to discover and evaluate the considerations which prompt Aristotle to defend the autonomy of alteration so steadfastly.

[8] It might occur to the reader that Democritus' contrast between genuine microscopic and conventional macroscopic features provides an excellent example of a Presocratic recognising alteration, albeit perhaps only to dismiss it. If the unreal large-scale characteristics are confined to secondary qualities, then change in them would be alteration. But for an argument against the identification of the atomists' conventional items with secondary qualities, see Wardy (1).

Although Aristotle repeatedly confronts a number of inherited puzzles arising from the very idea of change, his most sustained and vigorous attack on such problems occupies the fifth book of the *Physics*. There he intends not only to overcome the conceptual difficulties impeding the development of natural philosophy, but also to demarcate kinetic types according to his scheme of categories. By way of preliminary, he reasserts the primary conclusion of his initial investigation of natural principles in bk I: all change occurs between contraries.[9] According to Aristotle's analysis of change in general, κίνησις involves three fundamental factors, a pair of contraries and something which underlies or undergoes the change.[10] At least in the environment of bk I where this model is introduced, it serves in part as a response to the Eleatic challenge. If κίνησις entails the emergence of something new from either being or non-being, but neither option is acceptable, then how can we admit that the occurrence of change is possible?[11] Aristotle

[9] ‘ἡ δὲ μὴ κατὰ συμβεβηκὸς ⟨μεταβολὴ⟩ οὐκ ἐν ἅπασιν, ἀλλ' ἐν τοῖς ἐναντίοις καὶ τοῖς μεταξὺ καὶ ἐν ἀντιφάσει· τούτου δὲ πίστις ἐκ τῆς ἐπαγωγῆς. ἐκ δὲ τοῦ μεταξὺ μεταβάλλει· χρῆται γὰρ αὐτῷ ὡς ἐναντίῳ ὄντι πρὸς ἑκάτερον· ἔστι γάρ πως τὸ μεταξὺ τὰ ἄκρα’ (*Physics* 224^{b}28–32).

[10] It might be objected that privation's status as a kinetic principle is shaky, since it is not numerically distinct from the substratum and lacks any positive character, inasmuch as it is merely the absence of the positive contrary, the form (‘ἱκανὸν γὰρ ἔσται τὸ ἕτερον τῶν ἐναντίων ποιεῖν τῇ ἀπουσίᾳ καὶ παρουσίᾳ τὴν μεταβολήν’, *Physics* I.7, 191^{a}6–7). Aristotle is sensitive to these considerations within I.7, but concedes their force only up to a point, because he also wishes his model of change to emphasise the difference in definition or being which distinguishes the substratum from the privation (‘ὥστε οὔτε πλείους τῶν ἐναντίων αἱ ἀρχαὶ τρόπον τινά, ἀλλὰ δύο ὡς εἰπεῖν τῷ ἀριθμῷ, οὔτ' αὖ παντελῶς δύο διὰ τὸ ἕτερον ὑπάρχειν τὸ εἶναι αὐτοῖς, ἀλλὰ τρεῖς ...’, 190^{b}35–191^{a}1). Accordingly the principles are ‘in a way’ two in number, ‘in a way’ three. In fact privation's subsequent disappearance from the list of competitors for the title of primary substance implicitly indicates that Aristotle does ultimately choose to make do with only two factors figuring in the explanation of change. The numerical identity of privation with substratum would account for Aristotle's neglect of στέρησις as an independent candidate for designation as οὐσία in the *Metaphysics*, were any justification required for passing over so bizarre an option. But with regard to Aristotle's elaboration of his analysis by means of category theory within *Physics* V we may safely ignore these complications.

[11] In her chapter ‘Nature as Inner Principle of Change’ Waterlow helpfully attempts to reconstruct a philosophical position which would find the very concept of change baffling and submit to the paradoxes expounded by Eleatic thinkers (Waterlow (1)).

answers that a pre-existent kinetic subject survives and exhibits the transition from contrary to contrary: the presence of the ὑποκείμενον dissolves the paradox of Parmenides.

In bk v, however, Aristotle uses the model not to defend the very possibility of κίνησις, but rather to exclude change in οὐσία from present consideration: since substance lacks a contrary, generation and corruption fall outside the scope of the current analysis (225^{b}10–11). Because contrariety can occur only in non-substantial categories, we should seek out and distinguish types of change in the secondary ways of being. It will emerge that change in some of these ways fails to qualify as 'real', does not count as κίνησις in the proper sense, for reasons which will concern us later (see pp. 214ff. *infra*). But quality, whose κίνησις, alteration, is the special topic of VII.3, is one of the remaining categories that do sustain genuine change: 'εἰ οὖν αἱ κατηγορίαι διῄρηνται οὐσίᾳ καὶ ποιότητι καὶ τῷ πoὺ [καὶ τῷ ποτὲ] καὶ τῷ πρός τι καὶ τῷ ποσῷ καὶ τῷ ποιεῖν ἢ πάσχειν, ἀνάγκη τρεῖς εἶναι κινήσεις, τήν τε τοῦ ποιοῦ καὶ τὴν τοῦ ποσοῦ καὶ τὴν κατὰ τόπον' (*Physics* 225^{b}5–9). Accordingly we should turn our attention to Aristotle's formal descriptions of quality as a category and his characteristic use of the concept. We must trace out the implications of the claim that a distinctive sort of change occurs in it so as eventually to gauge the repercussions of the denial that certain special changes are ἀλλοιώσεις.

The *leitmotif* of the *Categories* is the formula 'α λέγεσθαι φ'. This phrase is easy enough to render ('α is said to be φ'), but exceedingly difficult to interpret: can we get from it to 'a *is* f'? If Aristotle thinks that we can, how does he justify his confidence in the inference? If that is not his claim, then what is the intended significance of the linguistic data marshalled by him? This worry is of course a special case of our bewilderment in the face of Aristotle's implicit faith in the potency of words, or at least in the significance of those expressions and syntactical structures that he isolates as philosophically illuminating. Our uncertainty stems from an unwillingness to endorse any unquestioned and undefended transition from the way we speak to the way things are – we expect some sort of transcendental argument to make good (or at any rate palatable) any ontological thesis issuing from language, and Aristotle does not provide such arguments.[12] It seems that for him there is no gap, and thus no difficult inference to be made.

Our reaction might be to applaud Aristotle's robust confidence in the availability of the truth about being, to deprecate his apparent metaphysical *naiveté*, or – perhaps best as a first response – simply to register that he just does not share our now unavoidable problematic. Awkward as it might be for us to accept, we should strive to come to terms with the idea that there is no *Aristotelian* answer forthcoming to the question of whether the categories encapsulate an ontological or a linguistic theory.

It is misguided in principle to attempt to extrapolate from his text to some distortive discrimination between arguments concerning things and those concerning words. Aristotle's treatment of the category of quality comes within the scope of these general remarks. His reliance on certain features of language in his discussion of τὸ ποιόν certainly contributes largely to the puzzles hampering an adequate understanding of what Aristotle means by ἀλλοίωσις; and so these large issues of interpretation must be borne in mind in the course of examining his doctrine of quality.

Chapter 8 of the *Categories*, which is devoted to quality, begins with this sentence: 'Ποιότητα δὲ λέγω καθ' ἣν ποιοί τινες λέγονται· ἔστι δὲ ἡ ποιότης τῶν πλεοναχῶς λεγομένων', 'By a quality I mean that in virtue of which things are said to be qualified somehow. But quality is one of the things spoken of in a number of ways' (8^b25–6, trans. Ackrill). Apparently Aristotle invokes a linguistic criterion in order to demarcate the category of quality: whatever is said to be 'such' is qualified, and the diverse types of ποιότης reflect the heterogeneous semantics of quality-language. The range permitted by this criterion seems remarkably wide – but to react this way is

[12] Nussbaum (1) argues that what she designates Aristotle's 'internal realism' is indeed motivated by a sort of pre-Kantian conception of the limits of justification, but in this respect her position is really neo-Aristotelian rather than a faithful interpretation of the original.

just to express modern surprise at Aristotle's acceptance of a classification perhaps implicit in, but certainly not justified by, the language he employed.

Aristotle claims that his language reveals the existence of four distinct sorts of quality: states/conditions ($8^{b}26$–$9^{a}13$); natural (in)capacity ($9^{a}14$–$9^{a}27$); affective qualities ($9^{a}28$–$10^{a}10$); shape ($10^{a}11$–26). Does this entail that the category is irreducibly quadruple? And that change in the category, alteration, is correspondingly quadruple? How are the four types related? If their common characteristic is merely semantic, that things are said to be qualified in all these ways, does that not expose the futility of Aristotle's method? Can the idea of alteration derived in this fashion figure as part of natural philosophy, no matter how broadly construed, that is, can it have any explanatory content? In order to resolve these pressing questions we must determine whether the indications provided by language oblige Aristotle to remain content with their apparent dictates, or instead constitute original data from which he conducts his investigations while not wholly hemmed in by such simple constraints. Language might enshrine truths whose explanations cannot, all the same, be grasped solely on the basis of linguistic explorations.

Although we should hold on to this hope, it is not realised by the *Categories* itself. Within the course of ch. 8 Aristotle does seem to concede that his discussion has failed to produce a unified account of quality, only to fall back on another use of the linguistic criterion: it is by virtue of their qualities that things are called either similar or dissimilar.[13] Adducing another linguistic fact cannot break the circle of language or

[13] ‘Τῶν μὲν οὖν εἰρημένων οὐδὲν ἴδιον ποιότητος, ὅμοια δὲ καὶ ἀνόμοια κατὰ μόνας τὰς ποιότητας λέγεται· ὅμοιον γὰρ ἕτερον ἑτέρῳ οὐ κατ’ ἄλλο οὐδὲν ἢ καθ’ ὃ ποιόν ἐστιν. ὥστε ἴδιον ἂν εἴη ποιότητος τὸ ὅμοιον ἢ ἀνόμοιον λέγεσθαι κατ’ αὐτήν’ (*Categories* $11^{a}15$–19). It should be clear that dissatisfaction with the absence of a unified account is not the same as desire for a *simple* account: the missing explanation need not reduce the four varieties of quality to a single, homogeneous kind, so long as it makes sense of their association. This rationale would evidently require more than a bald appeal to the fact that we group the types of quality together by calling them ‘quality’, since it could turn out actually to justify that practice, although such ‘justification’ need not be strictly demonstrative.

lay to rest the suspicion that quality might on reflection not prove to be a category in reality, a way to be. It is perhaps significant, then, that ch. 14 at least admits that people might entertain some doubt over the independence of alteration. Aristotle does not explain why there is a question about the categorial distinctness of ἀλλοίωσις, and he immediately argues in defence of its independence, but the fact remains that only the category of quality seems to cause him this sort of trouble.[14]

On condition that one dismiss psychic characteristics from consideration,[15] it might be possible to argue that in an Aristotelian world, affective qualities are *logically* simpler than states/conditions, natural (in)capacity, and shapes. Although we quite readily accept the suggestion that the sensation of heat or redness or heaviness is simple and unanalysable, we might very well balk at the idea that the properties giving rise to our feelings share that qualitative simplicity. Despite allowing that the sight of red, etc., is phenomenally simple, we also wish to distinguish between the sensations and the physical processes causing them, and these processes will of course be complex in nature.[16] The *caveat* is not Aristotelian. For him redness is neither reducible to nor constituted by material processes themselves imperceptible in principle. Redness is a simple feature of the world. When he explains that these qualities are called 'affective' because of their capacity to affect sense-perception (9^a35–9^b9), he does not mean to stigmatise them as

[14] 'ἐπὶ δὲ τῆς ἀλλοιώσεως ἔχει τινὰ ἀπορίαν, μήποτε ἀναγκαῖον ᾖ τὸ ἀλλοιούμενον κατά τινα τῶν λοιπῶν κινήσεων ἀλλοιοῦσθαι. τοῦτο δὲ οὐκ ἀληθές ἐστιν· σχεδὸν γὰρ κατὰ πάντα τὰ πάθη ἢ τὰ πλεῖστα ἀλλοιοῦσθαι συμβέβηκεν ἡμῖν οὐδεμιᾶς τῶν ἄλλων κινήσεων κοινωνοῦσιν' (*Categories* 15^a17–22).

[15] *Vid.* n. 25 to ch. 3 *supra.*

[16] D. M. Armstrong's reaction is thoroughly modern:

> But I will note that I believe that the 'secondary qualities' – colour, sound, taste, smell, heat, cold, etc. – fit the situation just sketched [wherein a predicate applies by virtue of a complex universal or disjunctive range of universals]. Epistemologically, these qualities are simple. The uninstructed perceiver cannot analyse them. But there is good scientific reason to believe that they are in fact complex physical properties (more accurately, ranges of such properties) whose property-formula can be given, in theory at least, solely within the vocabulary of physics. (p. 55)

subjective epiphenomena: sensations are of qualities in the world, not distant shadows of it.

Accordingly the felt simplicity of affective qualities is objective: they are logically simple. By this claim I do not mean to associate this type of quality with any esoteric doctrine of logical atomism; there might very well be explanatory accounts to be rendered of the various παθητικαὶ ποιότητες. My point is rather that any such account could not involve an analysis of the affective quality in terms of some complex of constitutive, perhaps causal properties, and 'logical simplicity' seems a good label for this condition. In contrast, accounts of states/conditions, natural (in)capacity and even shape would necessarily prove logically complex, and λόγοι of ἕξις, διάθεσις and δύναμις might plausibly incorporate specifications of affective qualities as elements.

As we shall see, *Physics* VII.3 restricts alteration to the affective qualities and precisely denies that change in states/conditions, natural (in)capacity or shape is (just) alteration. If, then, it is true that the two characteristics, identification as a quality and susceptibility to change classified as alteration, imply each other, the question must be faced, does it follow that VII.3 reforms category theory? Certainly Aristotle does not explicitly register this consequence, but we should nevertheless give it serious consideration. Its acceptance would allay our suspicion that Aristotle's tolerance of heterogeneous linguistic suggestions masks insensitivity to fundamental differences in logical structure between quality types of the sort rehearsed. Again, if VII.3 delivers a crisper notion of alteration, *viz.* change in affective/perceptible qualities, we might also enjoy a stronger conviction that the concept of alteration could at least be a candidate explanatory tool within natural philosophy properly understood. On the other hand, resistance to the possibility of narrowing down the category of quality in order to bring its range into correspondence with the restricted scope of alteration permitted by VII.3 would create an unfortunate slippage between quality and its change-type. Since Aristotle's classification of ways to change is directly derived from his classification of ways to be, to tolerate the slippage would be to leave quite obscure the sense of a claim that some κίνησις is ἀλλοίωσις.[17]

In our effort to comprehend how Aristotle conceives of the category of quality and the kinetic type alteration, we should now return to our point of departure, the fifth book of the *Physics*. In ch. 2 he formally defines alteration. Since one might assume that a definition in this context has canonical status, it deserves very careful study: 'ἡ μὲν οὖν κατὰ τὸ ποιὸν κίνησις ἀλλοίωσις ἔστω· τοῦτο γὰρ ἐπέζευκται κοινὸν ὄνομα. λέγω δὲ τὸ ποιὸν οὐ τὸ ἐν τῇ οὐσίᾳ (καὶ γὰρ ἡ διαφορὰ ποιότης) ἀλλὰ τὸ παθητικόν, καθ' ὃ λέγεται πάσχειν ἢ ἀπαθὲς εἶναι' (226ᵃ26–9).

How does this relate to the *Categories*? In particular, is there any narrowing of the scope of the category? Does 'in respect of quality' cover states, dispositions, etc.? It is extremely difficult to tell: the specification that by 'quality' is meant 'τὸ παθητικόν' might conceivably conceal restriction to the παθητικαὶ ποιότητες, but then again what is excluded is not ἕξεις, etc., but rather qualitative *differentiae*.[18] Moreover,

[17] It might be of interest to note that if VII.3 entails restriction of the category to affective qualities, then VII.3 but not the *Categories* itself could be depicted as enunciating the doctrine of so-called 'secondary' qualities. While παθητικαὶ ποιότητες just might correspond to 'secondary' qualities, since the *Categories* includes shape as a sort of quality its concept of ποιότης clearly takes in both 'primary' and 'secondary' qualities. But in any case we must hold out against any temptation to impose the primary/secondary distinction on Aristotle's ποιότητες, because his anti-reductionism frees him from any inclination to consider affective qualities second-class, dispensable, or somehow unreal. Despite some exaggeration, the motto 'in Aristotle's world, secondary qualities are primary' can help us to appreciate his alien perspective.

[18] There is yet another definition of alteration enunciated in *GC*: 'Περὶ δὲ γενέσεως καὶ ἀλλοιώσεως λέγωμεν τί διαφέρουσιν· φαμὲν γὰρ ἑτέρας εἶναι ταύτας τὰς μεταβολὰς ἀλλήλων. ἐπειδὴ οὖν ἐστί τι τὸ ὑποκείμενον καὶ ἕτερον τὸ πάθος ὃ κατὰ τοῦ ὑποκειμένου λέγεσθαι πέφυκεν, καὶ ἔστι μεταβολὴ ἑκατέρου τούτων, ἀλλοίωσις μέν ἐστιν, ὅταν ὑπομένοντος τοῦ ὑποκειμένου, αἰσθητοῦ ὄντος, μεταβάλλῃ ἐν τοῖς αὑτοῦ πάθεσιν, ἢ ἐναντίοις οὖσιν ἢ μεταξύ, οἷον τὸ σῶμα ὑγαίνει καὶ πάλιν κάμνει ὑπομένον γε ταὐτό, καὶ ὁ χαλκὸς στρογγύλος, ὁτὲ δὲ γωνιοειδὴς ὁ αὐτός γε ὤν' (*GC* I.4, 319ᵇ6–14).

Here there can be no doubt that the range of πάθη is entirely unrestricted, as the illustrations make perfectly clear. Williams comments *ad loc.*:

> Elsewhere (e.g. *Physics* VII.3.245ᵇ3ff.) he gives a stricter definition of 'alteration' than he does here, a definition which would disqualify the examples of alteration given in 319ᵇ12–14. But his interest here is not so much in the differences between the various types of accidental change, but in the

'καθ' ὃ λέγεται' would seem simply to reproduce the linguistic criterion of the *Categories* without settling any of our questions or worries, so that Aristotle's official definition of alteration itself enshrines what might strike us as significant obscurity. But that impression could be a measure of the unfamiliar character of the concept. We shall strengthen and substantiate this idea by examining the definition's negative claim concerning the exclusion of *essential* quality from its scope. Our findings will complement the conclusions about anti-reductionism that we drew from the text of the *Categories*.

In the course of our investigation of Aristotle's argument for immediacy in alteration, we compared his claim that 'the number or relative intensity of perceptible features is what differentiates all bodies' with a reference to 'the affections of perceptibles' made in *Metaphysics* H.2 (1042^b21–5: *vid.* ch. 3, p. 142 *supra*). We noted that the *Metaphysics*' description of the πάθη τῶν αἰσθητῶν as *differentiae* might induce one to suppose that change in them would be existential, and thus generation or destruction rather than alteration. But we questioned whether the final inference need go through: might a token of the change-type alteration not *count as* generation or destruction? Now on the basis of the definition enunciated in *Physics* v.2 we can be confident that Aristotle's answer is a decisive negative: τὸ ποιὸν τὸ ἐν τῇ οὐσίᾳ and τὸ παθητικόν

> difference between accidental and substantial change, i.e. generation and corruption. It is as the kind of accidental change easiest to confuse with substantial change that alteration is made the subject of consideration here. (pp. 97–8)

Aristotle's expression of the difference between substantial and accidental change in terms of a *categorial* distinction is discussed in the immediate sequel with reference to the definition of *Physics* v.2, and the *GC's* version is not of further independent interest to us. Williams apparently suggests that the incompatibility between *GC* and *Physics* vii is to be explained away: in the context of *GC Physics* vii's 'stricter' definition would distract attention from the central point, so inauthentic examples are allowed to pass muster. He might be correct, but the situation is more difficult than he admits, since it is at last possible that in vii.3 Aristotle regards change in shape as existential; if so, *GC* provides an example of substantial change as an illustration of accidental change! Thus it is at least as likely that *Physics* vii refines and supersedes the *GC* definition of alteration (*vid. infra*, n. 39).

are mutually exclusive, and changes in them are accordingly also categorially distinct.

As a first defence of Aristotle's position, one might argue that so far from being an embarrassment, it is a very sound piece of basic metaphysics. Let us call it 'the existential thesis'. One must insist, with Aristotle, that when the upshot of a change is the coming-to-be of x, then x itself cannot be what undergoes the change issuing in its own existence – otherwise, it would pre-exist itself, and so not really come-to-be. Aristotle quite properly protects and emphasises this defining feature of existential changes by asserting that γένεσις is a kinetic category unto itself. Inasmuch as substance lacks a contrary (225^b10–11), it cannot conform to the analysis in terms of contrariety suitable for accidental changes, including alteration.

Aristotle's opponent should concede the partial validity of this response on behalf of the categorial distinction: there is no doubt that the product of generation is not its subject. But he could then charge that Aristotle's actual doctrine is not in fact identical to this eminently reasonable metaphysical thesis, and involves him in terrible obscurity. For instance: a human seed develops into a person. Since the person comes-to-be, *it* does not undergo the complex and various kinetic processes which together constitute its γένεσις. Nevertheless, since it is hardly rash to presume that some of these processes are motions through space, others, what Aristotle might call 'μίξις', ourselves, 'chemical' change,[19] and yet others, material accretion, why should we not permit ourselves to classify them respectively as *genetic* φοραί, ἀλλοιώσεις and αὐξήσεις? To come at the difficulty from a complementary angle: alteration is change in affective, perceptible quality. So if the 'chemical' changes, the Aristotelian 'mixtures', which contribute to embryonic development, are not alterations, they are not changes in perceptible, affective quality. But what else is left for them to be? Apparently, nothing. Since Aristotle cannot intend this

[19] But on the dangers of imagining that Aristotle's concept of combination truly resembles ours, see ch. 6 *infra*.

disastrous consequence, his attempt to express the special character of existential change by means of a categorial distinction is mistaken in principle.

In order to construct a second defence of Aristotle's position, we must again take account of the anti-reductionist character of his philosophy. Of course, a proper discussion of these issues would range right across Aristotle, at the very least, but we can now assemble the essential components of an interpretation. The hypothetical opponent is quite correct in his contention that Aristotle's category theory is difficult to construe as a reasonable formulation of the existential thesis; but that is only because the theory combines the thesis with a commitment to anti-reductionism, or rather expresses the thesis from an anti-reductive perspective.

The modern attack on Aristotle's distinction between substantial and accidental change is implicitly based on the crucial premiss that, merely *qua* qualities, essential and accidental properties are theoretically indistinguishable, so that changes in them would be indistinguishable. But that is just to view the world from below, that is, to assume a theoretical ability to isolate substantial characteristics (probably described in terms of material make-up) from our conception of the entire organism in whose nature they figure (probably described in terms of function). Aristotle would not grant this assumption. To say that he views the world 'from above' means that, for example, a 'chemical' process culminating in embryonic development *must* be so identified.[20] Since this identification *necessarily* refers to the contribution which the change makes to γένεσις, it cannot be alteration. Because the distinction between γένεσις and ἀλλοίωσις will prove vital to VII.3's reasoning, we must bear in mind the full force of this argument, which indicates the true distance separating Aristotle's conception of the natural world from our own.

These considerations provide us with the materials necessary for a correct, if partial, statement of strictly Aristotelian essentialism, distinct from various modern theories more or less

[20] I hope to discuss the question of what sort of 'must' is involved here, of how we should conceive of determination *from above*, in another book.

distantly related to his doctrines: not surprisingly, the great difference resides in his anti-reductionism. What is common ground to essentialist thinkers is their reliance on the notion of natural kind; what sets Aristotle apart is his belief that the ἔνδοξα largely contain philosophical truth. His natural kinds, *in primis* biological species, are initially specified by a variety of relatively exoteric means, and, as a consequence of the respect he accords the ἔνδοξα, drifting too far from original conceptions cannot be tolerated.[21] But *how* much is too much cannot be stipulated *a priori*, nor can we rigorously establish the validity of an investigation of some natural kind *a posteriori* – philosophy, even natural philosophy, proceeds dialectically. This methodological requirement does not confine Aristotle to superficial observation, but it does entail his anti-reductive perspective, given his dual convictions that the world appears to human beings as a complex system of natures, and that material explanations cannot in principle account for nature.

Aristotle's endorsement of irreducible natural kinds allows us to derive our special thesis about γένεσις from his essentialism. Embryonic cooking is not alteration because, within ideal natural philosophy, its product is correctly designated as a *differentia* whose λόγος is part of the definition stating the essence of a substance. Our idea is simply the corollary for κίνησις derived from the insistence that, viewed properly from above, *differentia* is not quality, and finally explains the explicit qualification in the definition of ἀλλοίωσις in *Physics* v.2.[22]

[21] His explicit endorsement of such groups as birds and fish (*PA* 642ᵇ10ff.) provides evidence for this claim, but it must be admitted that at some points very considerable drift *is* tolerated, and that certain of the main biological groupings are newly marked by Aristotle himself. It is enough for our present purposes that the crucial point survives if properly qualified, and the discussion does not require an excursion into the problematic area of biological classification.

[22] *Metaphysics* Δ.14 might seem flatly to contradict my thesis: 'ποιὸν λέγεται ἕνα μὲν τρόπον ἡ διαφορὰ τῆς οὐσίας, οἷον ποιόν τι ἄνθρωπος ζῷον ὅτι δίπουν, ἵππος δὲ τετράπουν, καὶ κύκλος ποιόν τι σχῆμα ὅτι ἀγώνιον, ὡς τῆς διαφορᾶς τῆς κατὰ τὴν οὐσίαν ποιότητος οὔσης' (1020ᵃ33–1020ᵇ1; this sense of 'quality' is later called the primary one, 'κυριώτατον', at 1020ᵇ14–15). The difficulty must be granted – but is it in my interpretation, or rather in this Aristotelian text? Kirwan's note *ad loc.* nicely captures the tensions responsible for the contradiction:

> Although differentiae are here described as qualities, and qualities in the 'most fundamental' sense (1020ᵇ14), *Categories* 5.3ᵃ22 tells us that they, like

We can begin to understand Aristotle's anti-reductionism as a coherent, if inaccessible, perspective.

To gain a further, complementary vantage-point on the concepts of quality and alteration, we must analyse Aristotle's polemical defence of ἀλλοίωσις against perceived threats in *De Generatione et Corruptione*. He contends that certain Presocratics either do away with or cannot recognise alteration consistently with their own theories. The philosophical duty to preserve the φαινόμενα motivates the campaign against them. His strategy establishes an especially intimate connection between quality and alteration on the one hand, and the principle that sense-perception is veridical on the other (we shall devote some effort to the elaboration of this principle, peculiar to us). Making good this claim will involve further reliance on the hypothesis that by insisting that proper explanation proceed from the top down, Aristotle develops a now startling anti-reductionism.[23]

In the work's first sentence, introducing the central topics to which *GC* is devoted, Aristotle cites the question of whether the nominal difference between alteration and generation marks a real difference.[24] He argues that monists are obliged to identify strict coming-to-be with alteration, while pluralists are at liberty to recognise the occurrence of γένεσις ἁπλῶς (314ᵃ6–15). Although the unique ὑποκείμενον posited by mo-

substances, are 'not in a subject', from which it might be thought to follow that they are not qualities. Aristotle is in a dilemma: differentiae answer the question 'qualis?' but also reveal, or at least help to reveal, essence (thus at Z.12 1038ᵃ19 he says 'the last differentia is the substance of the actual thing', but contrast *Topics* IV.2.122ᵇ16, VI.6.143ᵃ32). The right description is 'essential quality', but the system of categories, with its odd contrast between substance (or essence) and quality, cannot easily accommodate that notion. (pp. 162–3)

Kirwan's 'right description' is a close relative of our hypothetical opponent's suggestion that an appropriate token of alteration might *count as* an instance of coming-to-be, and rests on an analogous mistake. The contrast between essence and quality is indeed odd, but hardly inadvertent, nor is it a fault in the system of categories that they cannot accommodate a notion entirely at odds with Aristotle's philosophy.

[23] Ch. 6 *infra* attempts to meet the charge that Aristotle's characteristic philosophical perspective is *not* alien in the manner described.

[24] 'καὶ πότερον τὴν αὐτὴν ὑποληπτέον φύσιν εἶναι ἀλλοιώσεως καὶ γενέσεως, ἢ χωρίς, ὥσπερ διώρισται καὶ τοῖς ὀνόμασιν' (*GC* A.1, 314ᵃ4–6).

nistic philosophers remains the same in substance throughout whatever changes it might undergo, the processes of combination and separation adduced by the pluralists can be identified with generation and destruction respectively (314^{b}1–12). His further remarks about the limitations of Presocratic pluralism directly concern us. Aristotle claims 1 that pluralists must distinguish between alteration and generation, but 2 that they in fact cannot tolerate alteration as a distinct kinetic kind.

How does Aristotle attempt to convince us to accept these damaging theses?[25] Thesis 1 is introduced with this apparent justification: 'συνιόντων γὰρ καὶ διαλυομένων ἡ γένεσις συμβαίνει καὶ ἡ φθορά' (314^{b}5–6). Elemental arrangement and rearrangement produce existential change in compounds – but it is thoroughly unclear how that idea should force the distinction between γένεσις and ἀλλοίωσις, as Aristotle seems to think it does ('γὰρ'). This clause, despite the inferential particle, merely indicates the general pluralist model of existential change without providing any reason for the presumption that they need countenance *alteration* as a distinct type of change.[26]

[25] Thesis 2, the putative embarrassment, need not detain us; it pivots on the pluralists' refusal to admit elemental transformations. William's critical résumé is good:

> The affections in whose succession alteration consists are for them differentiae of the elements. Since the elements do not change into one another it is impossible that the affections which differentiate them should succeed one another in persistent objects ... A necessary premiss of this argument is that *every* affection is a differentia of some element, so that *any* qualitative alteration involves a change of one element into another. (pp. 61–2)

[26] Williams comments *ad loc.*:

> It is not, however, *qua* Pluralist that he has necessarily to make this distinction, though Aristotle may be unclear about this. It is not obviously self-contradictory to assert that there exists more than one object but none which has a beginning or end of existence, and that what appear to be generation and corruption of impermanent objects are in fact only alterations in one or more of the eternal substances ... But the Pluralists Aristotle has in mind, had in fact, another theory about generation and corruption. What these really are, according to them, is the aggregation and segregation of elements ... And this account, which is not exactly Pluralism but is typical of the Pluralists Aristotle knew, does make generation and corruption something distinct from alteration. (p. 61)

This explanation is doubly incorrect. First, there are good grounds for suspecting that the Presocratics in question, notably Democritus, did in fact allege that their elements were eternal in order to meet the challenge of Parmenides, and that

That reason only emerges once the discussion of thesis 2 is underway: 'ὥσπερ γὰρ ὁρῶμεν ἠρεμούσης τῆς οὐσίας ἐν αὐτῇ [cf. *Theaetetus* 181c9–d3, quoted above in n. 2] μεταβολὴν κατὰ μέγεθος, τὴν καλουμένην αὔξησιν καὶ φθίσιν, οὕτω καὶ ἀλλοίωσιν' (314^{b}13–15). The argument seems to come down to this: it is uncontentious that quantitative change occurs while substance nevertheless remains constant. The claim is uncontentious because we can and do simply verify it by observation. Just so do we *see* that qualitative change occurs, and that it does not entail any existential change.

What do we make of 'ὁρῶμεν'? A first reaction might be outrage: his use of the word betrays Aristotle's sanguine, but unjustified presumption that no one *could* disagree with him, his confident unawareness that all we are convinced of is that he has unashamedly begged the question. No argument can refute or dismiss this first reaction. What we must realise is that it cannot be blocked because it encapsulates a complete rejection, not so much of this particular argument, as of Aristotle's characteristic mode of philosophising. A sign of the truth of the diagnosis is that those who react in the first way might protest that their complaint is so vehement precisely because Aristotle's reasoning deserves to be dubbed an 'argument' only by virtue of its formal structure. He has offered no reasons which might persuade the initially dubious to believe, and the provision of such reasons is a necessary and modest feature of philosophical discourse.

The second reaction to 'ὁρῶμεν' arises from the realisation that for Aristotle, the appearances worn by the world are not simple. In their given complexity the φαινόμενα are not in-

Aristotle's portrait seriously misrepresents them (see Wardy (1) for arguments to this effect). Second and more important, Williams's conclusion makes generation distinct, while of course what is puzzling in Aristotle's claim is that it makes *alteration* distinct. Pluralists must distinguish alteration from generation, not generation from alteration, as is obvious in both Aristotle's Greek and Williams's English translation. Pluralism allegedly starts from the acceptance of generation and then endorses (or rather, given 2, should but cannot consistently endorse) alteration. By concentrating on generation, Williams has failed to take into account the perhaps rather artificial complementarity of Aristotle's polemical scheme, which dictates that pluralists have no alteration, although monists have nothing but qualitative change.

determinate between fundamentally divergent, incompatible metaphysical schemes. (The qualifications ensure that my interpretation does not saddle Aristotle with the trivially absurd contention that a complete, veridical philosophy in all its fine details might be 'read off from' reality.) In the current instance, the world itself reveals the difference between substantial and accidental properties and changes, and we register that this is so. I conjecture that 'we' are all sane, rational human beings: that is why Aristotle supposes so confidently that the pluralists could not and do not (explicitly) deny that there is alteration – its occurrence is an ἔνδοξον.

That a proposition has the status of an ἔνδοξον does not of itself constitute indefeasible reasons for its acceptance by the pluralists or anyone else. Aristotle's conservative method obliges him and his disputants, notional or actual, to adopt an attitude of *prima facie* respect for 'appearances' in the wide sense ranging from sense-perception through linguistic and social convention to abstruse theory. However, the need to resolve conflict amongst τὰ φαινόμενα ensures that in some cases this respect is rescinded – some ἔνδοξα must give way. The point is that they yield before others, or at least before what the Aristotelian philosopher perceives to be (sometimes: argues to be) their *initially* unapparent, but crucial implications. Ideally beliefs are undermined solely for the sake of preserving more fundamental beliefs, and the process of complementary retention and sacrifice serves to bring out the nature and force of our truest commitments.

The pluralists are obliged to grant the proposition that alteration occurs, not just because it is ἔνδοξον, but rather because within this discussion we shall hold fast to it. The reason we keep it constant is that here Aristotle's dialectical appeal is to all normal human beings, all those with the eyes in their heads to see the way the world is – let us call this conception of philosophically decisive sensation 'strong perception'.[27] Of

[27] My 'Lucretius on what Atoms are not' (Wardy (2)) conjectures that the ancient debate between continuist and atomic theories of matter was conducted within the terms of an 'optical model', a dialectical framework that offered incompatible, competing conceptions of how our vision matches or fails to match the world. *Mutatis mutandis* the discussion of Democritus and Anaxagoras can throw light on Aristotle's seemingly naïve appeal to what we supposedly see ('ὁρῶμεν').

course it remains open to the opposition to complain that Aristotle has mistaken the look of things – if one likes, that he has begged the question. But this protest is no longer the first reaction, which remains altogether outside the Aristotelian perspective. The new response comes from an Aristotelian philosopher, that is, one who strives after and subjects himself to the regulative ideal of dialectical consensus. Thus the lesson which we derive from this chapter of *GC*, setting aside its dubious polemical conclusion (thesis 2), is that we can properly evaluate substantial propositions in Aristotle's natural philosophy only by taking his method into account. By the same token, we come to appreciate his dialectic only by examining telling instances, such as the present case of alteration.

Aristotle argues that Democritus cannot successfully account for the phenomenon of a body passing from the liquid to the solid state. It is not that the atomist has no story to tell about freezing, but rather that an atomistic explanation would do away with alteration. Yet, objects Aristotle, we *see* one and the same *continuous* body passing from liquid to solid, not by means of the mechanisms which Democritus posits, but rather by virtue of a genuine, qualitative transformation producing hitherto absent, unyielding fixity from original fluidity.[28]

There is again a quick way to dispose of Aristotle's dissatisfaction with Democritus. He merely appeals to the gross appearance of authentic alteration which naïve perception presents to us. Democritus can of course concede that when water freezes, it appears to lose its absolute fluidity and gain a completely new solidity. Where he will differ crucially with Aristotle is over the explanation to be given of this φαινόμενον – for the atomist it is only ostensible, and to be analysed in distinct, microscopic terms. The atomist explains how it *could* look that way; he does not commit himself further to the validity of the appearances. Aristotle, on the other hand, seems

[28] 'ὅλως δὲ τὸ τοῦτον γίνεσθαι τὸν τρόπον μόνον σχιζομένων τῶν σωμάτων ἄτοπον· ἀναιρεῖ γὰρ οὗτος ὁ λόγος ἀλλοίωσιν, ὁρῶμεν δὲ τὸ αὐτὸ σῶμα συνεχὲς ὂν ὁτὲ μὲν ὑγρὸν ὁτὲ δὲ πεπηγός, οὐ διαιρέσει καὶ συνθέσει τοῦτο παθόν, οὐδὲ τροπῇ καὶ διαθιγῇ, καθάπερ λέγει Δημόκριτος· οὔτε γὰρ μετατεθὲν οὔτε μεταταχθὲν τὴν φύσιν πεπηγὸς ἐξ ὑγροῦ γέγονεν· οὐδ' ἐνυπάρχει τὰ σκληρὰ καὶ πεπηγότα ἀδιαίρετα τοὺς ὄγκους· ἀλλ' ὁμοίως ἅπαν ὑγρόν, ὁτὲ δὲ σκληρὸν καὶ πεπηγός ἐστιν' (*GC* A.9, 327^{a}14–22).

to insist that the world *must*, at least in some cases, be the way that it looks. Thus again one might conclude that Aristotle feebly begs the question against his speculative opponents.[29]

Aristotle does not of course simply protest that we fail to see atoms. What lies behind his objection is the conviction that what we do incontrovertibly see demonstrates that there could be no atoms, visible or not. Thus this is a deliberate, consistent appeal to 'strong perception', an attempt to refute atomism quite independent of the arguments for infinite divisibility marshalled in *GC* A.2. Contemporary students of Aristotle are much exercised by those arguments, and have no difficulty in recognising them as a philosophical effort, indeed, as a paradigm case of Aristotle impressively at work. In contrast, his present effort might very well strike the modern sensibility as a bizarre way to go on: if this is philosophical method, it only informs a sort of madness, the unreasoned and irrational adherence to appearances. The grave charge against Aristotle is that his conservative method inevitably dismisses significant philosophical and scientific speculation *a priori*. We shall perhaps eventually come to understand Aristotle's perspective more fully, and with understanding comes a greater degree of appreciation and sympathy. His attitude will remain difficult for us: but that difficulty enhances rather than detracts from the value of studying him, since only such attempts can make us less parochial philosophically.

Aristotle's attack on Empedocles complements his rejection of Democritus. If the four elements are really indestructible and remain actually present within the mixtures into which they enter, then they are like independent bricks juxtaposed within a wall. But it is utterly implausible, so Aristotle contends, that such a model could account for the production of the various biological compounds.[30] Mixtures in general

[29] Cf. Williams: '"We see ..." (327ᵃ16). But at 325ᵃ30 Aristotle has already stated the Atomist doctrine that the atoms are invisible because of the smallness of their bulk. So his appeal to perception here is, as Joachim points out, irrelevant' (p. 141).

[30] 'ὅσοι δὲ μὴ ποιοῦσιν ἐξ ἀλλήλων γένεσιν μηδ' ὡς ἐξ ἑκάστου, πλὴν ὡς ἐκ τοίχου πλίνθους, ἄτοπον πῶς ἐξ ἐκείνων ἔσονται σάρκες καὶ ὀστᾶ καὶ τῶν ἄλλων ὁτιοῦν' (*GC* B.7, 334ᵃ18–21).

and biological complexes in particular are bound together far more intimately than the collocation of preserved elemental particles, mere synthesis, could permit. Empedocles' theory entails that it is not possible to extract bits of fire and water from any sample of flesh whatsoever; but as a matter of fact any sample does yield both elements on decomposition. Since this fact gives the lie to the idea that compounds are of a discrete, granular nature, it directly refutes Empedocles.[31]

At this juncture, surely, Empedocles' defender might raise a blunt question: why not simply renounce perception as a fallible guide to the secrets of matter's ultimate structure? We can see well enough for the purposes of ordinary life, but our vision fails to penetrate to the heart of things. Aristotle's response is striking. Were apparent mixture in reality no more than synthesis or the juxtaposition of discrete particles, then mixtures would be relative to individuals' disparate perceptions. A myopic man would detect plenty of 'mixtures', while Lynceus would realise that there are none.[32] Since this *reductio* relies on the unacceptability of relativism, Aristotle must suppose incoherent the very idea of relativising to the species an appearance common to all men, incoherent, at least, from the human viewpoint (which of course we cannot transcend). There can be no valid challenge to the communal appearances: it is in this sense that Aristotle is a sort of corporate Protagorean.

To pull together the discussion so far: I have claimed that in order to make good sense of Aristotle's development and defence of his theory of quality and alteration, we must take

[31] 'ἐκείνοις τε γὰρ τοῖς λέγουσιν ὡς 'Εμπεδοκλῆς τίς ἔσται τρόπος; ἀνάγκη γὰρ σύνθεσιν εἶναι καθάπερ ἐξ πλίνθων καὶ λίθων τοῖχος· καὶ τὸ μῖγμα δὲ τοῦτο ἐκ σωζομένων μὲν ἔσται τῶν στοιχείων, κατὰ μικρὰ δὲ παρ' ἄλληλα συγκειμένων. οὕτω δὴ σὰρξ καὶ τῶν ἄλλων ἕκαστον. συμβαίνει δὴ μὴ ἐξ ὁτουοῦν μέρους σαρκὸς γίγνεσθαι πῦρ καὶ ὕδωρ, ὥσπερ ἐκ κηροῦ γένοιτ' ἂν ἐκ μὲν τουδὶ τοῦ μέρους σφαῖρα, πυραμὶς δ' ἐξ ἄλλου τινός· ἀλλ ἐνεδέχετό γε ἐξ ἑκατέρου ἑκάτερον γενέσθαι. τοῦτο μὲν δὴ τοῦτον γίνεται τὸν τρόπον ἐκ τῆς σαρκὸς ἐξ ὁτουοῦν ἄμφω· τοῖς δ' ἐκείνως λέγουσιν οὐκ ἐνδέχεται, ἀλλ' ὡς ἐκ τοίχου λίθος καὶ πλίνθος, ἑκάτερον ἐξ ἄλλου τόπου καὶ μέρους' (*GC* B.7, 334ᵃ26–334ᵇ2).

[32] 'ἂν δ' ᾖ κατὰ μικρὰ σύνθεσις ἡ μίξις, οὐθὲν συμβήσεται τούτων, ἀλλὰ μόνον μεμιγμένα πρὸς τὴν αἴσθησιν (καὶ τὸ αὐτὸ τῷ μὲν μεμιγμένον, ἐὰν μὴ βλέπῃ ὀξύ, τῷ Λυγκεῖ δ' οὐθὲν μεμιγμένον ...)' (*GC* A.10, 328ᵃ12–15).

account of his more or less marked anti-reductionist tendencies. In particular, I have suggested that his surprisingly abrupt dismissal of Presocratic hypotheses concerning processes of material composition is motivated by what we might call an implicit axiom of explanatory isomorphism: one does not postulate natures different in kind from those accessible (in principle) to the senses. What sort of difference amounts to one 'in kind', and what are the terms of the perceptual accessibility condition, are queries admitting no precise resolution, but contrasting illustrations might help to indicate the implications of the methodological rule.

A few contrasting illustrations: we cannot directly observe the firesphere. However, so long as we disregard inevitable sub-lunary impurities, acquaintance with ordinary combustion provides us with an accurate idea of the distant element, whose defining characteristics are of a kind with the features of fire that comes within our ken. Again, on cutting up some meat we might detach a bit of flesh so minute as to be beyond the reach of even the keenest eyes. Nevertheless, this unobservable speck would be as through-and-through fleshy as any larger portion. Finally, processes of organic dissolution occur which go unobserved and are, perhaps, practically unobservable, but decomposition at its most extreme effects a resolution into the simple bodies, not into more arcane elements unlike what we might perceive in other circumstances.

In contrast, both Democritus and Empedocles put forward explanations of material composition which assert that things are not as they seem and cannot be seen to be as they are. Democritus claims that all things we encounter are aggregates of atoms which in their imperviousness and simplicity differ markedly from anything perceived. The senses mislead us as to the aggregates and are impotent in investigating atomic nature. Empedocles speculates that, despite its appearance of homogeneity, flesh consists of tiny, imperceptible particles of heterogeneous elemental materials in some fixed proportion. Not only can we not perceive this mosaic – but Empedoclean theory goes on to deny the reality of what we do see and feel, smooth texture. The Aristotelian examples, admitting a mere physical impossibility of observation, do not contravene the isomorphism principle. The Presocratic examples do. They postulate structures inaccessible to the senses to whose existence we cannot extrapolate from the directly perceptible.

Thus in the context of this discussion reductionism (i) involves the postulation of perceptually inaccessible microstructures; (ii) characterises these structures in such a way that data provided by the senses, derived from acquaintance with macroscopic things and events, are useless on grounds of incompleteness, irrelevance and actual unreliability; (iii) denies the reality of at least some 'ordinary' objects. Aristotelian anti-reductionism is complementarily and contrastingly considered to be the refusal to countenance any such postulation on the strength of the conviction that the world is largely as it seems, that is, in the faith that despite their limitations the senses are not *fundamentally* deceived. At issue is the status to be accorded to the things and their features (apparently) revealed by the senses.

We have seen how a variety of sources contributes to Aristotle's commitment to quality and alteration. The Platonic heritage, here as elsewhere, inevitably has some impact on his thought. The ἔνδοξα, ordinary beliefs marshalled and analysed by an extraordinary method, exert a decisive influence. 'Strong perception' and category theory play an important rôle in the development and defence of the concept of qualitative change. So much for positive input: we have also attempted to come to terms with Aristotle's reactions when Presocratic reductionism threatens to undermine the validity of the doctrine of ἀλλοίωσις. Thus we are at last in a position to study apparent reformation of the doctrine in *Physics* VII.3. Not that our survey has discovered a complete set of answers to the puzzle of alteration – far from it – but we have at least fixed on certain major questions, which we shall continue to bear in mind in the course of our examination of VII.3.

Curiously, Aristotle never elsewhere addresses our tantalising questions concerning the more obscure aspects of his theory of change, and here of course his suggestions are indirect, since his overarching argument progresses by way of negations ('*this* sort of change is not alteration ...'). In order to gain a deeper understanding of his natural philosophy as a whole, we must concentrate on our chapter's particular difficulty, the significance of the denial that some change is identical to ἀλλοίωσις coupled with the qualification that alteration might nevertheless (necessarily) accompany such changes.

* * *

245ᵇ3–9/245ᵇ19–26[33]

Preliminary: καθ' αὑτά

What does Aristotle mean by the specification that alteration occurs in subjects that are said to be affected *per se* by perceptibles? One might account for it by reference to the alteration which is perhaps a necessary accompaniment of, if distinct from, coming-to-be (246ᵃ6–9/245ᵇ23–6).[34] As we have seen, Aristotle correctly registers that a change resulting in the existence of x is γένεσις by insisting that the γιγνόμενον properly characterised is the complement rather than the subject of 'γίγνεσθαι'. Accordingly x cannot itself be said to undergo

[33] In β I read 'ἐν μόνοις τούτοις' with MS I (Ross prints 'μόνων τούτων') and 'λέγεται πάσχειν' with MSS FIJK (Ross prints 'πάσχει'). Apparently his choice is again governed by the principle that β *ought* to diverge from α (see his commentary, p. 730), even at the expense of the quality of the ἕτερον βιβλίον. Although Ross's readings are not substantially worse, both the alternatives are an improvement, especially the former, since 'ἐν' with the dative specifies the proper *locus* of strict alteration more narrowly than the genitive.

On 245ᵇ21–5 Ross comments: 'ἄν τις ὑπολάβοι ἔν τε and ἀλλοίωσιν ὑπάρχειν seem to be emblemata from the first version ᵇ6, 8. These words having been inserted, γάρ was put in (inᵇ23) to make the construction right' (p. 730). This cannot be correct, because in Ross's text 'δοκεῖ' comes intolerably late in the sentence. Presumably what motivates him is the feeling that 'δοκεῖ γὰρ ὑπάρχειν τὸ τῆς ἀλλοιώσεως' rather feebly repeats what has already been said. That is true enough, but the text without excisions nevertheless reads much more smoothly than Ross's.

[34] β makes this point immediately, while α postpones the argument until the next section, on shaping and generation. Although α's placement is unexceptionable, as we shall see, one might argue that in this instance β's organisation is superior, since its construction makes the justification of 'καθ' αὑτό' much easier to grasp. In any case there is no reason to suppose that it is at a disadvantage here.

alteration during the process which produces it. Thus there must be something else that can stand in for x, which does not yet exist, as prime ('καθ' αὑτό') subject of ἀλλοίωσις, e.g. ὕλη for the condensing and rarefying, heating and cooling involved in such changes (246ᵃ7–8/245ᵇ25–6). Therefore the qualification '*per se*' directs us to attribute alteration not to x, but rather to whatever pertinent subject distinct from x is changed in affective quality ('ἀλλοιουμένου τινός', 246ᵃ7, 'ἀλλοιουμένων τινῶν', 245ᵇ24). (Whether analogous arguments hold good for the other change types distinguished from strict alteration (245ᵇ6–8/245ᵇ21–3) remains to be seen.) But why need there be any primary subject of change? Aristotle believes that if S is ϕ, then some part or aspect of S must serve as the fitting, ultimate ground for the inherence of ϕ in S, and this ground is ϕ *per se*. This general argument holds good in the particular case of affective qualities,[35] and thus we should always attribute alteration to their primary subject.

Aristotle puts us on guard against the supposition that changes in figure, shape, states, or their acquisition or loss, are alterations. He warns us off this mistake because, he concedes, they present the greatest temptation to error. Why is that? Since the very idea of alteration is a philosophical construct, albeit from certain ordinary beliefs, he can hardly mean that people *typically* exhibit an incorrect bias to classify changes in σχήματα, etc., as instances of ἀλλοίωσις (cf. 'people are *typically* Cartesian dualists'). Rather, of course, Aristotle himself inclined to what he now stigmatises as error when developing the theory of categories: implicit self-correction takes the guise of a general caution. In fact the danger is that the reader might simply suppose that the changes in question are alteration on the authority of *Categories*, ch. 8. What must be remedied is no widespread false belief, but Aristotle's own

[35] 'Τὸ καθ' ὃ λέγεται πολλαχῶς ... ἕνα δὲ ἐν ᾧ πρώτῳ πέφυκε γίγνεσθαι, οἷον τὸ χρῶμα ἐν τῇ ἐπιφανείᾳ' and 'ἔτι δὲ εἰ ἐν αὐτῷ δέδεκται πρώτῳ ἢ τῶν αὐτοῦ τινί, οἷον ἡ ἐπιφάνεια λευκὴ καθ' ἑαυτήν ...' (*Metaphysics* Δ.18, 1022ᵃ14–17 and 1022ᵃ29–31). In *Physics* VII itself ch. 4 illustrates the notion of 'πρῶτον δεκτικόν' with the same example (248ᵇ23).

former tolerance of the excessively loose conceptual structure of the category of quality.[36]

245^{b}9–246^{a}9/245^{b}26–246^{a}29

Shaping and generation

Aristotle's reasoning in this section for distinguishing between change in shape and strict alteration is difficult to interpret and evaluate. Given the density of problematic argument, we should begin with a simple overview of his strategy and a catalogue of noteworthy discrepancies between the structures of α and β, which arrange their common stock of premisses and conclusions into rather different patterns. Aristotle rests his case on a linguistic argument. In both versions he contends that when something has undergone alteration, we properly designate it by the name borne by the affection (245^{b}16–246^{a}1/246^{a}22), e.g. we call heated bronze 'hot'. In contrast, we describe something reshaped or generated with a specially adapted term (245^{b}9–12/245^{b}26–8),[37] for instance we call the statue 'brazen', not 'bronze'.

The conclusions that α and β draw from this shared argument differ. α has it that the linguistic difference establishes that instances of coming-to-be are not alterations (246^{a}1–4); β concludes that alteration is restricted to sensible qualities (246^{a}24–5). Furthermore, while both versions supply pendant supportive considerations, their courses diverge significantly. α merely remarks that it would be bizarre to say that something

[36] Ross comments: 'He ignores the fourth kind of ποιότης recognized in the *Categories*, viz. δύναμις, perhaps on the ground suggested by S. 1062.19–23, that it is not clear whether δυνάμεις are ποιότητες strictly speaking, but more probably because the fourfold division of ποιότητες had not yet been worked out by him' (p. 674). Although his conviction that Aristotelian treatises are consistent not only with one another but also with Platonic philosophy twists Simplicius' interpretations intolerably, here his instinct is clearly superior to Ross's.

[37] Ross comments on β *ad loc.*: 'The language is un-Aristotelian. The phrase in the first version τὸ σχηματιζόμενον . . . οὐ λέγομεν ἐκεῖνο ἐξ οὗ ἐστιν (^{b}9–10) is good Aristotelian language' (p. 730). (Cf. 'β 245^{b}26–7 puts less accurately what is better stated in α 245^{b}9–11' (p. 14).) What is good Aristotelian language? The only reason to question β 245^{b}26–7 is that it refers not to the thing shaped, but rather just to the shape itself. But in the light of Aristotle's well-known tendency to identify form with the informed thing, there is really no problem here.

generated had been altered, and finally introduces the qualification that alteration may nevertheless necessarily accompany generation (246^a4–9; cf. 245^b23–6). β on the other hand reasons that in its character of completion or perfection generation cannot be identified with alteration (246^a25–8), a thesis that α only develops once it has passed on to the claim that virtues and vices are not alterations (246^a10–246^b3).[38] (However, to complicate the picture yet further, β does finally reintroduce the perfection thesis in α's manner, but only in its discussion of ethical ἕξεις, 246^b27–247^a20.) After investigating the nature and force of the guiding assumptions and central linguistic hypothesis common to the versions, we shall attempt to gauge these differences in general emphasis, the structure of the reasoning within individual arguments, and the relationship between them.

Before analysing Aristotle's linguistic thesis we should pause to consider what important background ideas might encourage him to argue as he does here. Since one can hardly reshape anything without contact, it seems unlikely that what may have led Aristotle to insist that in shaping an object we do not alter its affective qualities was the fear that change in σχῆμα might strike us as an exception to the contact condition. It is rather more plausible to assume that there are logical features which change in shape has in common with cases which do directly threaten the *reductio*'s claim that contact is necessary for κίνησις, and that these common features motivate the present set of arguments. Their conclusions will then presumably hold good for those kinetic types, similar to shaping in pertinent respects, which endanger the basis of the *reductio*.

We can put this reading into a quite specific form: in this context Aristotle considers shaping to be at the very least akin to generation, and in some instances (e.g. creation of

[38] 'β 246^a22–$^b21$ is rather a jejune restatement of what is stated more fully, and in a thoroughly Aristotelian way, in α 246^a1–$^b4$' (Ross, p. 14). It is hard to judge this impressionistic claim, since Ross does not refine it. Whatever decision we might eventually reach concerning the relative value of the versions, it is essential that we scrupulously register the strategic differences characteristic of each as such, rather than assuming that the features of β are one and all the products of carelessness, whether on the part of Aristotle himself or someone else.

a statue) actually to constitute coming-to-be.[39] In fact all his examples of change in shape have to do with the production of artefacts essentially constituted by possession of a certain σχῆμα or μορφή (245ᵇ10–11/245ᵇ26–7).[40] Both versions clearly associate shaping with generation, and α explicitly formulates its principal conclusion so as to refer to existential change (246ᵃ3–4; cf. 246ᵃ23). Given that he in no way commits himself to the primitive, Pythagorean thesis that every instance of generation comes about through reworking an object's contours, we have no reason to suppose that Aristotle's assumptions are dubious or his strategy mistaken.[41] Accordingly we presume that the arguments about shaping hold good *mutatis mutandis* for other kinetic types which seem to infringe the contact condition on change, and further that these kinetic types are either related to or even overlap with existential change.

What, then, regardless of bk VII's concern with the contact condition, might set shape apart from the qualities which do undergo alteration in the strict sense? Unfortunately, whatever progress we might make in our effort to understand the linguistic argument which dominates this section of VII.3 cannot help us to answer this fundamental question: the linguistic argument seeks to demonstrate *that* σχημάτισις is not ἀλλοίωσις without shedding any light on *why* they are distinct. Thus Aristotle either passes over in silence the issues that concern us most deeply or only adverts to them at the edges of the reasoning to which he gives pride of place. In these circum-

[39] Simplicius betrays uncertainty as to just where shaping is to be placed in the metabolic scheme, and perhaps some unease over the legitimacy of Aristotle's procedure: 'μέσην μὲν γὰρ ἔοικεν ἔχειν τινὰ φύσιν τὸ σχηματιζόμενον τῶν τε γινομένων καὶ τῶν ἀλλοιουμένων, πρὸς δὲ τὸ γινόμενον αὐτῷ δοκεῖ μᾶλλον ἀποκλίνειν, διότι μηδὲ τῷ αὐτῷ καλεῖται ὀνόματι, ὅπερ τοῖς γινομένοις ὑπάρχει' (S. 1063.26–9). It is this aspect of VII.3's argument which at least renders highly improbable Williams's attempt to reconcile our text with an awkward passage in *GC* already discussed (*supra*, n. 18).

[40] Cf. 'γίγνεται δὲ τὰ γιγνόμενα ἁπλῶς τὰ μὲν μετασχηματίσει, οἷον ἀνδριάς ...' (*Physics* I.7, 190ᵇ5–6).

[41] Ross's criticism of the supplementary argument in α (246ᵃ4–9) shows that he jumps to just this unfair conclusion: 'If this section is to be relevant to the proof that the acquisition of a new shape is not ἀλλοίωσις, the coming into being of a man or a house is evidently regarded as an instance of σχημάτισις' (p. 675).

stances our attempt to disclose the basic motivation for his denial that shaping is a type of strict alteration must inevitably remain speculative. All the same, we might consider three hypotheses in turn, each bringing in its train particular advantages and difficulties both as interpretation of Aristotle and as philosophical doctrine.

The first hypothesis is quite straightforward. It emphasises the association between shaping and existential change delineated in both versions, and simply borrows a justification for the denial that shaping is alteration from the powerful Aristotelian arguments distinguishing between γένεσις and change in other categories (*vid. supra*, p. 166). Inasmuch as σχημάτισις is a particular variety of γένεσις, it cannot be ἀλλοίωσις. Yet there is no special argument to this conclusion for change in shape. Thus the connection between change in shape and coming-to-be is at once closer and sharper than the vague 'association' or 'overlap' to which I have referred; the former is in fact an instance of the latter.[42] If this idea is accepted, then it becomes perfectly clear that VII.3's thesis relies on abundant argumentation which Aristotle had no reason to run through once more. The text's references to γένεσις should suffice both to remind us that existential change is special, and to put us in mind of the explanation for its distinct nature.

The objection to this suggestion is immediately evident: one protests that it is ludicrous to suppose that whenever shape changes, something new comes into existence; accordingly we would attribute this belief to Aristotle only as an unhappy last resort. An extreme example brings out the force of the

[42] α alone provides evidence for this thesis. In its later section on corporeal states it asserts that they are distinct from yet accompanied by alteration, 'καθάπερ καὶ τὸ εἶδος καὶ τὴν μορφήν' (246^{b}15–16); the back-reference must be to the section on shaping. Here uniquely 'τὸ εἶδος' rather than 'τὸ σχῆμα' is paired with 'ἡ μορφή'. It is notorious that 'ἡ μορφή' in Aristotle can designate either simple geometrical shape or metaphysical form, precisely because for certain artefacts which appear frequently in illustrations of the concepts of form and matter, shape and metaphysical form come to more or less the same thing. These are of course the very cases under present consideration. But 'τὸ εἶδος' unambiguously signifies something's principle of being: if some matter has been endowed with a new εἶδος, it is certain that a new entity has come-to-be. So by employing 'τὸ εἶδος' in 246^{b}15–16, Aristotle retrospectively verifies the present hypothesis.

difficulty very acutely. Were the first hypothesis valid, then Aristotle would be committed to the claim that whenever someone idly jabs a finger into an irregularly shaped lump of potter's clay, he has created a new thing. But this cannot possibly be right: surely the clay survives the prodding essentially unaltered, merely undergoing an accidental change in quality which the *Categories* plausibly identifies as ἀλλοίωσις.

One might argue further that if the randomly moulded clay is a fresh individual, then *a fortiori* so is a man who has lost a finger. We seem to lack a term or concept picking out a lump shaped just so (i.e. as it is after the jab), but can refer to mutilated men. Yet if mutilation produces new individuals, then there are substances distinct from men, 'nine-fingered-men' – and that idea is silly. Loss of a finger is accidental change, and true generation must be restricted to the category of substance. Therefore if Aristotle is not to fall into absurdity, he cannot suppose that every case of σχημάτισις is an instance of γένεσις.

According to this objection, our earlier defence of Aristotle against the charge of commitment to the crude Pythagorean identification of substance with shape or outline was ironically misguided. What is truly problematic is rather his endorsement of the converse proposition, that every instance of shaping is generation. If this is indeed his mistaken supposition, then he has a case only for changes in shape which happen to produce genuinely new things, but no argument for a difference between strict alteration and shaping as such.

However, we can defend the first hypothesis against such an attack and argue not only that it is a valid reading of Aristotle, but also that he is justified in assenting to the reasoning it both contains and presupposes. The objector's apparently embarrassing example, and with it his entire argument against the hypothesis, assumes that the irregular and indescribable shape imposed on the clay by the jab of a finger is a sample σχῆμα or μορφή – without this assumption, the example and argument collapse. But the irregular, complex contours of the lump do not constitute σχῆμα or μορφή either before or after someone prods the clay.

The objector might dismiss this reply as transparent sophistry: if σχῆμα = shape, then the necessary admission that the lump is *that* shape (pointing at it) settles the issue; lack of a name for such a shape is irrelevant and trivial. But it is far from clear that Aristotle would fall in with this rejection of the first hypothesis. Whenever he mentions examples of σχῆμα, he cites simple geometrical figures such as circles, spheres, and cubes, or artefacts constituted by possession of shapes which are certainly complex but nevertheless harmonious and symmetrical along at least some axis (e.g. VII.3's statue and bed). There is no positive evidence to suggest that he would also consider random configurations such as the shape of a lump of clay to be shapes in the true sense.

Thus the first hypothesis relies on the further claim that Aristotle's concept of shape is stricter than the ordinary one, ancient or modern: a shape must be determinate to qualify as a σχῆμα. 'Determinacy' is a loose, intuitive notion. It covers simple geometrical figures, and perhaps complex figures which can be analysed into compounds of these simple ones. Moreover, 'determinate' objects recognisable as tokens of a type on the basis of far more complicated criteria (e.g. statues of people are anthropomorphic) nevertheless possess at least quasi-geometrical characteristics (e.g. people and their statues are symmetrical along one axis).

(Completely) irregular shapes are indeterminate, and so do not count as σχήματα. Therefore Aristotle's shaped object, τὸ σχηματιζόμενον καὶ ῥυθμιζόμενον, is not the product of just any casual, uncontrolled remodelling of clay or some other matter: unless we endow the matter with a shape by virtue of which it becomes the matter of a new geometrical object or artefact, we have not succeeded in reshaping it. σχημάτισις invariably (with standard qualifications to allow for interference and interruption) imposes *determinate* shape on matter. Since shaping then invariably issues in the production of new tokens of simple geometrical bodies such as brazen spheres or new artefacts such as beds, we have secured the desired thesis, that σχημάτισις is a variety of γένεσις.

At this juncture the objector might concede the plausibility of the first hypothesis as an interpretation of Aristotle, but persist in his claim that we should feel loth to endorse it. The basis for this final position is the conviction that it is sophistical to maintain that the irregular contours of the lump of clay figuring in the test-case are indescribable *tout court*. Perhaps ordinary people lack the intellectual resources to describe the new shape that one imposes on the clay by jabbing it with a finger; if they are limited to simple ostension and cannot even begin to identify different tokens of it, then surely we should admit that they have at best a very thin concept of just this shape. But the case of an expert mathematician is entirely different: his sophisticated knowledge of topology, etc., enables him to draw up a fully determinate description of both the old and the new shapes of what the ignorant excusably consider a 'shapeless' lump of clay.

Casual assumptions which pass in ordinary contexts are blameworthy in philosophical discussions: the expert reveals that there really are no 'indeterminate' shapes in the narrow sense specified. Accordingly retention of the first hypothesis will oblige us to confront a dilemma. Either Aristotle does absurdly suppose that endowing anything with a new shape in the broad sense is an instance of generation, or he provides no argument to establish that the imposition of superficially shapeless shapes on matter is not strict alteration.

Fortunately the mere formulation of this last objection exposes it as unsound. Since the most advanced mathematics of his day would not suffice for the resolution of highly irregular solids into simple bodies, we can hardly blame Aristotle for failing to take account of such a possibility. He has no reason to suppose that one might construct a discrete, articulate λόγος of the lump of clay *qua* place-occupying body – it is a prime example of matter without (relative) form, and what is formless is shapeless (thus the regular, epexegetic linkage of 'μορφή' to 'σχῆμα' (245^{b}6–7, 246^{a}1/245^{b}21–2, 246^{a}22–3)). The first hypothesis can stand, so long as we are willing to entertain the further notion that only determinate shapes in the narrow sense are Aristotelian σχήματα. The fact that Aristotle's belief in the indeterminacy of the adventitious shape of unrefined matter is historically justified should dispel any air of paradox lingering about the idea of shapeless shapes.

The first hypothesis seems to survive, but not without considerable argument in its defence. Therefore we should consider a second explanation of the distinction between shaping and strict alteration, bearing in mind that these alternatives need not prove mutually exclusive. The second hypothesis proposes that a reference back to the suggestion that affective qualities differ from states/conditions, (in)capacity, and shapes in their logical simplicity (*supra*, pp. 162–3) might help. The proposal is that while no account of an affective quality could take the form of an analysis into a cluster of properties, an account of, for instance, some shape would of necessity prove relatively complex. Hot, cold, and so forth are simples which we originally comprehend ostensively. In contrast, because shape is a logically complex *definiendum*, it is not immediately accessible to the senses.

The trouble with this otherwise promising approach is that Aristotle admits not only heating and cooling, but also thinning and thickening as genuine processes of strict alteration (246ᵃ7–8/245ᵇ25–6). Surely, though, the textural characteristics of density and rareness require complex analyses that put them in the same class as shape. Thus it would seem that despite their lack of logical simplicity, Aristotle is content to regard dense and rare as affective qualities; even if this is an oversight on his part, we are obliged to search out an alternative line of interpretation.

α but not β[43] might provide us with a promising basis for our third and final hypothesis, which modifies the second with elements drawn from the first. In α alone a pair of evidently technical terms designates what we endow with a novel shape or outline: the reshaped subject is 'σχηματιζόμενον' and 'ῥυθμιζόμενον' (245ᵇ9). There is some reason to think that Aristotle might by his employment of these terms signal a connection with atomic theories. In the *Metaphysics* (A.985ᵇ16) he parses Democritean ῥυσμός as σχῆμα. In *DC*, where he

[43] Cf. n. 37 *supra*.

criticises Plato's attempt to generate elements from the basic triangles of the *Timaeus*, he remarks that elements are shaped ('σχηματιζόμενα', 306^{b}10) by their containing place, and to refer to a process of reshaping employs a term related to one of our pair ('μεταρρυθμισθήσεται', 306^{b}13).

If there is at least a faint connection with atomism, its bearing on the argument in VII (α) would be to encourage us to concentrate on those cases of spatial rearrangement which involve geometrical combination and recombination of regular figures, since according to Aristotle atomists (mistakenly) suppose that simple shifts in microscopic geometry underlie all macroscopic generation. (We may follow this lead without reintroducing the first hypothesis' contention that all σχημάτισις is γένεσις).

We can reinforce this speculation about the possible suggestiveness of Aristotle's jargon by remarking that he intends his linguistic claim to hold good of what is endowed with a new σχῆμα or μορφή only when the shaping process is *complete* ('ὅταν ἐπιτελεσθῇ', 245^{b}9–10). What is the effect of this condition? From Aristotle's point of view, Democritus and Plato go astray when they geometricise all existential change. However, when we properly restrict the connection of ῥυσμός with generation to legitimate cases like the production of a sphere or cube, we must indeed take account of the conditions geometry imposes on these special instances of γένεσις.

Aristotle realises that there are no such things as half-triangles, only complete ones (*Cat.* 11^{a}5–14) – by definition geometrical figures, and thus the physical bodies which instantiate them, do not come in degrees; they cannot fall within a variable range. This insight, obviously related to the determinacy condition on σχῆμα vital to the first hypothesis, delivers the desired contrast with dense and rare texture which eluded us in the second hypothesis. πυκνόν and μανόν do have degrees, if incorrigibly vague ones.

The third hypothesis proposes that Aristotle is not so much arguing that we should not consider change in all complex *definienda*, immediately perceptible or not, to be alteration, as concentrating on those *definienda* which set a limit within which variation cannot be tolerated. He might reasonably presume that σχῆμα is a member of this class. Particular αἰσθητά, in contrast, embody no such limit. Aristotle recognises no quantitative, discrete boiling and freezing points which would punctuate the temperature continuum (he could hardly have approved of the Pythagorean fantasy of *Philebus* 24A–25B). In fact, he suggests that characterisation as '(in)complete' might exemplify the category of quantity, while the light/dark contrast typifies quality (*Physics* III.1, 201ᵃ5–6).

We have considered a variety of explanations for Aristotle's handling of change in shape, questioning his direct motivation in VII for focusing on σχημάτισις and investigating more elaborate ramifications arising from the relation between shaping and generation, the logical analysis of shape, and the nature of geometrical figures. If all these accounts are individually suspect in different ways and to varying degrees, taken together, they nevertheless provide us with a context of reasonably controlled speculation within which we might conduct our study of Aristotle's difficult linguistic argument. Since closely related arguments occur in three other places in Aristotle, we shall begin by seeking what help is to be had from these other texts, although their puzzles might very well reduce our efforts to explanation of *obscurum per obscurius*.

The arguments in question all concern (im)proper identification of the *terminus a quo* of change, the 'ἔκ τινος'. The passages from *Metaphysics* Z.7 and Θ.7 share with *Physics* VII.3 the explicit claim that a special lexical feature isolates a distinct class or type of 'from which', although it is far from clear that they conceive of this sort of *terminus a quo* in the same way. Our first text, *Physics* I.7, does not make the lexical point, but we should nevertheless take it into account since its connection with the obviously relevant *Metaphysics* Z.7 is undeniable.

Aristotle argues that in any change whatsoever there is something that underlies, and that within this subject which is numerically one we ought to distinguish between two aspects or kinetic principles, matter and privation (190ᵃ13–17). Matter survives the change, while the privation, because it is the opposite of the characteristic or form acquired in the change, necessarily perishes on the arrival of its positive contrary (190a17–21).

It is at this juncture that Aristotle introduces a suggestion about how we do, or how we ought to talk about the 'whence' or 'from which' or 'out of which' of change. We shall see that the suggestion is ambiguous: it is not clear whether it is descriptive or normative, and this unclarity hampers evaluation of the entire cluster of linguistic arguments. He says that we typically / more frequently (and rightly?) identify the factor which does not persist, the privation, as the 'from which' of change ('μᾶλλον μὲν λέγεται ἐπὶ τῶν μὴ ὑπομενόντων', (190a22–3)). However, we do on occasion also refer to the surviving matter as that 'from which': 'οὐ μὴν ἀλλὰ καὶ ἐπὶ τῶν ὑπομενόντων ἐνίοτε λέγεται ὡσαύτως· ἐκ γὰρ χαλκοῦ ἀνδρίαντα γίγνεσθαί φαμεν, οὐ τὸν χαλκὸν ἀνδρίαντα' (190a24–6). As a matter of fact (inaccurately? acceptably? understandably but incorrectly?) we say that the statue comes to be 'from' the bronze.

There is another and exceptionless lexical asymmetry between citations of privation and of matter as kinetic factors: we can assert the proposition that someone has gained culture indifferently by saying either 'the cultivated has come from the uncultivated' or 'the uncultivated has become cultivated' (190a26–31). In contrast, whether or not he tolerates or mildly deprecates application of the 'from which' locution to matter, Aristotle denies that we ever say 'the bronze becomes a statue' (190a24–6).

Again, the last claim is ambiguous between (1) 'as a matter of fact about Greek-speakers, no one ever expresses himself this way' and (2) 'such talk is totally unacceptable, not merely loose or somewhat misleading'. Furthermore, Aristotle does not indicate how either (1) or (2) might connect with natural philosophy. If he intends (1), does he mean that linguistic convention ratifies his theory of kinetic principles, or that his philosophy demonstrates that language embodies these arcane truths? What supports what? Or are Aristotelian doctrine and correct idiom somehow interdependent, mutually justifying? If instead he intends (2) and Aristotle, as it were, legislates for the Greek language, then what independent authority as a source for philosophy linguistic 'convention' might retain becomes a thoroughly vexed issue.

Physics I.7 throws no light on *why* we atypically (whether or not wrongly) do/might say that a statue comes 'from' bronze. In a clearly related discussion, *Metaphysics* Z.7 makes good this lack, if only in the midst of a plethora of new obscurities.[44] Aristotle suggests that when we identify the *terminus a quo* of change as matter, we indicate that the reference is to ὕλη by means of a special lexical device: we say that the product of the change is not 'ἐκεῖνος', but 'ἐκείνινος', not 'that', but 'thaten' (1033ᵃ5–7). He then introduces the alternative already familiar from *Physics* I.7, that we say that the product comes 'from' the privation, again indicating that this identification is normal/preferable[45] ('μᾶλλον μέντοι λέγεται γίγνεσθαι ἐκ τῆς στερήσεως' (1033ᵃ11)), apparently as an explanation or justification of the lexical device ('αἴτιον', 1033ᵃ8).

Unfortunately the account that follows is rife with ambiguities.[46] When we lack a name for an obscure privation, 'then the product seems to come from these things as in the other case the healthy man came from the sick man', 'ἐκ τούτων δοκεῖ γίγνεσθαι ὡς ἐκεῖ ἐκ κάμνοντος' (1033ᵃ15–16). If 'τούτων' refers to the ὕλη involved in change where the privation is anonymous, then to say that the thing comes 'from' the matter must be an error, since in so doing we run together matter and privation. On the other hand, if 'τούτων' refers to nameless privation, then our descriptions of such examples properly parallel the model case where we do possess a term for the explicit identification of the *terminus a quo* as a particular στέρησις. In other words, 'δοκεῖ' fails to indicate whether the impressions prompting Greek-speakers to express them-

44 *Notes on Aristotle's Metaphysics* Z (pp. 61–3) has a good aporetic discussion of this section which helped me to focus more crisply on its problematic features.

45 *Notes on* Z is clear that Aristotle's point is normative: 'when we say that X comes ἐκ Y, this is used properly where Y is a privation, less properly where Y is matter' (p. 61).

46 I am entirely indebted to *Notes on* Z (pp. 61–2) for my analysis of the possible determinations of Aristotle's intentions.

selves as they (purportedly) do are truthful or not. Finally Aristotle stipulates that reference to the privation is indeed preferable to and not merely more usual than reference to the matter. However, he disappointingly insists without argument that that 'from which' something comes must not persist ('διὰ τὸ δεῖν μεταβάλλοντος γίγνεσθαι ἐξ οὗ, ἀλλ' οὐχ ὑπομένοντος' (1033ᵃ21–2)).

Does the Greek language faithfully reflect Aristotle's discrimination between kinetic principles or not? Obviously, the weaker the notion of 'reflection' involved in this question, the easier it is to think that Aristotle might plausibly suppose that general idiom matches special doctrine. If language marks a distinction without further indication of what in fact underlies the difference, then he can convincingly claim to explain why we talk as we do. There are discrete ways to say that something emerges 'ἔκ τινος', and the logical distinction between privation and matter justifies (somehow motivates?) this linguistic discrimination.

Clearly this weak idea of reflection concedes that language is indeterminate, in that it could not serve as a basis for choice between rival philosophical theories accounting for linguistic practice in different terms. Thus no particular explanation could derive support from language, since Greek usage is compatible with any philosophical distinction that the language might somehow 'reflect'. If the dependence is to go the other way, then the 'reflection' of philosophy in Greek must be clearer – at the cost of plausibility. Surely, at best fluent Greek-speakers could only lisp Aristotelian. At any rate, his apparently eccentric preference for identifying 'that from which' with the privation which perishes has no bearing on how much help he expects from language, although it will affect the sense in which Greek is philosophically deficient. His preference can apply either (1) to our extra-linguistic specification of kinetic factors left obscure in the language itself, or (2) to Greek which does actually articulate Aristotelian principles. Only (2) entails that some of what we say is strictly incorrect, rather than just vague.

Whether or not we can resolve this puzzle over Aristotle's

attitude to ordinary usage, it leaves untouched the problem of how he supposes that his account of (im)proper identification of the 'ἔκ τινος' might justify or explain our employment of the 'ἐκείνινος' locution. The idea seems to be that when we speak/can be interpreted as speaking in the second-best manner, we nevertheless fumble after the correct description of the *terminus a quo*, which refers to a non-persistent privation. Just as the product of change is no longer and is no longer said to be characterised by the privation, so when the στέρησις is anonymous we avoid saying that the product is 'ἐκεῖνος', since here matter stands in for the non-persistent factor. But of course the matter does really persist, and accordingly we manage to refer to the ὕλη by calling the product 'thaten' rather than 'that'.[47]

Finally, *Metaphysics* Θ.7 employs a version of our argument, now modified so as to mesh with Θ's characteristic preoccupation with the concepts of potentiality and actuality. Aristotle wishes to determine when something is truly (or in the primary sense) potentially something else. In the first part of the chapter he suggests that in the case of art, the matter is potentially the product when nothing in either the external circumstances or the state of the material would hinder the artist from making the artefact, if he so desired. Since in the case of nature there is no external agent, the condition for potentiality reduces to, e.g., the embryo developing of itself into a person in the absence of external hindrance (1048^{b}37–1049^{a}18).

Aristotle goes on to contend that if something is potentially something else, then it will constitute not the remote, but the proximate matter of the product, and develops his contention with the aid of the special lexical device. Wood is potentially a box, inasmuch as it is the proximate matter of the box into

[47] Cf. *Notes on* Z: 'In certain cases where the στέρησις is rather indefinite and we have no name for it, we rely on the looser way of talking (or perhaps this is how the looser way arises? But Aristotle doesn't say this) and substitute the matter. However, the association of ἐκ with the non-persistent still draws us, so that when wood has been pre-empted by ἐκ (the statue comes ἐκ the wood) we feel reluctant to go on calling the statue wood, and so call it wooden instead' (p. 63).

which it is made, as we can discern from the linguistic fact that we call the box 'wooden', not 'wood' (1049ᵃ18–24). He then draws an analogy between our language in these cases and how we talk about the possession of affections: just as the box is 'wooden', not 'wood', so the man is 'musical' or 'white' rather than 'music' or 'whiteness'. Aristotle remarks that we are right to employ 'ἐκείνινον' to refer to both matter and affections, since both ὕλη and πάθη are 'indeterminate', 'ἀόριστα' (1049ᵃ29–1049ᵇ3).

Our earlier comments about the ambiguity inherent in Aristotle's commitment to the linguistic move apply here as well – it is extremely difficult to decide whether he intends justification to flow from language to philosophy or in the reverse direction, and again how much articulate information he supposes that Greek might contain. Two points in Θ.7 might contribute to our understanding of the problem. First, he illustrates the 'ἐκείνινος' locution in its application to proximate matter with the examples 'ξύλινον' (1049ᵃ19–20, 22), 'γήϊνον' (1049ᵃ20, 22), 'ἀερίνη' (1049ᵃ26), and 'πύρινος' (1049ᵃ26). While it is easy to suppose that ordinary Greek-speakers would acknowledge that the box is made of wood by calling it 'wooden', it is highly implausible to claim that they would also call the wood 'earthy' – no one would say this unless he both subscribed to Aristotle's theory of the elements and their combination, and also endorsed his explanation of what 'ἐκείνινος' signifies. Again, 'airy' and 'fiery' designate stages leading back to fundamental matter in a sequence which in any case seems to be merely hypothetical (1049ᵃ24–7).[48] We might conclude that Aristotle is not outrageously inviting us to believe that his specific examples actually occur in ordinary Greek.[49] Rather, his meaning must be that the ordinary language provides uninterpreted instances of a lexical schema which we can account for philosophically and then use to generate semi-technical, perhaps artificial terms that are rare or non-existent in untutored Greek.

[48] *Notes on Eta and Theta of Aristotle's Metaphysics* (pp. 131–2) argues convincingly that the discussion of prime matter should be taken as a thought-experiment.

[49] Although 'πύρινος', etc., certainly do occur elsewhere, it is hardly surprising that various theoretical discussions within the Aristotelian corpus provide instances of the entire set of adjectives (e.g. *DC* 289ᵃ16, *GC* 326ᵃ31, *DA* 435ᵃ12).

The second point reinforces this suggestion that the extent to which Greek 'reflects' correct philosophy is minimal and consequently that the degree of support one might reasonably expect to derive from language for a specific philosophical thesis must be modest. Aristotle claims that we use 'ἐκείνινος' formations when referring either to matter or to subjects qualified by certain affections, and that the joint 'indeterminacy' of ὕλη and πάθη justifies our practice. But surely they are not indeterminate in the same sense: some given matter is indefinite relative to its form, while an affection is a determinable of which some determinate instance comes to characterise a substance.[50]

Since this is hardly a trivial distinction, Aristotle can cite the common 'indeterminacy' of matter and affections in justification of our linguistic practice only if 'indeterminacy' is used here in a rather abstract, thin sense. Accordingly one could not consistently claim that linguistic discriminations in Greek are so fine as even to match structurally, let alone actually to articulate, the difference between ὕλη and πάθος. Furthermore, while the suggestion that a single lexical mechanism generates 'wooden', 'brazen', etc. could be intended as (in part) an empirical linguistic hypothesis, it would be another matter to propose that one and the same principle of modification might also yield 'musical'. This problem evaporates if instead Aristotle merely supposes that one and the same loose philosophical 'translation' might correspond to lexically distinct sections of natural language, and that native speakers might properly utter tokens of such expressions without having even latent conceptions in common.

If they are sound, there is nothing to prohibit us from using these speculations concerning the nature of Aristotle's enigmatic linguistic move when attempting to gauge the pos-

[50] Thus I am in only partial agreement with Ross's interpretation: 'What is the meaning of saying that both ὕλη and πάθη are indefinite? Matter is τὸ ἀόριστον πρὶν ὁρισθῆναι καὶ μετασχεῖν εἴδους τινός (A.989^{b}18); it is indefinite in the sense that it has (relatively to that whose matter it is) no form or character. πάθη (such as whiteness) are indefinite not in the sense of having no character but in the sense of being "floating universals", not in themselves fixed down to any one out of many. Now since substances on the one hand have a character and on the other hand are definite individuals, no substance can be said to *be* its matter (e.g. "wood") or its πάθος ("whiteness") but only to be made of its matter ("wooden") or characterized by its πάθος ("white")' (W. D. Ross, *Aristotle's Metaphysics, A Revised Text with Introduction and Commentary* (Oxford, 1975), vol. II, pp. 257–8).

sible implications of *Physics* I.7 as supplemented by *Metaphysics* Z.7. Where of course the texts diverge sharply is in their gloss on the 'ἐκείνινος' locution. Z.7's explanation depends on the premiss that we properly specify privation rather than matter as 'that from which'; since Θ.7's model refers to the potentiality/actuality rather than the privation/form distinction, it simply does not recognise that there might be alternative identifications of the 'ἔκ τινος'. Moreover, one might argue with some plausibility that Θ.7 could hardly concede to Z.7 that faulty recognition of the true state of affairs motivates this way of speaking: surely employment of a special linguistic form to refer to proximate matter is impeccable.[51]

Perhaps it would not be an outright inconsistency to maintain with Z.7 that reference to matter by this means is only a second-best manner of speech and to contend with Θ.7 that the matter thus picked out is proximate rather than remote, but the combination would be unstable. If this way of talking is strictly incorrect, then how can it reliably support (or 'reflect') the thesis about potentiality? The most disconcerting feature of Aristotle's obscure reliance on the lexical device is that he seems to feel free to interpret it afresh on each occasion. Although a modest reading of 'reflection' can alleviate the difficulty – indeterminate language will yield a variety of philosophical projections – it will not eliminate it altogether. The conclusion that Aristotle changed his mind is inescapable. While we should resist the temptation to arrange our texts genetically, we cannot evade an ultimate decision about the relative merits of the arguments, regardless of their chronological relationship. It will emerge that the supposedly immature *Physics* VII.3 does rather well in the comparative evaluation against the undeniably sophisticated and supposedly mature chapters from the *Metaphysics*.

We are now prepared to examine VII.3's linguistic thesis directly. The programmatic comments about the uncertainty that attaches to Aristotle's intentions in producing any such argument apply here as well, and need not be repeated; instead

[51] One might reasonably entertain the suspicion that Z.7 is really a completely isolated discussion, since even within Z itself, let alone in the next book, Aristotle immediately goes against its recommendation on the 'out of which' usage (*vid.* Z.8, 1133^{a}25ff.).

we shall turn quickly to the unique features of this version. As previously remarked (*supra*, p. 187), α but not β phrases its form of the argument so as to refer directly to the shaped product as 'τὸ σχηματιζόμενον καὶ ῥυθμιζόμενον' (245^{b}9). Instead, β's formulation refers to that 'from which', 'ἐξ οὗ', the form is constituted (245^{b}26). Nevertheless, α immediately thereafter also refers to that 'from which' (245^{b}10). Therefore VII.3 in both versions is evidently related to *Physics* I.7 and *Metaphysics* Z.7 in its preoccupation with that 'from which' changes occur. However, VII.3, like *Metaphysics* Θ.7, lacks any mention of the other two texts' thesis that στέρησις might serve as an alternative specification of the 'ἔκ τινος', nor *a fortiori* does it fall in with Z.7's explicit judgement that reference to privation is somehow preferable.

On the basis of a fairly familiar list of examples, VII.3 suggests that the language that we employ to refer to the material on which we impose a shape differs systematically from the language that we use to describe what has been affected and altered in the strict sense. The statue is not 'bronze', but 'brazen', the bed is not 'wood', but 'wooden', the πυραμίς is not 'κηρός', but 'κήρινος';[52] in contrast, the altered bronze and wax (β (245^{b}29–246^{a}21) mentions only the bronze) are simply called, e.g., 'liquid', 'hot', 'hard'.[53]

52 Translators and commentators (e.g. Gaye, Cornford, Ross, Wagner) typically assume that as in the other cases, Aristotle here mentions an ordinary artefact, so that the reference is to a candle rather than the geometrical solid. But *GC* 334^{a}32–4 should make us hesitate: '... ἐκ κηροῦ γένοιτ' ἂν ἐκ μὲν τουδὶ τοῦ μέρους σφαῖρα, πυραμὶς δ' ἐξ ἄλλου τινός· ἀλλ' ἐνεδέχετό γε ἐξ ἑκατέρου ἑκάτερον γενέσθαι'. Surely here the contrast with the sphere suggests that 'πυραμίς' is 'pyramid' (although Cornford actually takes note of this passage only to recommend 'ball' rather than 'sphere' and 'candle' again rather than 'pyramid' (pp. 228–9)). Since Aristotle believes that a waxen version can stand in for the popular brazen sphere as a composite object illustrating the distinction between form and matter (*GA* 729^{b}17), the quibble is not altogether pedantic. If in VII.3 'πυραμίς' is 'pyramid', then the first two items in the list are for Aristotle almost canonical exemplifications of the μορφή/ὕλη combination.

53 Both versions also make the rather puzzling parenthetical remark that in the case of alteration, the counter-predication is also acceptable. Simplicius' explanation of this claim is persuasive: were one compelled to identify something on which a form has been imposed under a material description and then to predicate the shape of the matter (e.g. 'the wax is a triangle'), there would be no matching counter-prediction (we have not 'the triangle is wax', but rather 'the triangle is waxen'). On the other hand, when alteration is in question, the counter-predication is symmetrical: e.g. to 'the bronze is hot' corresponds 'the hot ⟨thing⟩ is bronze' ('τὸ θερμὸν χαλκὸν λέγομεν') (S. 1063.6–12).

Now, according to α, since the shape and form are not predicated of the new thing which has come to be by virtue of shaping, while affections and alterations are predicated of what has undergone alteration, it is clear that generation is not alteration (246ª1–4). In order to compare β's conclusion with α's we must first take account of the particular features of VII.3's description of the linguistic phenomenon, since β's conclusion, unlike α's, is phrased in terms unique to VII's handling of the lexical device. As we have learnt, in *Metaphysics* Z.7 and Θ.7 Aristotle refers to the special locution by means of what is apparently his own term of art, 'ἐκείνινος', although the texts seem to differ over both the mechanism producing (or philosophical justification of) this manner of speech and its range of occurrence. But here in VII he describes the phenomenon quite differently: while we call what is altered 'hot', etc., *homonymously* with the affection in question, the material description properly applicable to what has been shaped is derived *paronymously* from the ἐξ οὗ (245ᵇ11–12, 245ᵇ16–246ª1/245ᵇ27–8, 246ª22–4).

The most obvious way to interpret VII's distinction is to refer to the celebrated terminological conventions established in the first chapter of the *Categories*. The definition of paronymy matches VII's 'ἐκείνινος' expressions well enough, although the examples provided are hardly relevant to VII's concerns[54] – but this should not worry us, since no two Aristotelian texts agree altogether on the nature and range of occurrence of the lexical device, however it might be designated. On the other hand, at least at first glance the definition of homonymous items, which share a name but differ in account (1ª1–6),[55] does not seem at all a good fit: while the *Categories* appears to focus on purely ambiguous terms, by 'homonymous appellation' *Physics* VII

[54] 'παρώνυμα δὲ λέγεται ὅσα ἀπό τινος διαφέροντα τῇ πτώσει τὴν κατὰ τοὔνομα προσηγορίαν ἔχει, οἷον ἀπὸ τῆς γραμματικῆς ὁ γραμματικὸς καὶ ἀπὸ τῆς ἀνδρείας ὁ ἀνδρεῖος' (*Cat.* 1ª12–15).

[55] ''Ομώνυμα λέγεται ὧν ὄνομα μόνον κοινόν, ὁ δὲ κατὰ τοὔνομα λόγος τῆς οὐσίας ἕτερος, οἷον ζῷον ὅ τε ἄνθρωπος καὶ τὸ γεγραμμένον· τούτων γὰρ ὄνομα μόνον κοινόν, ὁ δὲ κατὰ τοὔνομα λόγος τῆς οὐσίας ἕτερος· ἐὰν γὰρ ἀποδιδῷ τις τί ἐστιν αὐτῶν ἑκατέρῳ τὸ ζῴῳ εἶναι, ἴδιον ἑκατέρου λόγον ἀποδώσει' (*ibid.*, 1ª1–6).

perhaps intends nothing more elaborate than calling things by the same name.[56]

However, if we borrow a further bit of doctrine from the *Categories* we can retain this source of illumination on VII's terminology and thereby dismiss the suspicion that its idea of homonymy is unduly naïve. In the course of distinguishing things 'said of' from those 'in' substances, Aristotle remarks of the latter that in at least some cases their name but not their account can be predicated of the substrate in which they inhere. He illustrates this claim with an example of a πάθος which would serve just as well to exemplify VII's homonymous reference to an affected object.[57] If we endorse this likely gloss on VII's usage, we need not suppose that at the time of its composition Aristotle had not yet deviated from the relatively undeveloped Platonic notion of homonymy (an assumption in any case ruled out by the semantics of VII.4, as we shall see), but we would be obliged to concede that VII's scheme overlaps only approximately with that of the *Categories*. Although the ruling conception is perhaps very much the same, in the two texts Aristotle employs semantic classifications that do not exactly coincide.

If this is the right way to describe the divergence, it of course does not follow that the discrepancy tells in favour of the *Categories*, since the traditional authority accorded to it may very well be the outcome of an intricate series of historical accidents.[58] In particular, we should not feel free to

[56] Ross and Cornford *ad loc.* claim that is 'by the same name', and Gaye translates 'by the original name' (cf. my own translation). This is of course the ancient, core meaning of 'ὁμώνυμος' (e.g. *Il.* XVII.720), which clearly survives unchanged in at least early and middle Plato (e.g. *Phaedo* 78D10-E2, *Republic* 330B3, *Theaetetus* 147, *Sophist* 218B2–3; whether the semantic conception at *Parmenides* 133D2–5 and *Sophist* 234B6–7 remains undeveloped is a fascinating and difficult issue). The nice point which concerns us at present is the nature and extent of Aristotle's modification of the original, ordinary notion of 'name'.

[57] 'τῶν δ' ἐν ὑποκειμένῳ ὄντων ἐπὶ μὲν τῶν πλείστων οὔτε τοὔνομα οὔτε ὁ λόγος κατηγορεῖται τοῦ ὑποκειμένου· ἐπ' ἐνίων δὲ τοὔνομα μὲν οὐδὲν κωλύει κατηγορεῖσθαι τοῦ ὑποκειμένου, τὸν δὲ λόγον ἀδύνατον· οἷον τὸ λευκὸν ἐν ὑποκειμένῳ ὂν τῷ σώματι κατηγορεῖται τοῦ ὑποκειμένου, – λευκὸν γὰρ σῶμα λέγεται, – ὁ δὲ λόγος τοῦ λευκοῦ οὐδέποτε κατὰ τοῦ σώματος κατηγορηθήσεται' (*Categories* 5.2ᵃ27–34).

[58] The reader should consult Frede's 'The Title, Unity, and Authenticity of the Aristotelian *Categories*' for the best account of the problem.

infer that the fact that *Physics* VII does not fall into line with the *Categories* establishes that VII is an especially immature Aristotelian work; on other grounds we have already argued (p. 163 *supra*) that it would be reasonable to suppose that VII actually reforms category theory as expounded in the treatise called ΚΑΤΗΓΟΡΙΑΙ.[59] A more sensible genetic hypothesis is the suggestion that in *Metaphysics* Θ.7 and Z.7 Aristotle introduces the 'ἐκείνινος' locution so as to avoid potentially misleading retention of a terminology associated with a relatively simple semantic scheme he no longer endorsed.

Even so, it again would not follow that VII's linguistic argument shows poorly against the *Metaphysics* texts. In fact, VII's version does very well in comparison with the others, as a simple *résumé* of our findings so far establishes. *Physics* I.7 and *Metaphysics* Z.7 argue that 'ἔκ τινος' might refer to either matter or privation, but that it more properly refers to στέρησις (perhaps *Physics* I.7, definitely *Metaphysics* Z.7). The inferior way of speaking arises in order to permit a fumbling acknowledgement of the primacy of privation when 'that from which' does refer to the material factor. This story is rather difficult to accept: if Greek is incorrect rather than merely vague (*supra* p. 192), Aristotle's analysis in Z introduces an undesirable tension between language and philosophy. This argument about the origin of 'ἐκείνινος', at once implausible and sterile, seems to exonerate language just to the extent that it provides a partial and distorted reflection of the truth. In contrast, VII.3's argument, which seeks to exploit the linguistic phenomenon positively, is much the more palatable.

According to *Metaphysics* Θ.7, the lexical device identifies proximate matter, which is potentially whatever constituted from it, is in actuality. Furthermore, derivative terms referring to affections are also instances of the 'ἐκείνινος' locution. While the first point is compatible with VII.3, although our chapter of course does without the potential/actual analysis, the second claim is strikingly incompatible with VII's argument: for Θ.7 casually assimilates precisely those cases of alteration

[59] Frede (*art. cit.*) argues convincingly against the idea that any special weight attaches to the work by virtue of this contested title.

and shaping which VII.3 wishes to distinguish sharply. But there is every reason to prefer VII.3's deployment of the linguistic argument to Θ's assimilation of 'white' and 'musical' to 'brazen' and 'wooden', which hardly respects the natural contours of the Greek language.

Having attempted to gauge the significance and value of *Physics* VII's peculiar formulation of the linguistic argument, we may now at last turn to the thesis which β derives from it, since the conclusion of the ἕτερον βιβλίον incorporates the special paronymy/homonymy terminology. The claim is that since shapes are not predicated homonymously of that 'from which' emerge the form and the shape and that which comes to be, while affections are predicated homonymously of what has been altered, it is clear that alteration occurs only in perceptible qualities (246^{a}22–5). In contrast with α, β is here enthymematic, but not intolerably so. β silently takes α's explicit conclusion, treats it as intermediate, and reasons as follows: generation is not alteration; but generation by shaping was the strongest candidate apart from acquisition and loss of ἕξεις for alteration unrestricted to perceptible qualities; therefore alteration occurs only in perceptible qualities.

By this point I have exhausted the possible interpretations of how the linguistic argument might contribute to Aristotle's case for strict alteration, and perhaps exhausted the reader as well. Although I have attempted to specify all the options, choice between them cannot be definitive, since the nature of Aristotle's commitment to the linguistic move remains stubbornly indeterminate – this aporetic conclusion emerged from our investigation of VII.3's companion texts, and prohibits us from unhesitatingly evaluating the pretensions of the argument about shaping. But it remains profitable to understand just why we do not understand a philosophical strategy; moreover, many scholars seemingly fail to register how radical and disconcerting is the disunity among Aristotle's various readings of how people speak Greek.[60]

60 E.g. Charlton in commenting on *Physics* I.7 merely strings the arguments together, as though their combination presented no difficulty: 'This is explained in *Met.* Z.7 1033^{a}13–18 (cf. also Θ 1049^{a}19–20) and most interestingly, perhaps, though the authority of the book is questionable, in *Phys.* VII . . .' (p. 74).

α does not introduce the refinement that alteration may nevertheless necessarily accompany generation until after the linguistic argument (246ᵃ4–9, corresponding to 245ᵇ23–6). It is high time that we probed this curious relationship. Aristotle remarks that it would be 'odd' or 'peculiar' ('ἄτοπον': in accordance with his standard practice, we should understand this as understatement for unacceptable bizarrerie) to say of a man or a house or anything else that comes-to-be, that it undergoes alteration. In substance this is the now familiar claim about the logic of existential change, the point being that, for instance, 'man' can hardly be the antecedent of 'it' in 'it has undergone alteration', if the man only comes into existence at the end of the process. We correctly say 'a man has come-to-be'; whatever is the proper subject of γένεσις is not and thus should not be specified as the subject of whatever changes might occur prior to or in the course of its generation. A reminder of this position comes in appositely on the strength of the contention that all shaping is γένεσις (note that otherwise the conclusion of 246ᵃ3–4 is a *non sequitur*). Presumably Aristotle expresses the thesis as he does, in terms of linguistic peculiarity, in order to preserve the format of the immediately preceding main argument from language (β 245ᵇ23–5 is non-linguistic, although its separate section on perfection, 246ᵃ25–8, which partially corresponds to α's 246ᵃ4–9, is cast in linguistic terms: 'τὸ γὰρ λέγειν τὸν ἄνθρωπον ἠλλοιῶσθαι ... γελοῖον ...').

What is special is the appended qualification that perhaps alteration necessarily accompanies each case of generation, albeit what is altered cannot be the same as what comes-to-be. How does this characteristic claim of VII.3 function? We must work through the condition carefully, concentrating on its status as a universal generalisation, the sense of accompaniment, and the implications of the modality.

First, is Aristotle really committed to the concomitance of alteration in 'each and every' ('ἕκαστον') case of generation? There is good reason to think not; the claim happens to be especially implausible for what ought to be the central examples under consideration, existential changes which produce new σχήματα. Surely heating, cooling, etc. make no contribution to the construction of a wooden sphere or statue. So perhaps

Aristotle has not expressed himself accurately: what he actually intends us to understand is that there may well be changes distinct from γένεσις necessarily associated with any given instance of generation, and that in some (but by no means all) instances these associated changes will be qualitative (e.g. in the case of the coming-to-be of a man, but not of a house). We shall discover that Aristotle's overriding concern is in fact those existential changes whose concomitant κινήσεις would be restricted to alteration; in light of his preoccupation, his inaccurate generalisation here is readily understandable.

Second, what is the sense of 'accompaniment'? I have deliberately availed myself of a variety of vague expressions intended to match the obscurity of Aristotle's descriptions, which give precious little away (his use of the genitive absolute merely indicates a relationship without specifying what it might be). We of course do know what it is that is concomitantly altered as x comes-to-be, *viz.* its matter ($246^{a}7/245^{b}25$–6): by definition ὕλη as ὑποκείμενον pre-exists the γιγνόμενον so as to undergo and persist through those changes culminating in the new existent.

However, this fact at first seems to aggravate our difficulties rather than to clarify Aristotle's meaning. Perhaps the most formidable challenge that Aristotle's conception of alteration posed for us was just his refusal to categorise qualitative change involving essential characteristics as alteration (*supra*, pp. 165–9). I proposed to meet the difficulty by working through and emphasising the full repercussions of Aristotle's anti-reductionism, his commitment to viewing the world from above. Thus there seems to be a violent clash with VII.3: its reference to accompanying qualitative change condones describing one and the same change alternatively as (a contribution towards) generation (new substance as subject) and as alteration (persistent matter as subject). But the latter description apparently concedes the possibility of just such an analytical account of constitution as we were at pains to exclude on Aristotle's behalf (*supra*, p. 167).

We can dissolve this quandary by concentrating on how 'accompaniment' might serve Aristotle's turn within VII.3. The qualification should permit him either to bring generation, etc., within the scope of the contact condition indirectly, or to justify the claim that certain other κινήσεις which do demand contact are acceptable proxies for the awkward changes. Here he takes up the second option: true, one cannot suppose that the generator of a man in the very course of creation touches it, on pain of getting the logic of existential change completely wrong. Nevertheless one can suppose that the agents of whatever qualitative changes are involved in embryonic development are and *must be* (on the strength of VII.2) in direct contact with what they work on.

Aristotle now strikingly permits himself to call this sort of change 'ἀλλοίωσις', not because he has shifted (or not yet formulated) his view on the special status of essential qualitative characteristics, but rather because in VII, for the sake of the *reductio*, it is all-important to focus exclusively on the occurrence of change in perceptible quality, be it essential or accidental. Change in *any* perceptible quality demands contact. Thus Aristotle here allows himself to designate as 'ἀλλοίωσις' qualitative changes in the ὕλη of a γιγνόμενον so as to be able to specify what it is in γένεσις that is touched by a changer, given that logic precludes the proper subject of γένεσις from filling this rôle.

Third, what are the implications of 'necessarily'? We must tread very carefully. Clearly, Aristotle introduces the modality in order to ensure that there will *always* be some proxy κίνησις or other to satisfy the contact requirement on behalf of cases of existential change which apparently flout it. But is there any more to 'ἀναγκαῖον' than that? That is, does Aristotle commit himself to the proposition that, if a certain pattern of qualitative change occurs, then a certain substance comes-to-be? If so, what is the form of the implication, and what is its strength? We must distinguish between (a) 'necessarily, if these ἀλλοιώσεις occur, then this substance comes-to-be' and (b) 'necessarily, if these ἀλλοιώσεις occur, then this substance comes-to-be purely thereby'. Aristotle would definitely reject (b) out of hand, since it entails that there is complete determination from below, that matter determines form rather than the other way about.

Formulation (b) expresses a reductionist thesis, and Aristotle could not tolerate it. Nevertheless, even the weaker (a), which expresses a supervenience thesis, would prove intensely problematic for him. Supervenience is a doctrine which typically attracts modern opponents of outright reductionism in a variety of fields. Seeing how and why depicting Aristotle as an advocate of a supervenience doctrine would distort his position will complement our repeated, central idea which has been expressed half-metaphorically by saying that he views the world from above.

A supervenience claim has it that truths of one type are fixed by truths of another, distinct type, or equivalently that possession of supervenient properties, while not identical to possession of base properties, is strictly determined by them.[61] Since such determination does not entail either token–token or type–type correlation between supervenient and base features, it is weaker than straight reduction to whatever characteristics are considered fundamental, while conceding that they are indeed fundamental – that is why they fix the supervenient properties.[62] Perhaps the most prominent uses to which this

[61] In Blackburn's formulation: 'A property M is supervenient upon properties $N_1 \ldots N_n$ if M is not identical with any of $N_1 \ldots N_n$ nor with any truth function of them, and it is logically impossible that a thing should become M, or cease to be M, or become more or less M than before, without changing in respect of some member of $N_1 \ldots N_n$' (Blackburn (1), p. 106). In an equivalent synchronic formulation: 'A property M is supervenient$_2$ upon properties $N_1 \ldots N_n$ if M is not identical with any of $N_1 \ldots N_n$, nor with any truth function of them, and it is logically impossible that two things should each possess the same properties from the set $N_1 \ldots N_n$ to the same degree, without both failing to possess M, or both possessing M, to the same degree' (*ibid.*, p. 106).

[62] This is common ground to all contributors to the subject, e.g. Kim: 'the main point of the talk of supervenience is to have a relationship of dependence or determination between two families of properties *without* property-to-property connections between the families' (p. 150; however, he confusingly goes on to presume without argument that supervenience in fact never occurs without complete necessitation from below (p. 157), so that in the end all we have are reductive relationships). In a later presentation of his views Blackburn corrects his earlier, incorrect suggestion (see previous note) that the necessitation involved need be limited to *logical* necessity: 'The idea is that some properties, the A-properties, are consequential upon some other base properties, the underlying B-properties. This claim is supposed to mean that in some sense of *necesssary*, it is necessary that if an A-truth changes, some B-truth changes; or if two situations are identical in their B-properties they are identical in their A-properties. A-properties *cannot* (in the same sense) vary regardless of B-properties' (Blackburn (2), pp. 182–3).

notion has been put are in ethics, where it permits a rejection of naturalism without granting moral qualities supernatural autonomy from objective fact,[63] and in the philosophy of mind, where it contributes crucially to anomalous monism.[64]

The problem with our gloss (a) on the necessity by which Aristotle intends to link generation with alteration, 'necessarily, if these ἀλλοιώσεις occur, then this substance comes-to-be', is that even if it does not import reductionism, it posits just the wrong direction of dependence between matter and form. His 'hypothetical necessity', which entails that certain material conditions be fulfilled *given* that a certain formal result is to be achieved (*Physics* II.9), is introduced precisely to avoid any suggestion of necessitation from below. For Aristotle, there is no sense in which matter 'fixes' form: since εἶδος is prior to ὕλη in λόγος, we cannot *in principle* specify a set of material 'base-truths' to underlie supervenient formal truths. This is where Aristotle's anti-reductionism goes far beyond anything contemplated by modern philosophers. Typically, our contemporaries who resist some brand of reductionism do not deny the logical possibility of necessitation from below; they do not accuse their opponents of contradicting themselves. In contrast, Aristotle would contend that reductionism cannot even be formulated consistently.

To approach this conclusion once more from a somewhat different direction: it is highly uncertain that Aristotle would agree that altogether *determinate* material processes occur on

[63] '. . . in the moral case it seems conceptually or logically necessary that if two things share a total basis of natural properties, then they have the same moral qualities. But it does not seem a matter of conceptual or logical necessity that any given total natural state of a thing gives it some particular moral quality' (Blackburn (2), p. 184).

[64] 'Although the position I describe denies there are psychophysical laws, it is consistent with the view that mental characteristics are in some sense dependent, or supervenient, on physical characteristics. Such supervenience might be taken to mean that there cannot be two events alike in all physical respects but differing in some mental respect, or that an object cannot alter in some mental respect without altering in some physical respect. Dependence or supervenience of this kind does not entail reducibility through law or definition: if it did, we could reduce moral properties to descriptive, and this there is good reason to *believe* cannot be done; and we might be able to reduce truth in a formal system to syntactical properties, and this we *know* cannot in general be done' (Davidson, p. 214).

which the coming-to-be of high-level natural kinds might supervene. That is, since his qualities are non-quantitative (*vid. supra*, p. 189), one could only have, e.g., the description 'this matter has undergone *some* heating'. But if we cannot say 'matter A and matter B have both been heated up to degree ϕ', how can we reasonably claim that by virtue of heating, some new property has supervened on both A and B? If in an un-Aristotelian spirit we hang on to the contention that there must be *some* degree ϕ corresponding to the advent of the new property, where 'correspondence' flags a relation even weaker than supervenience, then we are obliged to admit that merely *ex post facto* could one say that the heating was productive of ϕ. The identification is: 'heating-productive-of-ϕ', and ϕ is a bogus quantity inasmuch as it can only be specified as 'whatever degree corresponds to appearance of the new property'.

Aristotle himself correctly rejects any such idea of a phantom, epiphenomenal quantity. Our modern conception of material constitution makes the temptation to cling to at least the possibility of descriptions from below, cast in quantitative terms, almost irresistible. But for Aristotle, no one not in awe of some Pythagorean shibboleth would feel any inclination to concede this now inevitable possibility. In the alien Aristotelian world, reference to the supposedly supervenient facts *underlies* specification of the supposedly basic facts; that is why we cannot consider him to be the philosophical ancestor of modern supervenience theorists. 'Necessarily' insists that the concomitance of alteration with generation is altogether exceptionless; the *reductio* can rely on the presence of suitable proxies which satisfy the contact condition. It would be a grave error to think that the modality has any further, substantive implications. Of course, there is a price to pay: to the extent that Aristotle keeps free of any commitment to reduction or to supervenience, he seems to lose any independent support for the claim that we can depend on the *constant* accompaniment of alteration. Is 'necessarily' any better than a convenient stipulation?

Although both α and β maintain that completion or perfection cannot be identified with alteration, α employs this contention in order to establish that virtues and vices are not strict, qualitative changes (246ᵃ10–246ᵇ3), while β develops it in a section pendant on its core linguistic argument, reinforcing the conclusion that generation is distinct from alteration (246ᵃ25–8). In order to ensure that we do not surreptitiously beg the question to β's disadvantage, we shall analyse this argument twice over in the distinct contexts provided by α and β, despite the risk of some repetition or redundancy.

β suggests that it would be ridiculous to say that the man (we must understand: ⟨who has come-to-be⟩) has undergone alteration, or that the house which has achieved its completion has been altered. This point is amplified somewhat: it would be absurd to suppose that in being perfected, *viz*. receiving its coping or tiling, the house is thereby altered. Therefore it is clear that alteration does not figure in the coming-to-be of new things.[65]

Does Aristotle unreasonably imply that before a final stone is set,[66] the edifice is without form, that it does not yet exist? Could that anonymous man have dissolved the temple of Artemis at Ephesus by abstracting a topmost brick, or even a whole course? From Aristotle's point of view, at least removal of the entire course would indeed destroy the structure, and his position is certainly defensible, if we concentrate as he does on the purpose served by buildings. Because a house is defined as a shelter,[67] if the thing fails to cover, it is not (yet) a house. Since the roof is thus a necessity and does not come separately, its removal, or in general the detachment of any completing part from anything, will result in destruction. Therefore by

[65] β's slipshod phrasing here ('δῆλον δὴ ὅτι τὸ τῆς ἀλλοιώσεως οὐκ ἔστιν ἐν τοῖς γιγνομένοις' (246ᵃ28–9)) is rather unfortunate, since it is committed to alteration's association with generation despite their non-identity (245ᵇ24–5).

[66] This impression is strengthened by the incorrect translation of 'θριγκός' as 'coping-stone' rather than 'coping' or (even better, but cumbersome) 'topmost course of bricks' (Ross in his analysis (p. 424) gets it wrong, but LSJ (*s.v.*) recognise what Aristotle must mean here).

[67] 'Δεῖ δὲ μὴ ἀγνοεῖν ὅτι ἐνίοτε λανθάνει πότερον σημαίνει τὸ ὄνομα τὴν σύνθετον οὐσίαν ἢ τὴν ἐνέργειαν καὶ τὴν μορφήν, οἷον ἡ οἰκία πότερον σημεῖον τοῦ κοινοῦ ὅτι σκέπασμα ἐκ πλίνθων καὶ λίθων ὡδὶ κειμένων, ἢ τῆς ἐνεργείας καὶ τοῦ εἴδους ὅτι σκέπασμα ...' (*Metaphysics* H.3, 1043ᵃ29–33). For our purposes the possibility floated here that the reference of 'house' is ambiguous is irrelevant, since 'shelter' figures in the definition of both the form and the composite artefact.

symmetry Aristotle has a right to his contention that 'perfection' or 'completion' in this sense[68] is the final phase of existential change, so that τελείωσις cannot be assimilated to ἀλλοίωσις proper (or of course to change in any other non-substantial category, but as always qualitative change is highlighted). Since this argument makes good sense and comes in appropriately at this juncture in β, we have no reason to suppose that its position in the ἕτερον βιβλίον is merely the result of careless transcription of his model on the part of an author who is not Aristotle himself.

246ᵃ10–246ᵇ3

Perfection

Aristotle has now finished his case against the mistaken idea that the acquisition or loss of shape is strict alteration, and passes on to the other main kinetic variety which one might readily and wrongly suppose to be (proper) ἀλλοίωσις, change in ἕξεις. Despite the apparent generality of his brief, the current argument, and indeed the remainder of the chapter, draw conclusions from consideration of virtues and vices. But are all states or conditions virtuous or vicious? Aristotle contends that neither corporeal nor psychic ἕξεις are alterations because 'αἵ μὲν γὰρ ἀρεταὶ αἵ δὲ κακίαι τῶν ἕξεων' (246ᵃ11–12). Although this phrase might very well make the strong identity claim,[69] one could conjecture that the genitive is to be taken in a weaker sense, yielding the modest proposition that 'virtues and vices are ⟨types of⟩ condition'; the problem with this conjecture, of course, is that it leaves Aristotle with far too modest a basis for a case against the assimilation of any state *whatsoever* to strict alteration.

But need we in fact feel any difficulty in the supposition that

[68] It should be clear that Aristotle's definition of pleasure as the τελείωσις marking the activity of a well-conditioned faculty working on an excellent object (*EN* x.1174ᵇff.) has no bearing on the discussion in *Physics* VII.

[69] Ross would have us understand that 'such states are either excellences or defects' (p. 423); the corresponding claim in β ('αἵ γὰρ ἕξεις ἀρεταὶ καὶ κακίαι', 246ᵃ30) allows no alternative to this reading.

all conditions are virtuous or vicious? 'ἕξις' designates a fixed propensity to engage in activities of a unified (if not simply uniform) character. As such, ἕξεις determine the behaviour of the substances which they qualify, as these substances are exposed to a variety of stimuli throughout their histories – e.g. a man's life-story unfolds as opportunities arise for the actualisation of the ἕξεις constituting his character. Furthermore, on these occasions a substance will show its mettle, will reveal how good an example it is of whatever it is, i.e. will demonstrate its ἀρετή or κακία.

Now we see that there is no good reason to hesitate to ascribe to Aristotle the strong thesis that all states are virtuous or vicious. It is simply a corollary of his celebrated (or notorious) naturalistic belief that biological and instrumental kinds alike possess characteristic ἀρεταί shaped by their defining ἔργα. Given this view, it is true that any ἕξις whatsoever is up for evaluation, makes a positive or negative contribution to the functioning of its possessor, and thus is virtuous or vicious. This position demands and has received extensive discussion;[70] what narrowly concerns us, however, is that because *Physics* VII is in line with Aristotle's general belief, we should not suspect that its identity claim is motivated solely by the exigencies of the argument that seeks to prise change in ἕξις apart from ἀλλοίωσις.

In the way of preliminary clarification, one might query Aristotle's insistence that 'neither are corporeal or psychic states alterations' and that 'virtues are perfections and vices are departures from perfection' (246ᵃ10, 12, 246ᵇ1–3). Surely no one has suggested that these conditions are *themselves* changes, strictly qualitative or not – the issue is rather whether acquisition, loss or modification of ἕξις is ἀλλοίωσις. We should not lightly conclude that he has simply fallen into a primitive confusion of process with product. Perhaps Aristotle has been tempted into an inaccurate broadness of expression by his

[70] The most interesting recent treatment is Alasdair Macintyre's *After Virtue: A Study in Moral Theory* (London, 1981).

emphasis on the virtues' and vices' character as (im)passivity to change, which is exploited in the following sections. This is unfortunate, but far preferable to the idea that he really is committed to the crazy notion that states are somehow changes.

Aristotle argues that neither virtue nor vice is alteration, on the grounds that virtue is a sort of perfection ('τελείωσίς τις', 246ᵃ13, perhaps implicitly acknowledging that there are other senses of 'completion'[71]), while vice is the destruction of and departure from this excellence. He presents a subargument to back up the claim that virtue is completion. It is when anything has achieved its characteristic excellence that it is said to be 'perfect', for it is then most or entirely in accordance with its own nature ('μάλιστα κατὰ φύσιν', 245ᵃ14–15), as for instance a circle is perfect when it becomes most circular.[72] Thus just as we do not say that the completion of the house is alteration, since in being coped or tiled it is completed rather than altered, so in the same fashion the possession or acquisition of virtue *qua* perfection or vice *qua* falling away from perfection is not alteration.

α's argument no less than β's depends crucially on the cardinal Aristotelian assumption that 'to be ...' is always incomplete for 'to be some x', where x stands in not only for the definition of some natural or artificial kind, but furthermore for a definition that contains a functional specification (εἶδος determines ἔργον). The difference is that while β rests content with the relatively simple point that completion in its guise of existential change cannot be identified with alteration, α takes advantage of the fact that things fulfil their functions and thus exemplify their εἴδη with various degrees of success so as to forge a link between being and virtue. It is in the achievement of its char-

[71] *Vid.* n. 68.

[72] Cf. 'καὶ ἡ ἀρετὴ τελείωσίς τις· ἕκαστον γὰρ τότε τέλειον καὶ οὐσία πᾶσα τότε τελεία, ὅταν κατὰ τὸ εἶδος τῆς οἰκείας ἀρετῆς μηδὲν ἐλλείπῃ μόριον τοῦ κατὰ φύσιν μεγέθους ...' (*Metaphysics* Δ.16, 1021ᵇ20–3). Ross is right to dismiss Hoffmann's notion that this definition is a later refinement on what we have in *Physics* VII (p. 675).

acteristic excellence that a thing becomes complete, and by the same token becomes what it by nature most truly is.[73]

Inevitably this train of thought now strikes us as bizarre, since we are most familiar with a complete, existential sense of 'is' which condemns the idea of variable degrees of being as meaningless; we must strive to come to terms with Aristotle's venerable, alternative conception, which certainly is neither incoherent nor inconsistent. Unfortunately Aristotle's illustration, which disconcertingly contends that circles become complete as they approach perfect circularity, is a hindrance rather than a help. Is the claim that a as one traces out a circle, the closer one gets to closing the perimeter, the nearer the curve gets to being a circle, or that b some physical tokens of the ideal type 'circle' are better instantiations of it than others?[74] We had better opt for b, since on a there does not even seem to be a particular circle (yet),[75] let alone better or best ones. But Aristotle himself believes that geometrical figures do not admit of degrees, and perhaps relies on this important thesis within this chapter (*vid. supra*, p. 188).

If we shrug off Aristotle's choice of example as peculiarly unhappy, we nevertheless must confront a problem which directly attacks the suggestion that virtue and vice respectively contribute to and detract from the very being of their possessor. The objection is this: if as a man acquires virtue he completes his human development, or as he sinks into depravity gradually

[73] Perhaps Aristotle's contention that matter never entirely submits to the organisation of form supplements this story: 'καὶ ὥσπερ οὐδὲ ὁ ἀριθμὸς ἔχει τὸ μᾶλλον καὶ ἧττον, οὐδ' ἡ κατὰ τὸ εἶδος οὐσία, ἀλλ' εἴπερ, ἡ μετὰ τῆς ὕλης' (*Metaphysics* H.3, 1044ª9–11). So long as 'εἴπερ' introduces a serious concession, then Aristotle here suggests that in contrast to substance *qua* εἶδος, substance *qua* σύνολον admits of degrees of realisation. That this might very well be his *bona fide* doctrine is borne out by his discussion of the conditions under which female rather than male offspring are produced (*GA* 4.III, 767ª36ff.; see also *Notes on Eta and Theta*, p. 23).

[74] By this I do not mean to rule out the possibility that for Aristotle, there are physical exemplars of perfect circularity (i.e. in the heavens), in which case other actual instances of the shape will approximate more or less closely to them. But our discussion need not take account of this problem in the interpretation of Aristotle's philosophy of mathematics.

[75] On the difficulties besetting attempts to formulate adequate descriptions of such situations and Aristotle's partial success in overcoming them, see Owen's essay on *Metaphysics* Z.7–9 (*Notes on Aristotle's Metaphysics* Z, pp. 43–53).

ceases to be, then he simply does not survive change in ἕξις. But that is absurd – one and the same man lives through his ethical education and history, and it is because he retains his identity that we praise or blame him. Furthermore, Aristotle himself is at pains to stress this fact. Therefore VII.3's seeming assimilation of change in state or condition to existential change is utterly unacceptable not only to us, but also to Aristotle.

We can dissolve this conundrum by taking proper account of Aristotelian degrees of being, since the paradox succeeds solely by playing on our unthinking inclination to work with an absolute concept of existence. If 'being ...' (e.g. 'being a man') is variable, then naturally one and the same individual persists through a more or less determinate range of changes in what he is. This sounds like a contradiction because we assume that any change in essential character entails destruction – but the truth is rather that a thing only perishes if it loses its essence altogether. If essences can be and are variably realised both synchronically and diachronically, then Aristotle has a right to his claim that the perfect man *is* μάλιστα κατὰ φύσιν.[76] For Aristotle, the statement that Socrates is more of a man than Anytus is a literal rather than a metaphorical assertion.[77]

[76] I believe that this interpretation can be squared with the *Categories'* insistence that substance does not admit of a more or a less (*Cat.* 5.3^{b}33ff.), since the constancy through time demanded of substance is, as I have argued, compatible with variation in essential quality. If this does not convince, then it should be noted that the mature texts cited in n. 73 are equally in apparent conflict with the *Categories*, so that a doctrinal clash might lead us to suppose that Aristotle simply shifted his viewpoint.

[77] Simplicius' discussion (S. 1066.3–27) of this puzzle is so judicious that it deserves to be cited *in extenso*:

> 'Αλλὰ ζητήσοι ἄν τις οἶμαι, πῶς τὴν ἀρετὴν καὶ τὴν κακίαν γένεσιν καὶ φθορὰν τῆς ψυχῆς δυνατὸν λέγειν, ἥπερ ἔχουσα τὸ εἶδος τῆς ἀνθρωπίνης ψυχῆς καὶ ὑπομένουσα ἐν τῷ αὐτῷ ποτὲ μὲν ἀρετοῦται ποτὲ δὲ κακύνεται· διόπερ ὁ αὐτὸς ποτὲ μὲν φαῦλος ποτὲ δὲ σπουδαῖος γίνεται. πῶς δὲ ὁμοία ἡ τῆς ἀρετῆς πρόσληψις τῇ τοῦ κεράμου ἢ τοῦ περιβόλου; ταῦτα μὲν γὰρ μέρη τῆς οἰκίας ἐστὶ καὶ οὐχ ἕξεις· ἐκεῖνα δὲ οὐ μέρη· εἰ γὰρ μέρος ἦν ἡ ἀρετὴ τῆς ψυχῆς, ἀπολώλει ἂν ἡ τὴν ἀρετὴν ἀποβαλοῦσα. ὅλως δὲ διττὴ ἡ τελειότης, ἡ μὲν τῆς οὐσίας αὐτῆς οὖσα, καθ' ἣν πρώτοις καὶ μέσοις καὶ ἐσχάτοις ἑαυτῆς μέρεσι συμπεπλήρωται οὐκ οὖσα ἕξις αὐτή (τί γὰρ ἂν ἦν τὸ ἔχον μήπω τοῦ εἴδους ὄντος χωρὶς τῆς τοιαύτης τελειότητος;), ἡ δὲ κατὰ τὴν ἀρετὴν καὶ τὴν

Cambridge change[78]

Aristotle's strategy for the remainder of ch. 3 runs as follows: having equated ἕξεις with virtues and vices, he asserts that they are relational; but relations are not subject to change; therefore excellences and defects, somatic and psychic, do not undergo alteration in particular. Since Aristotle is here concerned only to establish that his collection of conditions and dispositions are indeed relational, but assumes the other premiss of his overarching argument, we must as a preliminary quickly review his conception of the relative and the grounds on which full change is denied to it.

Aristotle contends that the relative forms a distinct category: the mark of the πρός τι is that when referring to such an item, one makes ineliminable reference to something *else* or, in the material mode, that its εἶναι resides in πρός τί πως

κακίαν καὶ ὅλως κατὰ τὴν ἕξιν ἐπείσακτός [for the misprint 'ἐκείσακτός'] ἐστι τῷ ὅλῳ εἴδει καὶ ἐπισυμβαίνουσα· καὶ γὰρ γίνονται καὶ ἀπογίνονται αὗται χωρὶς τῆς τοῦ ὑποκειμένου φθορᾶς. πῶς οὖν εἰς παράδειγμα τῆς ἕξεως τὴν κατὰ τὰ μέρη τελειότητα παρέθετο ὡς ἐπὶ τῆς οἰκίας; μήποτε οὖν ἕκαστον εἶδος κατὰ φύσιν ἔχον οὐ μόνον τῇ τῶν μερῶν τῶν οἰκείων τελειότητι συμπεπλήρωται, ἀλλὰ καὶ τῇ οἰκείᾳ ἀρετῇ· τὸ γὰρ κατὰ φύσιν ἔχειν οὐδὲν ἄλλο ἐστὶν ἢ τὸ τὴν οἰκείαν ἔχειν ἀρετήν, ὥστε τὰς κατὰ φύσιν ἐνεργείας ἀποτελεῖν. καὶ διὰ τοῦτο ὁ 'Αριστοτέλης ἀπὸ τοῦ κατὰ φύσιν τὴν τελειότητα συνελογίσατο. ὥσπερ οὖν τὸ νοσοῦν σῶμα οὐκ ἂν εἴη τέλειον, ὅτι μὴ δύναται τὰς κατὰ φύσιν ἐνεργείας ἀποδιδόναι, κἂν πάντα ἔχῃ τὰ σωματικὰ μέρη (νεκρὰ γὰρ αὐτὰ ἔχει τοῦ κατὰ φύσιν ἐστερημένα καὶ τῷ νεκρῷ προσέοικεν), οὕτω καὶ ἡ λογικὴ ψυχὴ τὴν κατὰ φύσιν αὐτῇ προσήκουσαν ἀρετὴν ἀποβαλοῦσα καὶ μὴ δυναμένη τὰς κατὰ φύσιν αὐτῇ προσηκούσας ἐνεργείας ἀποτελεῖν οὐ ψυχὴ κυρίως οὐδὲ ζωὴ λογικὴ κατὰ φύσιν ἔχουσα, *ἀλλὰ νενεκρωμένη τίς ἐστιν.*

His concluding characterisation of the vicious soul as corpse-like provides a striking instance of the wonderful constancy of certain fundamental concepts and themes throughout the long and in other respects substantial evolution of Greek philosophy.

[78] Peter Geach chose this term for the broad concept of change favoured by Cambridge philosophers of the golden age; their criterion is so weak as not to discriminate between intrinsic and relational change: '"The thing called "x" has changed if we have "F (x) at time t" true and "F (x) at time t*" false, for some interpretation of "F", "t", and "t*"".' Geach himself rejects this idea in favour of an Aristotelian notion of genuine change: 'I suggest that when we have a narrative proposition corresponding to a "real" change, there is individual actuality – an imperfect actuality, Aristotle calls it – that *is* the change; but not, when a *mere* "Cambridge" change is reported' (pp. 71–2).

ἔχειν.[79] What is central for *Physics* VII in this conception is that it entails that there is no genuine sort of κίνησις that corresponds to the category of the relative: 'οὐδὲ δὴ τοῦ πρός τι· ἐνδέχεται γὰρ θατέρου μεταβάλλοντος ⟨ἀληθεύεσθαι καὶ μὴ⟩ ἀληθεύεσθαι θάτερον μηδὲν μεταβάλλον, ὥστε κατὰ συμβεβηκὸς ἡ κίνησις αὐτῶν' (*Physics* V.2, 225ᵇ11–13). Relational change is merely incidental because change in one relatum suffices to alter its relation to the other, perhaps altogether static, relatum:[80] since Socrates need not change in height while Phaedo grows, 'ceasing to be taller than Phaedo' does not name a change *in* Socrates.[81] But although the intuition that, for a change to be a real change of x, it must involve a

[79] 'Πρός τι δὲ τὰ τοιαῦτα λέγεται, ὅσα αὐτὰ ἅπερ ἐστὶν ἑτέρων εἶναι λέγεται ἢ ὁπωσοῦν ἄλλως πρὸς ἕτερον ...' (*Categories* 7.6ᵃ36–7); 'ἔστι τὰ πρός τι οἷς τὸ εἶναι ταὐτόν ἐστι τῷ πρός τί πως ἔχειν' (8ᵃ31–2). Of course there is an ancient controversy about the second criterion and how it differs from the first (*vid.* Ackrill's commentary *ad loc.*), but for our purposes it will do no damage simply to treat them as alternatives, since we shall in any case focus on relational *change*. Indeed, Aristotle's formal discussions of the relative, *Categories* 7 and *Metaphysics* Δ.15, are altogether disappointing as sources of illumination on the treatment of πρός τι in *Physics* VII. Interpreters are especially vexed by the classification of ἕξις, αἴσθησις, and ἐπιστήμη as relatives (6ᵇ2–3), because the reason for so regarding them is thoroughly obscure; in any case the next chapter seems to undermine the claim (11ᵃ20ff.); and the account in the *Metaphysics* does not sit easily with the *Categories* (*vid.* Kirwan's commentary *ad loc.*). Since it is only in VII.3 that Aristotle actually argues at length for considering states and conditions to be relatives, our *Physics* text is actually more easily comprehensible as a self-contained unit than in connection with Aristotle's puzzling official analyses of the πρός τι.

[80] Cf. 'ἀνάγκη γὰρ ἐν τοῖς πρός τι τοῦτο συμβαίνειν, οἷον εἰ μὴ ὂν διπλάσιον νῦν διπλάσιον, μεταβάλλειν, εἰ μὴ ἀμφότερα, θάτερον' (*Physics* VIII.1, 251ᵇ7–9).

[81] Although in his anti-Platonist zeal Aristotle perhaps exaggerates the claim that the relative is a secondary, ontologically parasitic category, his polemic against the Indefinite Dyad as a fundamental principle of being nevertheless provides the best summary of his reservations concerning the πρός τι:

> τὸ δὲ πρός τι πάντων ἥκιστα φύσις τις ἢ οὐσία ἐστι, καὶ ὑστέρα τοῦ ποιοῦ καὶ ποσοῦ· καὶ πάθος τι τοῦ ποσοῦ τὸ πρός τι, ὥσπερ ἐλέχθη, ἀλλ' οὐχ ὕλη, εἴ τι ἕτερον καὶ τῷ ὅλως κοινῷ πρός τι καὶ τοῖς μέρεσιν αὐτοῦ καὶ εἴδεσιν. οὐθὲν γάρ ἐστιν οὔτε μέγα οὔτε μικρόν, οὔτε πολὺ οὔτε ὀλίγον, οὔτε ὅλως πρός τι, ὃ οὐχ ἕτερόν τι ὂν πολὺ ἢ ὀλίγον ἢ μέγα ἢ μικρὸν ἢ πρός τί ἐστιν. *σημεῖον δ' ὅτι ἥκιστα οὐσία τις καὶ ὄν τι τὸ πρός τι τὸ μόνου μὴ εἶναι γένεσιν αὐτοῦ μηδὲ φθορὰν μηδὲ κίνησιν* ὥσπερ κατὰ τὸ ποσὸν αὔξησις καὶ φθίσις, κατὰ τὸ ποιὸν ἀλλοίωσις, κατὰ τόπον φορά, κατὰ τὴν οὐσίαν ἡ ἁπλῆ γένεσις καὶ φθορά, – ἀλλ' οὐ κατὰ τὸ πρός τι· *ἄνευ γὰρ τοῦ κινηθῆναι ὁτὲ μὲν μεῖζον ὁτὲ δὲ ἔλαττον ἢ ἴσον ἔσται θατέρου κινηθέντος κατὰ τὸ ποσόν.* (*Metaphysics* N.1, 1088ᵃ22–35)

modification in *x*'s properties, is obviously sound,[82] rigorous development of the idea is remarkably hard to come by, since it is so difficult to make precise the distinction between intrinsic and extrinsic properties.[83]

246ᵇ3–20/246ᵃ29–246ᵇ27[84]

The relational character of somatic ἕξεις

Aristotle contends that bodily excellences and defects are relational in character because they are, or are determined by, or are constituted by, or reside in, the 'mixture' and 'harmony' ('κρᾶσις' and 'συμμετρία') of the organism's natural heat and cold: α's phrasing ('ἐν κράσει καὶ συμμετρίᾳ θερμῶν καὶ ψυχρῶν τίθεμεν', 246ᵇ5–6) leaves the force of the claim imprecise.[85]

[82] Simplicius clearly grasps this point: 'τοῦτο γὰρ ἴδιον ἦν τῶν πρός τι τὸ τὸ δυνάμει ἐν αὐτοῖς ἐνεργείᾳ γίνεσθαι μηδὲν αὐτὸ καθ' αὐτὸ μεταβάλλον' (S. 1074.21-2).

[83] For an interpretation of atomistic metaphysics based on the difference between 'real' and merely relational change, see Wardy (1).

[84] β's section is only half the length of α's, omitting altogether the important coda suggesting that change in ἕξις, although not to be identified with ἀλλοίωσις, might nevertheless necessarily be accompanied by certain processes of alteration. Furthermore, while it is not entirely clear that α straightforwardly identifies health with a certain mixture and proportion of hot and cold ('ἐν κράσει καὶ συμμετρίᾳ θερμῶν καὶ ψυχρῶν *τίθεμεν*', 246ᵇ5–6), β does have a simple identification, and also drops α's reference to 'mixture': 'ἡ μὲν ὑγίεια θερμῶν καὶ ψυχρῶν συμμετρία τις' (246ᵇ21). Again, the obscure claim that somatic virtues are dispositions of the best (i.e. what preserves nature) towards what is *fine* (246ᵇ23) is far from easy to understand. On 'τὸ ... διατιθὲν περὶ τὴν φύσιν' (246ᵇ24), Ross comments that '[w]ithout εὖ, the phrase does not seem to be Aristotelian' (p. 731). Finally, while α denies that states themselves are alterations and that there is any alteration, coming-to-be or indeed any real change, secondary or existential, of them ('ὅλως μεταβολή', 246ᵇ12), β very oddly denies that they themselves are coming-to-be and that there is any coming-to-be or any alteration of them ('ὅλως τὸ τῆς ἀλλοιώσεως', 246ᵇ26). Thus β both makes a claim which is in itself difficult to understand, and fails clearly to point the crucial contrast between real and relational change.

[85] See the preceding note on the issue of β's contrasting simplicity. Ross argues that this conception of good and poor physical condition is youthful and Platonic: 'Aristotle took over the doctrine of the ἀρεταὶ τοῦ σώματος (health, strength, beauty) and of their dependence on proportion, from Plato (*Rep.* 591b, *Phil.* 26b, *Laws* 631c). The doctrine appears in Aristotle's *Eudemus* (fr. 45 Rose) and in *Top.* 116ᵇ18, 139ᵇ21, 145ᵇ8, and seems to be characteristic of an early period of his thought, when he was still much under Plato's influence. This point has been brought out by Jaeger, *Arist.* 42 n.' (p. 675; cf. p. 17). However, Ross's suggestion does not stand up under examination. First, one can hardly suppose that VII.3's virtues correspond to the Platonic triplet: Aristotle initially speaks of

These good or bad proportions between basic qualities might govern either internal constitution or the relation between organic ingredients and the surroundings,[86] and the *Meteorologica*'s explanation of decay by reference to environmental heat and internal cold's overcoming 'natural' heat supplements the story told here.[87] Somatic virtue and vice are respectively appropriate and inappropriate (im)passivity to those affections which naturally promote the generation or destruction of the organism (246^{b}9–10). Since in general neither are relations themselves alterations, nor is there any alteration or generation or indeed any 'real' change in them, it follows in particular that neither are states or conditions nor their loss or acquisition

health and 'fitness' ('εὐεξία', 246^{b}5), and only then introduces beauty and strength together with a group of further anonymous virtues and vices (246^{b}7–8). Second, while at least the reference to the *Philebus* is apposite, there is no reason to think that Aristotle need ever have rejected the sort of Platonic ingredient that perhaps contributes to his idea of somatic ἕξις. This of course is to insist neither that *Physics* VII is a mature production nor that Aristotle's conception of physical condition remains constant, but only to reject Ross's genetic argument against such beliefs. Third, the doctrine of the ἀρεταὶ τοῦ σώματος in any case recurs in *Met.* 1078^{a}36ff., hardly a work of the early period.

86 Cf. the *Categories* on (in)capacity: '... ὑγιεινοὶ δὲ λέγονται τῷ δύναμιν ἔχειν φυσικὴν τοῦ μηδὲν πάσχειν ὑπὸ τῶν τυχόντων ῥᾳδίως, νοσώδεις δὲ τῷ ἀδυναμίαν ἔχειν τοῦ μηδὲν πάσχειν' (*Cat.* 8.9^{a}21–4). This passage might seem to conflict with *Physics* VII.3, since our text regards these somatic conditions as ἕξεις, while the *Categories* identifies them as δυνάμεις and ἀδυναμίαι. We have already noted and criticised Ross's inference (p. 674) that the absence of (in)capacity from VII.3 betrays its immaturity (*vid.* p. 180 *supra*). Earlier scholars reacted differently to the omission (I learnt of these references from Verbeke). Pacius rules that capacities and incapacities arise from generation, not alteration (*Aristotelis Naturalis Auscultationis Libri* VIII (Frankfurt, 1966), p. 840); Aquinas on the contrary maintains that it is so obvious that they have their origin in alteration that the fact does not require explicit mention (*In octo lib. Phys. Arist.*, ed. P. M. Maggiolo (Rome, 1954), VII, 5, n. 914). But of course the suspicion that here the advantage lies with *Physics* VII is of a piece with the general observation that VII.3 reflects a new sensitivity on Aristotle's part to the complex character of states which he previously was content simply to label as qualities. The ability to run well, for example, is a composite disposition residing in a constellation of physical conditions such as muscular tone and good wind; since the only way to anatomise the capacity is in terms of these ἕξεις, we might conclude that VII.3 takes the first step towards full recognition of what correct analysis of δυνάμεις demands.

87 'Γίγνεται δ' ἡ φθορὰ ὅταν κρατῇ τοῦ ὁρίζοντος τὸ ὁριζόμενον διὰ τὸ περιέχον ... σῆψις δ' ἐστὶν φθορὰ τῆς ἐν ἑκάστῳ ὑγρῷ οἰκείας καὶ κατὰ φύσιν θερμότητος ὑπ' ἀλλοτρίας θερμότητος· αὕτη δ' ἐστὶν ἡ τοῦ περιέχοντος. ὥστε ἐπεὶ κατ' ἔνδειαν πάσχει θερμοῦ, ἐνδεὲς δὲ ὂν τοιαύτης δυνάμεως ψυχρὸν πᾶν, ἄμφω ἂν αἴτια εἴη, καὶ κοινὸν τὸ πάθος ἡ σῆψις, ψυχρότητός τε οἰκείας καὶ θερμότητος ἀλλοτρίας' (*Meteorologica* IV.1, 379^{a}11–22).

alterations (246ᵇ10–14). Aristotle appends the now familiar qualification that nevertheless, perhaps true qualitative change in whatever are the primary determinants of the virtues and vices necessarily accompanies their coming-to-be and perishing, and he explicitly draws the parallel with his discussion of form and shape (246ᵇ14–17).[88] Finally, he attempts to justify this association of ἕξις with ἀλλοίωσις by remarking that virtues and vices 'have to do with' ('περὶ ταῦτα ... λέγεται ...', 246ᵇ17–18) those things by which their possessor is naturally altered.

Why or how are the ἕξεις relational? Aristotle offers us a pair of options in explanation which he apparently intends to be complementary rather than exclusive: somatic states are/are determined by ... etc., certain proportions either a within the body between internal hot and cold, or b external to the body between the organic state and the environment. Clearly the emphasis falls on a, which is given pride of place. The problem with this first choice is that Aristotelian mixture is precisely *not* a relation between independently subsisting, distinguishable ingredients. Were it not for the suspicion that the omission is mere inadvertence and the difficulty of discriminating on Aristotle's behalf between κρᾶσις and συμμετρία, one might hazard the suggestion that β deliberately avoids mention of mixture. It is not easy to see how Aristotle can permit himself option a: possibly the marked indeterminacy of the claim in α tacitly concedes the awkwardness, although now we should perhaps reinterpret β's supposed crudity in positing a straightforward identification of health with harmony as praiseworthy honesty.

Accordingly we would do well to concentrate on the more promising b, which suggests that sound or ill condition should be considered a matter of certain relations holding between the organism and its surroundings. There are of course an indeterminate host of factors in the environment which might exert some sort of influence on its inhabitant; the significant features are those which tend to induce either life-preserving or life-

[88] For discussion of the significance of 'τὸ εἶδος' here, *vid. supra*, n. 42.

destroying affections. Somatic condition governs response to these πάθη: while a sound body holds out against pernicious effects and submits to beneficial ones, a poor body behaves in the contrary fashion.

This option is rather appealing: remove a plump Eskimo from his arctic home and subject him to equatorial conditions, and his bulk becomes a handicap. Since the fat has been transformed from a good to a bad condition without undergoing any intrinsic alteration, it is plausible to conclude that the shift from healthy to unhealthy character is just Cambridge change. If we generalise from this example, Aristotle appears to have a plausible case. However, there seems to be an important flaw. The fatty ἕξις undergoes relational change because we hold it constant and change the environment; but were a shivering, thin Eskimo to stay at home and gain weight, he would evidently develop a beneficial ἕξις by means of real, not merely relational changes in him, although his final state would indeed owe its character of health to the relation in which it stood to the icy surroundings. The objection is that there are two ways to acquire (or lose) a ἕξις, and that Aristotle takes account of only the one with which his argument can cope.

The refrain that strict qualitative change in the primary determinants of somatic conditions might necessarily accompany (again a genitive absolute construction is employed) their acquisition and loss[89] could provide an escape from this quandary. The process of laying down fat is (or at any rate involves) qualitative change in the narrow sense, alteration of affective qualities, and the generation of healthy condition in the arctic cannot be uncoupled from this sort of intrinsic, real change. But, as already noted, it is only under a description which necessarily refers to its relation to the environment that the ἕξις possesses its important character of life-preserving condition; its identity as a *virtue* (and as we have remarked in the preceding section, all ἕξεις are virtues or vices) is in fact, as Aristotle

[89] Cf. 'ἔστι μὲν γὰρ ἡ ἀλλοίωσις κίνησις κατὰ τὸ ποιόν, τοῦ δὲ ποιοῦ αἱ μὲν ἕξεις καὶ διαθέσεις οὐκ ἄνευ τῶν κατὰ πάθη γίγνονται μεταβολῶν, οἷον ὑγίεια καὶ νόσος' (*DC* I.3, 270ᵃ27–9).

claims, a matter of πρός τι πὼς ἔχειν. Therefore if this response is valid, the *caveat* that change in ἕξις, although not itself alteration, cannot do without ἀλλοίωσις, serves a double function: it both bolsters the central assertion that change in condition is essentially relational by accounting for the non-relational aspect of such change, and of course also seeks to satisfy the constant requirement that there be available some vaguely specifiable, simple qualitative changes meeting the contact condition on κίνησις.

246ᵇ20–247ᵃ19/246ᵇ27–247ᵃ28

The relational character of ethical ἕξεις

Aristotle's treatment of the virtues and vices of character falls into two parts: in the first (246ᵇ20–247ᵃ5/246ᵇ27–247ᵃ20) he denies that the ethical ἕξεις themselves are ἀλλοιώσεις, and in the second (247ᵃ5–247ᵃ19/247ᵃ20–247ᵃ28) he argues that their acquisition and loss are not alterations. Once more the division would appear ill motivated: since the possibility that virtuous and vicious conditions might *be* changes has not been mooted, why need Aristotle raise it in order to knock it down? One might accuse him of confusing a process and its result, or at least of ignoring a fundamental distinction which could have eased his task.[90]

In any case, his first section contains arguments from the relational (only in α) and 'perfecting' (in both versions) character of the ἕξεις which have already done duty; we should presumably rehearse the preceding interpretations, but now substitute 'social' for 'natural' environment. (Aristotle's conviction that man is a social animal eases both the substitution itself and the supposition that ethical states are essentially relational–e.g. replace the Eskimo example with one describing the removal of a citizen of a πόλις to the Scythian wilds.) Since these ethical variants possess no distinctive features, we need not multiply our previous comments on considerations of these types.

[90] Cf. Manuwald, p. 71.

The second partition, however, is of considerable interest, in that its claim that some alteration, in this case perceptual,[91] of necessity accompanies gain and loss of the ἕξεις receives no qualification whatsoever, no wavering 'ἴσως': 'γίγνεσθαι δ' αὐτὰς ἀναγκαῖον ἀλλοιουμένου τοῦ αἰσθητικοῦ μέρους' (247ᵃ6–7)[92] and further 'φανερὸν ὅτι ἀλλοιουμένου τινὸς ἀνάγκη καὶ ταύτας ἀποβάλλειν καὶ λαμβάνειν' (247ᵃ17–18, immediately followed by the cautious reminder that accompaniment is not identity: 'ἡ μὲν γένεσις αὐτῶν *μετ'* ἀλλοιώσεως, αὐταὶ δ' οὐκ εἰσὶν ἀλλοιώσεις' (247ᵃ18–19)). Aristotle supports this claim by stressing ethical virtue's overriding concern with physical pleasure and pain (the explicit specification that they are physical is only in α (247ᵃ8)),[93]

[91] On the difficulties in which this model of perception is involved *vid. supra* ch. 2, pp. 145–7.

[92] β (247ᵃ20–1) misses out any mention of necessity and for no apparent reason restricts the accompanied processes to gain of virtue and loss of vice. Furthermore, β does not specify that the 'something' in which alteration occurs is the sensitive part of the soul, although in its very last sentence (248ᵇ28) it suddenly mentions 'τῷ αἰσθητικῷ μέρει τῆς ψυχῆς'. On 'ἡ δὲ κακία παθητικὸν ἢ ἐναντία πάθησις τῇ ἀρετῇ' (247ᵃ23) Ross remarks: 'Here the second version departs from the first, which has ἢ ἐναντίως ἀπαθές (246ᵇ20)' (p. 731); again β definitely emerges the loser from the comparison. But perhaps even more worrying is the fact that α's remark about (im)passivity falls within its section on corporeal states, while β's only appears now in its section on psychic states. Either the sentence has been dislodged from its original context, or we must find some way of construing it in its present position. α (but ironically not β itself) might help us to take the latter option. It asserts that virtue and vice determine their possessor's susceptibility to its 'proper affections' (247ᵃ3–4), *viz.* those which tend naturally to generate or destroy it (246ᵇ10, in the previous section on somatic states). This connection in α on the basis of 'proper affections' between the treatments of somatic and psychic states helps to show that there is nothing much amiss in β's application of the definition in terms of (im)passivity to states of the soul. Perhaps a focus on, e.g., intemperance would make the claim quite plausible: the psychic vice of immoderate appetite subjects the body to deleterious affections. Finally, as in its treatment of somatic conditions, here too β's discussion is truncated, altogether lacking α's concluding indications of just how the thesis about pleasure and pain directly entails the desired conclusion concerning virtue and vice (247ᵃ14–18).

[93] On 'ἅπασα γὰρ ἡ ἠθικὴ ἀρετὴ περὶ ἡδονὰς καὶ λύπας τὰς σωματικάς' (247ᵃ7–8), Ross comments: 'This can be justified if we take 'bodily pleasures' to mean all those that are *ultimately* connected with the body, as distinct from the pleasures of pure thought. But Aristotle draws the distinction between bodily and mental pleasures otherwise in *EN* 1117ᵇ28, where ambition is said to be concerned with a mental pleasure' (p. 676).

which either are or arise from sensation ('κατὰ τὴν αἴσθησίν εἰσιν', 247^{a}10/'αἴσθησις τὸ αἴτιον', 247^{a}26), directly in action, derivatively in memory and in expectation (247^{a}9–13/ 247^{a}26–8). From these materials Aristotle constructs the following argument:

Since — 1 Virtue and vice concern pleasure and pain. (247^{a}15–16/247^{a}24)[94]

2 Virtue and vice arise when pleasure and pain do. (247^{a}14–15)[95]

But — 3 Pleasures and pains are alterations of the sense-organs. (247^{a}16–17)[96]

Therefore — 4 It is necessary that virtue and vice are lost and gained when something (i.e. some sense-organ or part of some sense-organ?) undergoes alteration. (247^{a}17–18)

[94] Cf. 'διὸ καὶ διορίζονται πάντες προχείρως ἀπάθειαν καὶ ἠρεμίαν περὶ ἡδονὰς καὶ λύπας εἶναι τὰς ἀρετάς, τὰς δὲ κακίας ἐκ τῶν ἐναντίων' (*EE* 1222^{a}3–5) and 'διὸ καὶ ὁρίζονται τὰς ἀρετὰς ἀπαθείας τινὰς καὶ ἠρεμίας· οὐκ εὖ δέ, ὅτι ἁπλῶς λέγουσιν, ἀλλ' οὐχ ὡς δεῖ καὶ ὡς οὐ δεῖ καὶ ὅτε, καὶ ὅσα ἄλλα προστίθεται' (*EN* 1104^{b}24–6). Although both passages share the theme of VII.3, the latter's explicit refinement and correction of the former also improves on our text's inaccurate, if convenient, generalisation about the rôle of pleasure and pain in the determination of virtue and vice. The need for the revision becomes especially clear once one makes a sharp distinction between the acquisition and the exercise of ethical ἕξεις, a difference that both the *EE* and *Physics* VII perhaps blur.

[95] Ross's paraphrase in his Analysis, 'Since defect and excellence depend on the arising in us of pleasure and pain ...' (p. 424), tacitly tones down the surprising strength of the claim at least ostensibly made by Aristotle's Greek.

[96] It might be thought that the antecedent of 'τοῦ αἰσθητικοῦ' (247^{a}17) is undoubtedly 'τοῦ αἰσθητικοῦ μέρους' (247^{a}6–7), where we understand 'the sensitive part *of the soul*' – so surely here also the sensitive part of the soul itself rather than the organs must be in question. But of course if in an un-Aristotelian spirit one distinguishes between soul and ensouled body, then it no longer makes any sense to say that the soul undergoes alteration. So if Aristotle does allow himself to say this, it must be because he is characteristically thinking in terms of the animate σύνολον, in which the individual αἰσθήσεις/αἰσθητήρια collectively *are* the sensitive part of the soul.

Thus 5 The coming-to-be of virtue and vice, although not identical to alteration, is accompanied by alteration. (247ª18–19)

This argument presents two major problems: its claim that pleasure and pain are alteration of the sense-organs[97] and the sort and strength of the dependence of virtue and vice on plea-

[97] Simplicius attempts to scotch the difficulty by suggesting that although Aristotle says that pleasure and pain are alterations, he actually means that pleasure and pain supervene on the alterations involved in perception, and that finally virtue and vice themselves supervene:

> δῆλον οὖν ἐκ τῶν εἰρημένων ὅτι ἡ μὲν γένεσις τῆς ἀρετῆς καὶ κακίας ἀλλοιουμένων τινῶν ἕπεται, αὐτὴ δὲ ἡ γένεσις αὐτῶν οὐκ ἔστιν ἀλλοίωσις, ἀλλ' ἐπιγίνεται τῇ κατὰ τὴν ἡδονὴν καὶ λύπην ἀλλοιώσει τοῦ αἰσθητικοῦ, ἡ μὲν ἀρετὴ κατὰ τὸ ἐγγινόμενον τῇ ἀλλοιώσει ταύτῃ μέτρον, ἡ δὲ κακία κατὰ τὴν ἀμετρίαν. τὸ δὲ αἱ ἡδοναὶ καὶ αἱ λῦπαι ἀλλοιώσεις εἰσὶ τοῦ αἰσθητικοῦ εἶπεν ἀντὶ τοῦ ἀλλοιουμένου τοῦ αἰσθητικοῦ γίνονται. ἡ μὲν γὰρ ἀλλοίωσις τοῦ αἰσθητικοῦ, οἷον θέρμανσις ἢ ψῦξις ἢ διάκρισις ἢ σύγκρισις ἢ ὅπως ἄν τις αὐτῶν τὰς ἰδιοτροπίας ὀνομάζειν δύναιτο, πάθη τοῦ αἰσθητικοῦ ἐστιν ὑπὸ τῶν αἰσθητῶν ἐγγινόμενα· τούτοις δὲ ἐπιγίνεται ποτὲ μὲν ἡδονή, ποτὲ δὲ λύπη· τούτων δὲ συμμέτρων μὲν ἐγγινομένων ἀρετὴ ἀκολουθεῖ, ἀσυμμέτρων δὲ κακία. (S. 1073.11–22)

Ross briefly remarks: 'According to Aristotle's more mature doctrine in *EN* 1174ª13–1175ª3 pleasure and pain are not ἀλλοιώσεις; pleasure is a τελείωσις, pain an ἔκστασις, and they take place ἀλλοιουμένου τινός (the organs of sense)' (p. 676). Finally, Gosling and Taylor have this to say:

> The nearest we come to any general account of the nature of pleasure is the statement in *Phys.* VII (generally agreed to be early) that pleasures and distresses are alterations in or of the faculty or organ of perception (*hai ... hēdonai kai hai lupai alloiōseis tou aisthētikou*, 247ª19 [*sic*: actually 247ª16–17]). While the context indicates that this is intended as an account specifically of bodily pleasures (including, in a manner reminiscent rather of the *Republic* than the *Philebus*, pleasure in the anticipation and the recollection of such pleasures, ª7–9), this statement is nonetheless interesting on two counts in particular. Firstly, in view of the prominence in *EN* X of arguments against any view of pleasure as a process of change (=*kinēsis* ...) it is interesting that in what is perhaps his earliest account of pleasure Aristotle describes it as a certain kind of process of change, *viz.* alteration, i.e. change in quality. Secondly, the view of pleasure expressed in this passage is similar to, and presumably not independent of the account of certain bodily pleasures given in *Phil.* 42–3 and *Tim.* 64–5 ..., in which pleasure occurs when physiological processes (chiefly of restoration of bodily deficiencies) give rise to *psuchic* 'motions', an account which is readily interpretable as the view that pleasure of that kind is the perception of those physiological processes. (pp. 194–5)

sure and pain which it postulates.[98] The first problem actually divides into two: how in general can Aristotle permit himself the claim that any act of perception is simply to be identified with alteration in a sense-organ, and how in this instance can he assert that pleasure and pain are to be identified with certain of these alterations (perhaps according to the Platonic model, those of sufficient magnitude or duration)?

Of course we have already encountered the first component of this difficulty when discussing VII.2's argument about contact in alteration which gives rise to this entire chapter (*vid. supra*, pp. 144–7). There we concluded that Aristotle's precise requirements in context readily explain the discrepancy between *Physics* VII and *De Anima* on the nature of the changes involved in perception, and that in any case we need not presume that the accounts are strictly incompatible–there was no good reason to spin an evolutionary story, if also no reason to rule one out.

The same considerations are valid in the present instance. As always, Aristotle strives to maintain a precarious balance: he must deny that change in ethical ἕξις *is* alteration, but must convincingly associate such change with strict ἀλλοίωσις, even if at a remove. And this is just what he attempts to do: by virtue of their essential connection with somatic pleasure and pain, virtue and vice ultimately depend on aesthetic ἀλλοιώσεις; the argument dictates that the chain terminates in simple changes in affective quality, and to elaborate on the exact function and limitations of these alterations within the entire perceptual

[98] Ross complains: 'In supporting his thesis that all ἀλλοίωσις is ὑπὸ τῶν αἰσθητῶν (245ᵃ3), Aristotle is led to give an excessively physiological account of the genesis of virtue and vice. He speaks as if it were due merely to a waxing or waning insusceptibility to bodily pleasures and pains. In the *Nicomachean Ethics* he corrects this account by allowing for the fact that a man's attitude to pleasure and pain may be modified by such a motive as love of country or of friends, or by desire to realize the καλόν' (p. 676). Although Ross's reading of my premiss 2 may be correct, there might very well be alternative and less objectionable construals available (note that in his own paraphrase, quoted *supra*, n. 95, Ross understands Aristotle to mean that defect and excellence *depend* on pleasure and pain: but dependence is not necessarily total). It is not completely clear whether Ross's position is that VII.3's 'excessively physiological account' is entirely the product of the special pressure to make good the thesis of VII.2, or that Aristotle remained committed to the account outside this particular context.

process would only obscure its force to no effect. But if so much is allowed, then it also follows that Aristotle's unusual characterisation of pleasure and pain here, the second component of the first problem, is a consequence of his obligation to link ἕξις with true ἀλλοίωσις. Were pleasure and pain not themselves alterations, then the connection between the ethical conditions and the authentic ἀλλοιώσεις might threaten to become too tenuous to allow these alterations to stand proxy for the changes in ἕξεις in a causal sequence maintaining unbroken contact between κινοῦν and κινούμενον.

Thus there is every reason to suppose that the special constraints imposed by the large-scale strategy of *Physics* VII determine the conception of pleasure and pain which Aristotle employs in his argument in ch. 3. Accordingly one must proceed very carefully when using our text as evidence for an early, perhaps the earliest, Platonic/Aristotelian view of pleasure, as do Gosling and Taylor.[99] Of course I do not mean to deny that Aristotle here simply identifies pleasure and pain with certain perceptual alterations, or that the most straightforward reading of this claim leads us to attribute to him a notion of pleasure different from and at odds with the theory of the *Nicomachean Ethics*. Rather, my point is that in light of Aristotle's obvious, pressing motivation for saying just what he does here, if there is a distinct possibility of understanding his claim as an excusable simplification of more subtle ideas, then we must hesitate before building a whole early theory of pleasure on assertions that do not directly address the nature of pleasure.

Naturally there are real grounds for such a hesitation only if we can reasonably interpret VII's characterisation of pleasure and pain as a simplification of rather than as an incompatible alternative to a more complex view. However, the parallel instance of perception seems to provide such grounds: at least the α version explicitly, if as briefly as possible, registers that one should not identify perception as alteration without any qualification.[100]

[99] *Vid.* n. 97.

[100] *Vid. supra*, p. 145.

Although there is no such marker in the case of pleasure and pain, Simplicius' plausible reworking of the argument in order to bring it into line with Aristotle's familiar theory[101] demonstrates how easy it is to erase any suggestion that *Physics* VII contains a distinctive notion of ἡδονή and λύπη. To say that (some) pleasure is perception/alteration is a comprehensible simplification of the idea that such pleasure *qua* completion is a necessary consequence of appropriate perception/alteration: in context this idea serves no positive purpose and might muffle the argument. One has a right to object to its omission only if there are antecedent reasons for regarding VII.3 as an investigation of pleasure and pain in their own right, and such reasons are entirely lacking.

I cannot emphasise strongly enough that I do not intend this discussion to be a case for the unitarian view that at some level *Physics* VII and, e.g., the *Nicomachean Ethics* share exactly the same doctrines. My position is simply that bk VII by itself does not constitute certain, independent evidence for an Aristotelian theory of pleasure. Again, what is to count as 'early' and what as 'late' is of course a relative matter. Part of the basis for Gosling and Taylor's genetic argument is that *Physics* VII is 'generally agreed to be early' – but our only extended opportunity for comparison so far strongly suggests that VII is 'late' relative to the *Categories*.

The second problem, the nature and strength of the dependence of virtue and vice on pleasure and pain which VII.3 postulates, is less tractable (though perhaps more interesting) than the first. The difficulty is that Aristotle has a persuasive argument just insofar as we concentrate on the earliest period of childhood training; it is only during infantile habituation that pleasure and pain should jointly reinforce and repress the formation of good and bad dispositions respectively, and that the sole or at any rate predominant type of pleasure and pain at work is physical.

Of course, despite the carelessness of his expressions (reflected in my formulation of premisses 2 and 4), Aristotle is not

[101] *Vid.* n. 97.

committed to the ridiculous thesis that virtuous and vicious conditions undergo change *whenever* we experience pleasure and pain – by their very nature ἕξεις are fixed if not entirely rigid dispositions to behaviour according to a recognisable and rational pattern. Rather the awkwardness is that unless all ethical ἕξεις without exception originate during the initial phase of childhood training, even the indirect link between acquisition of some such states and processes of strict alteration snaps. Moreover, the ἕξεις in question are precisely those complicated and rational dispositions without which one's character lacks any true maturity.[102]

Therefore Aristotle is caught in a dilemma: either he must distort and impoverish his notion of the genesis of ethical ἕξεις and thus of the ἕξεις themselves in order to produce a valid argument, or he might retain a rich notion of ethical development, but only at the cost of his argument. Possibly the consequent discomfort is responsible for both the curious indeterminacy of Aristotle's initial premiss 1, that virtue and vice (somehow) concern pleasure and pain (247ᵃ15–16/247ᵃ24), and the impression that in this passage he fails to distinguish sharply between acquisition and exercise of ἕξεις.

247ᵇ1–248ᵃ9/247ᵃ28–248ᵇ28

The relational character of epistemic ἕξεις

The final series of arguments in VII.3, which are addressed to establishment of the thesis that epistemic states and conditions are relational, begins with a very problematic stretch of reasoning where the divergence between the two versions is perhaps more striking and damning to the credentials of β than anything we have yet encountered. Thus before considering the details of the argument(s) in either formulation, we must examine the peculiarities of the ἕτερον βιβλίον.

α introduces the section with the plain assertion that neither are the ἕξεις of the intellectual part of the soul alterations, nor is there any generation of them (247ᵇ1–2). β in contrast simply

[102] *Vid.* Ross's complaint cited in n. 98.

denies that there is alteration in the intellectual part (247ᵃ28: β does not explicitly refer to ἕξεις for the remainder of the chapter). Both versions then support their claims with the assertion that the fact that the character of the knower is relational is especially obvious (247ᵇ2–3/247ᵃ29).[103] α continues with the claim that furthermore the absence of any coming-to-be of epistemic ἕξεις is clear, on the grounds that without undergoing any intrinsic change, the potential knower is actualised by the presence of something else (247ᵇ3–5). Finally, this last claim is itself supported by the proposition that when one is confronted by a particular, either the universal is somehow known through or in the particular, or the particular is somehow known through or in the universal, depending on which text we accept (247ᵇ5–7). On the other hand, β says that this (*viz*. that the nature of the knower is relational) is manifest, and continues: 'κατ' οὐδεμίαν γὰρ δύναμιν κινηθεῖσιν ἐγγίγνεται τὸ τῆς ἐπιστήμης, ἀλλ' ὑπάρξαντός τινος ...'. Finally, this last crucial claim, which I shall leave untranslated for the moment, is itself supported by the proposition, in this version unbeset by textual uncertainty, that we derive universal knowledge from experience of particulars (247ᵃ29–247ᵇ21).

In his commentary on the ἕτερον βιβίον Ross argues as follows:

> In the first version (ᵇ1–7) two these are maintained: – (1) that ἕξεις of the noetic part of the soul are not ἀλλοιώσεις, (2) that there is no γένεσις of them; and the fact that τὸ κατὰ δύναμιν ἐπιστῆμον οὐδὲν αὐτὸ κινηθὲν ἀλλὰ τῷ ἄλλο ὑπάρξαι γίγνεται ἐπιστῆμον is offered as an argument for (2). In the second version, by misunderstanding, thesis (2) is omitted, and the words answering to those just quoted are given as a second argument for thesis (1), and through ignorance of the meaning of τὸ κατὰ δύναμιν ἐπιστῆμον these words are paraphrased by κατ' οὐδεμίαν δύναμιν κτλ.[104] (p. 731)

Ross's first charge, that β simply omits thesis (2), is not terribly plausible. We have throughout deprecated Aristotle's

[103] Ross thinks that a specific comparison with the ethical ἕξεις is intended: 'The moral virtues no doubt depend on a relation between contrary tendencies; but intellectual excellence is more obviously dependent on a relation, since ἐπιστήμη is essentially of an ἐπιστητόν' (p. 676).

[104] Cf. 'β 247ᵃ28–ᵇ21 is similarly related [i.e. 'is rather a jejune restatement of what is stated more fully, and in a thoroughly Aristotelian way'] to α 247ᵇ1–7' (Ross, p. 14).

curious insistence that ἕξεις of one sort or another are not themselves ἀλλοιώσεις, when all that ought to be at issue is whether changes in these states involve more than transformation of affective qualities. Nevertheless, Aristotle has not until now seriously devoted independent arguments to undermining the strange idea that the ἕξεις themselves are changes. At this point α does not waste any time on thesis (1), despite its explicit discrimination from thesis (2); but there is no compelling reason to suppose that β falls out of line here. Had β begun, as α does, with the denial that the ἕξεις of the intellectual part of the soul are alterations, then of course Ross would have a case; but in fact β just denies that there is alteration in the intellectual part ('ἀλλὰ μὴν οὐδ ⟨ἐν⟩ τῷ διανοητικῷ μέρει τῆς ψυχῆς ἀλλοίωσις', 247ᵃ28). The thesis so put is quite indeterminate, and certainly admits the standard gloss afforded by the context, that 'no alteration in the intellectual part' = 'no change in an intellectual state is a real, non-relational change', thus bringing β back into the recognisable pattern to which α certainly adheres. As almost always throughout the third chapter, β is guilty of sloppy, abbreviated expression, but so far no worse than that.

Since Ross is wrong to suggest that β misses out thesis (2), he cannot be correct in his further idea that the words 'κατ' οὐδεμίαν γὰρ δύναμιν κινηθεῖσιν ἐγγίγνεται τὸ τῆς ἐπιστήμης, ἀλλ' ὑπάρξαντός τινος' contain an argument for thesis (1) – as in the other version, they must support the sole thesis seriously in question in either text, that there is no real change in intellectual states or conditions. But might his suspicion that the words of β arise from ignorance of the meaning of 'τὸ κατὰ δύναμιν ἐπιστῆμον' nevertheless be right? If so, then the consequences are hardly insignificant: not only could the author of β not be Aristotle, he would not even be a competent, let alone an expert, Aristotelian, since only a complete tyro would be thrown by the familiar technical jargon of 'τὸ κατὰ δύναμιν'. In that case the ἕτερον βιβλίον would be nothing more than a historical curio. Apparently Ross himself did not perceive the full repercussions of his interpretation, since his final judgement on β hardly reflects the damaging implications of this reading of 247ᵃ28–247ᵇ21.[105]

Ross does not offer a translation of 'κατ' οὐδεμίαν γὰρ δύναμιν κινηθεῖσιν ἐγγίγνεται τὸ τῆς ἐπιστήμης, ἀλλ' ὑπάρξαντός τινος', and perhaps believes that the words are a garbled and not entirely meaningful paraphrase of α's claim about the potential knower. However, it is easy enough to render β's phrase, and in a way which provides it with an argument closely related to the reasoning in α: 'for knowledge does not arise in things which have been changed in accordance with any potentiality, but rather through the presence of something else'. So far from betraying simple ignorance of the technical idiom employed in α, 'κατ' οὐδεμίαν γὰρ δύναμιν κινηθεῖσιν ...' is a perfectly acceptable expression of the crucial point that the Cambridge change which occurs when a potential knower is brought into an adequate relation to some appropriate object and thus actualised is no real change, that it does not itself involve any reduction of real potentiality in the knower.

Clearly Ross is wrong to imply that β's words are confused: they make good sense, and enunciate just that argument which he suggests that the α text alone contains. Furthermore, it beggars belief to suppose that the author of β could be ignorant of the usual Aristotelian jargon for indicating potentiality; whatever occasional dissatisfaction with the ἕτερον βιβλίον we have experienced so far, there has been no evidence of rank inexperience or ineptitude. Therefore Ross's account of the genesis of β's phrasing in stupid miscomprehension must be rejected.

Nevertheless a serious problem remains. Although we have rescued β from the suspicion of being the uninteresting product of a mistake, it remains difficult if hardly impossible to believe that Aristotle could have written the words to which Ross has properly drawn our attention. First, they contain 'τὸ τῆς ἐπιστήμης', one of the frequent examples in β of this manner-

105 'β almost certainly existed at least as early as the third century B.C., and *may* quite probably be a pupil's notes of the course of which Aristotle's own notes form α, or of a course of Aristotle's lectures differing but slightly from this' (p. 19).

ism.[106] Second, even though there is nothing wrong with the phrase 'κατ' ... κινηθεῖσιν' in itself and nothing to suggest that only someone unaware of Aristotelian usage would have employed it, there are reasons to believe that Aristotle himself would strictly avoid it in order to guard against creating just the sort of confusion in the reader which Ross imputes to the author of β.[107] That is, while a competent Aristotelian in some sense of the word might defensibly write 'κατ' ... κινηθεῖσιν' in his own work despite acquaintance with the master's technical idioms, this licence in Aristotle would be indefensible, and it is unlikely that β shows us Aristotle writing so carelessly. Therefore the defence of β in this striking instance actually entails denying its Aristotelian provenance, although this of course is not to prejudge how β is related either to α or indeed perhaps to other, now lost cousins of α. Resolution of these questions, or at any rate reasoned speculation about them, must wait on the completion of our study of the third chapter.

α argues that clearly there is no generation of epistemic ἕξεις, since the potential knower is actualised by the presence of something else without itself undergoing any intrinsic change. This proposition is supported by the claim that either a the universal is somehow known through or in the particular, or b the particular is somehow known through or in the universal – the MSS are divided. Ross chooses a, but does not really explain what he intends by it; by implication he understands Aristotle to refer to 'the inductive process'.[108] Presumably

[106] *Vid. supra*, n. 22 to ch. 3 for a discussion of this idiom, defending it in itself against Ross's suspicions but conceding that its frequency within β is worthy of notice.

[107] One might object that only someone comparing β with α would experience any confusion, that in fact it is difficult to see how β here *could* be read as a bad rendition of α, as Ross maintains (perhaps that is why he does not bother to translate β). My response is that β is lamentably expressed, not in comparison with the other version, but rather in terms of the technical vocabulary that Aristotle himself regularly employs, which an Aristotelian reasonably expects to remain fairly constant.

[108] 'ἐπίσταται ... μέρει. This reading is supported by T. 206.15, by Alexander *apud* S. 1075.2–3, and by the other version (247^b20). The alternative reading, though supported by P. 877.4–5 and by S. 1073.24, 1075.17, seems less appropriate to the context; it would refer to the deductive, not to the inductive process' (p. 676). Although Simplicius' argument (1075.10–20) for knowledge of particulars arising from knowledge of the universal is due to his Platonic sympathies, we shall see that Ross dismisses the alternative too hastily.

Ross has in mind something like Aristotle's celebrated account of either concept acquisition or the formulation of fundamental apodeictic propositions as sketched in *A.Po.* B.19,[109] although he does not cite it. If the argument does concern the genesis of concepts or propositions, then of course a̲ is the correct choice, and β's unambiguous assertion that we derive universal knowledge from experience of particulars certainly is committed to a̲ and is clearly reminiscent of the developmental process described in the *A.Po.*

There are, however, two reasons for rejecting this genetic argument in β, and Ross's apparent construal of the matching section in α (note that if the author of β is not Aristotle himself, then it is possible that its misapprehension of α's intentions is responsible for Ross's faulty interpretation). First, there is the simple but weighty point that Aristotle takes up the issue of the original acquisition of ἐπιστήμη later as though he were addressing a novel topic (247ᵇ9–248ᵃ6/247ᵇ22–248ᵇ27); at the very least his words would be highly misleading, had he already mentioned induction's contribution to epistemic development.

Second, the genetic argument just does not work very well. If someone does not already possess a given concept or proposition, then his merely coming into a relation with an object or situation that stimulates acquisition of the concept or formulation of the proposition hardly accounts altogether for his new knowledge (perhaps α's 'πως' (247ᵇ6), absent from β, betrays some unease, if indeed α presents the genetic argument). The Cambridge change might be a necessary but cannot be a sufficient condition for the change in his epistemic state, at least according to any empiricist view (we shall consider later how this might impair the force of 247ᵇ9–248ᵃ6/247ᵇ22–248ᵇ27).

Therefore there is good reason to suppose that α's argument concerns not the original acquisition of knowledge, but rather the reduction of second potentiality to second actuality, that is, it concerns what happens when someone who already pos-

109 Barnes's commentary provides a particularly lucid discussion of the apparent ambiguities in the last chapter of the *Posterior Analytics*.

sesses a given concept or knows a certain proposition newly enters a relation with an object which falls under that concept or with a situation which instantiates the state of affairs described by that proposition.

If this is so, then 'somehow knowing the universal through the particular' (a) or 'somehow knowing the particular through the universal' (b) has nothing to do with either induction or deduction. Rather, I suppose that the reference is to Aristotle's curious doctrine of 'the perception of the universal', stated in the course of his developmental account but obviously intended as a permanent factor in perception (*A.Po.* B.19, 100^a17–100^b1).[110] Roughly put, the idea is that we perceive an individual ϕ as a token of the type Φ (of course since one and the same individual instantiates a host of universals, we might correctly perceive the same individual as Φ, Ψ, Ω ..., depending on context and the interests which we bring to bear). This perceptual 'typing' will not be restricted to a single variety of thinking, so long as it is not entirely abstract. For example, to grasp in the course of practical reasoning that this piece of chicken is an instance of light meat illustrates 'perception of the universal'; but so in a much more complicated way does our recognition that a tragic spectacle exemplifies certain general ethical truths.

The crucial point is that in all such cases we recognise a ϕ as a token of Φ on the basis of general knowledge which is already in our possession, but not fully actualised (if it be objected that such perceptual recognition is not adequately described as 'knowing', note that 'ἐπίσταταί πως' (247^b6) may tacitly acknowledge the strain). Coming into relation with the individual ϕ reduces the knower to second actuality, but is no more than a Cambridge change.

Does this interpretation recommend adoption of a or b? The choice is now a matter of complete indifference: 'perception

110 'He means that we perceive things *as* A's; and that this, so to speak, lodges the universal, A, in our minds from the start – although we shall not, of course, have an explicit or articulated understanding of A until we have advanced to stage (D) [*viz.* scientific ἐπιστήμη]' (Barnes's commentary *ad loc.*, p. 255).

of the universal' might be glossed equally well as either grasp of the universal through the particular or grasp of the particular through the universal, since one can rather artificially emphasise either the universal or the particular aspect of the act of recognition. Perhaps β's employment of a̲ for the purposes of its distinct genetic argument might incline one to suppose that the rather different use of a̲ in α inspired the author of the ἕτερον βιβλίον, but nothing much hangs on the issue, since the basis of the argument remains unaffected whichever text we choose to adopt.

As a brief coda to this argument Aristotle remarks that employment and actualisation of the epistemic ἕξεις resemble touching or catching a glimpse of something,[111] in that there is no *process* of generation of any of them (247^b7–$9/247^b21$–2);[112] *a fortiori* their use will involve no real change. Since Aristotle himself does so little with this argument, we cannot have much to say about it.[113] What we should realise is that here Aristotle is anxious to persuade us that however obscure the details of noetic actualisation might be, change in epistemic ἕξις must not be straightforwardly classified with more familiar physical changes. In terms of the purpose of ch. 3 this is all to the good, since one cannot pretend and Aristotle flatly denies that when ἐπιστῆμον and ἐπιστητόν interact, they enter into physical contact, although VII's *reductio* apparently demanded that all active κινοῦντα and κινούμενα touch. Therefore to deny that change in epistemic state or condition figures among the types of κίνησις falling within the scope of the *reductio* is to protect the grand argument of *Physics* VII. What remains unresolved is whether the defence is

111 'ἀνάβλεψις' is a very rare word, and it is difficult to be confident about its precise significance, but it certainly cannot mean 'recovery of sight' here, as LSJ suggest *s.v.*

112 β unfortunately asserts not that there is no coming-to-be of the actualisation, but rather that the ἐνέργεια itself is not γένεσις. Furthermore, while the reference to γένεσις in α causes no difficulties, since it explicitly introduced the topic of coming-to-be from the outset, β's present reference awkwardly lacks any clear antecedent.

113 Of course the elaborate arguments of *De Anima* II.5 make it clear that this is not a thesis which Aristotle maintains for reasons that do not extend beyond *Physics* VII.

ultimately adequate: if these special noetic changes are exceptions to the contact condition of the *reductio*, then how can the proof have universal validity? Aristotle's standard answer has been to associate suitable proxy changes with the difficult exceptions – we must wait to see if this tactic can be effective in the present case.

In the final section of VII.3 Aristotle argues that the original acquisition of ἐπιστήμη is neither generation nor alteration (247^b9–248^a6/247^b22–248^b27.)[114] The reason is that we are said to achieve understanding and wisdom by means of our thought coming to rest;[115] but it has been established that there is no change of change in general, and no generation of rest in particular (the back-reference is to v.225^b15). Aristotle draws a parallel with the case of someone emerging from sleep or recovering from drunkenness or illness. Just as in these cases we do not say that the person has again become knowledgeable, despite his temporary inability to exploit his knowledge, so we do not/should not claim that someone who acquires the ἕξις in the beginning *becomes* knowledgeable. We should not say this because it is by means of its release from natural disturbance and upheaval that the soul gains wisdom. The perceptual and learning handicap of children in comparison

[114] β's treatment evinces three peculiarities, all to its discredit. 1 It altogether omits α's reference to μεταβολή and contention that settling down or entering a state of rest is not a real change, which is of course the fulcrum of the entire argument (247^b12–13/247^b23: cf. *supra*, n. 84 on 246^b26). 2 α draws an analogy between the drunk's stupor, etc., and the *natural* disturbance handicapping infant souls ('τῆς φυσικῆς ταραχῆς', 247^b17–18, where perhaps 'φυσικῆς' has the secondary sense of 'to do with growth or birth', which suits the context well). β draws the same analogy, but fails to specify that the original disturbance is φυσική (247^b29–30). Furthermore, while α suggests that in some cases this disturbance is cleared away by nature, in others, by other things ('πρὸς ἔνια ... πρὸς ἔνια', 248^a2–3), β makes the contrast temporal ('τοτὲ μὲν ... τοτὲ δ' ...', 248^a27–8). Since the other factors involved are probably habituation and education, which do indeed come after the initial period of spontaneous infantile development, β is not strictly incorrect, but α's version is preferable. 3 While α specifies that the locus of the alteration which somehow accompanies relational change in epistemic ἕξις is the body (248^a4), β simply claims that there is some alteration (248^b26). Finally, on vocabulary, Ross remarks: 'ἐν τῇ τῆς ἐπιστήμης ὑπαρχῇ 247^b29 and γένηται νήφων πρὸς τὴν ἐνέργειαν 248^b26 are definitely un-Aristotelian' (p. 15).

[115] 'Aristotle hints at an etymological connexion between ἵστασθαι (cf. καθίστασθαι $^b17$) and ἐπίστασθαι, and in this he is probably right, ἐπίσταμαι being an old middle voice of ἐφίστημι' (Ross p. 676).

with adults is evidence for this proposition. Finally, both natural and cultural release from such disturbance is accompanied by certain somatic alterations, just as when a man on waking or sobering up recovers the use of his faculties. Therefore alteration *per se*, change in perceptible quality, is restricted to the perceptual part of the soul.[116]

Despite the relative length of this section, its character is relatively discursive, and its success or failure depends on a single feature. The central premiss of this argument is the claim that we can seriously draw a parallel between original acquisition of an epistemic ἕξις and recovery from some debilitating condition which temporarily occludes the mental faculties; otherwise the comparison is a mere metaphor and the reasoning collapses.

The questions we must address are what conclusion might licitly be drawn from the parallel, and whether Aristotle seems to go beyond what the analogy actually delivers. There is a fairly plausible line of interpretation which suggests that the answers to these questions are very embarrassing to Aristotle: if the parallel holds, then to speak of an original *acquisition* of knowledge is to abuse language. The knowledge is already there in the infant, awaiting the subsidence of natural disturbance and the stimulation of teaching in order to manifest itself. Thus we already have a number of the ingredients of transcendental Platonism;[117] it seems that the price for a real argument here is acceptance of the doctrine of Recollection.[118] If the case of learning resembles recovery from sleep or alcohol in the features necessary for the reasoning to go through, then infantile ignorance is the temporary occlusion of eternal knowledge possessed by an immortal soul disturbed by the trauma of incarnation.

Thus we face a real dilemma: either ch. 3 trails off rather limply with an argument which Aristotle could hardly endorse, or its conclusion betrays commitment to philosophical beliefs

[116] *Vid. supra*, n. 96.

[117] Ross refers us to *Tim.* 43A-44B (p. 677), and Simplicius enthusiastically conflates the Platonic and Aristotelian texts (S. 1077.3–23).

[118] ‘μήποτε οὖν, εἰ ὁμοίως ἔχει ὁ ἐξ ἀρχῆς λαμβάνων τὴν ἕξιν τῷ μεθύοντι καὶ καθεύδοντι, ἀεὶ ἡ ψυχὴ τὴν ἕξιν ἔχει καὶ αἱ μαθήσεις ὄντως ἀναμνήσεις εἰσίν, ὡς ὁ τοῦ Πλάτωνος βούλεται λόγος’ (S. 1079.9–12).

which we are confident that Aristotle cast off very early in his career. We cannot comfortably grasp the second horn, because the mainstay of our interpretation has been the contention that in VII.3 Aristotle tacitly revises his theories of categories and change in a manner which is incompatible with the thesis that *Physics* VII is the product of Aristotle's earliest, high-Platonic phase. Accordingly we seem to have no alternative to the disappointing conclusion that Aristotle is in no position to ask us to take his final argument seriously, since he has constructed it from materials that are not really his own.

We should, however, vigorously resist this interpretation and its unpalatable conclusions, since it merely begs the question against Aristotle by assuming both that his analogies are intended to suggest a strong, innatist theory, and that nothing less than such a theory could serve Aristotle's purposes. Both assumptions are false. What we should learn from the analogies with awakening, etc., is that in general ignorance is not a simple, negative state: we do not begin with a *tabula rasa*. But by drawing our attention to this moral, Aristotle is not declaring himself a rationalist; philosophers can and usually do take up positions in between radical empiricism and radical rationalism.[119] Thus the useful conclusion which Aristotle correctly draws from his analogies is that ignorance typically co-exists with a readiness to learn, perhaps even with certain directed dispositions imparted teleologically.[120] Since such dispositions need not be fully formed, let alone provided with pre-existent, determinate contents, this position falls far short of full-blown innatism. Furthermore, it is enough for Aristotle's purposes: by his lights the removal of whatever factors might impede the development of these dispositions is

[119] Dominic Scott's work on innatism in the history of philosophy woke me from my dogmatic slumbers, and made me sensitive to the various possibilities for a charitable interpretation here.

[120] The discussion of ἀκρασία in *NE* VII.3 is in certain suggestive respects similar to our text, since Aristotle there discusses people who possess yet in a sense do not have a ἕξις: sleeping, raving and drunk people in a fashion lack the knowledge which is nevertheless theirs (1147ᵃ11–14). Just as we must not take it for granted in *Physics* VII that there is nothing between the extremes of radical empiricism and radical innatism, so in *NE* VII we should not assume that the man in his cups who recites Empedocles (1147ᵃ19–22, explicitly linked with learners) understands *nothing*, although he does not know what he chants in the strong sense of 'know' ('ἴσασι', 1147ᵃ21).

not equivalent to real change in the dispositions themselves. Therefore there is no dilemma, and Aristotle's argument goes through successfully, or at any rate does not founder on the difficulties thrown up by the first type of interpretation.[121]

The chapter ends with the thematic qualification that somatic alterations accompany release from psychic disturbance (again the indeterminate genitive absolute, but now Aristotle does not mention necessity). What is troubling about this suggestion is that whatever its merits, it fails to cover one's coming to reflect on a given topic when nothing has previously impeded the thought, when the thinker has simply only now addressed the new subject. Aristotle has given us no reason to believe that any physiological alteration need somehow underlie this movement in thought; indeed, his conviction that the intellect lacks an organ (*DA* 429^{a}29ff.) makes it very difficult to see how one could associate an ἀλλοίωσις *of necessity* with a given intellectual act.

* * *

At the outset we remarked that Aristotle's position in ch. 3 is complex and perhaps ambiguous, in that he consistently argues that the acquisition, exercise and loss of ἕξεις, etc. are not alterations, but also that these changes do not occur without alteration. We have rejected the notion that if he can establish that these changes are not alterations, then it just does not matter if the contact condition fails to apply to them;[122]

[121] One might object that this reading is in fact excessively charitable: since Ross is right to make the connection with *Tim.* 43A–44B, in the lack of any contrary indication we should assume that the reminiscence of Plato tips the balance in favour of the strong innatist interpretation of Aristotle's position. But what if this possible reference is actually polemical? That is, Aristotle might very well have taken over the central examples of sleep, madness and drunkenness from Plato precisely in order to give them an anti-Platonic twist. I have not provided grounds for endorsing this alternative, but at the very least it ought to make clear that there is no *prima facie* case against the idea that Aristotle's argument does not rely on a rationalist epistemology.

[122] Verbeke has in fact suggested that ch. 3 reveals the breakdown and signals Aristotle's abandonment of *Physics* VII: all the changes that it loosens from ἀλλοίωσις supposedly escape the first chapter's finitude proof, and *Physics* VIII is a wholly independent attempt replacing the earlier failure.

the universal scope of the *reductio* must be protected by associating suitable proxy alterations with the special changes. Our extended analysis of VII.3 suggests that Aristotle meets with variable success in his attempt to convince us that the logical relation between the special changes and their alterations justifies the claim that the contact condition is satisfied at a remove – in particular, the final section on epistemic states does not survive close inspection. Nevertheless, his general strategy is to be applauded, since it involves the consistent refinement of Aristotle's conception of the logic of complex changes which we have noted throughout.[123] Thus although our verdict on the contribution of VII.3's intricate and various arguments to the defence of the *reductio* is mixed, its discussions have a value and significance which extend far beyond this immediate context. Perhaps they constitute Aristotle's most sophisticated study of qualitative change, and thus of that concept so elusive for us, the distinct category of quality.[124]

[123] Manuwald unfortunately argues that because 'der weite ἀλλοίωσις Begriff' is early and 'der enge Begriff' appears only in this chapter (p. 101), chs. 2 and 3 together form an independent unit, probably non-Aristotelian rather than the product of self-revision (pp. 125–6).

[124] Alexander anticipates me in the general lines of my central interpretation, and elicits rare praise from the jealous Simplicius:

> Ζητεῖ δὲ ὁ 'Αλέξανδρος· εἰ ἡ κατὰ ποιότητα μεταβολὴ ἀλλοίωσίς ἐστι, ποιότητος δὲ πρῶτον μὲν εἶδος ἐν Κατηγορίαις ἕξις καὶ διάθεσις ἀπηρίθμηται, τέταρτον δὲ γένος ποιότητος σχῆμά τε καὶ ἡ περὶ ἕκαστον μορφή, πῶς ἡ κατὰ τὴν ἕξιν καὶ τὸ σχῆμα μεταβολὴ οὐκ ἔστιν ἀλλοίωσις; καὶ λύει καλῶς ἐκ τῶν 'Αριστοτέλους· κατὰ γὰρ τὰς παθητικὰς μόνας ποιότητας τὴν ἀλλοίωσιν γίνεσθαί φησιν ὁ 'Αριστοτέλης, τὸν δὲ πρῶτον καὶ τέταρτον τρόπον τῆς ποιότητος ἐλέγχει ὡς οὐ ποιοῦντας ἀλλοίωσιν· ὅσαι γὰρ ποιότητες εἰς τὴν οὐσίαν καὶ τὴν τελειότητα συντελοῦσιν καὶ εἶδος γίνονται τοῦ μετέχοντος, οὐ ποιοῦσιν ἀλλοῖα τὰ κατ' αὐτὰς μεταβάλλοντα, ἀλλὰ μᾶλλον ἄλλα. τοιαῦται δέ εἰσιν αἵ τε ἕξεις, τελειότητες οὖσαι καὶ εἶναι ποιοῦσαι τοῦτο ὅπερ λέγεται, καὶ τὰ σχήματα. διὸ τὸ σχηματισθὲν οὐκέτι λέγεται τῷ τῆς ὕλης ὀνόματι ξύλον ἢ χαλκός ... καὶ αἱ κατὰ τὰς ἀρετὰς οὖν μεταβολαὶ τελειοῦσαι τὸ ὑποκείμενον καὶ εἰς τὸ τί ἦν εἶναι συντελοῦσαι οὐκ εἰσὶν ἀλλοιώσεις οὐδὲ αἱ κατὰ τὰ σχήματα καὶ τὰς μορφάς. ἀλλ' ἐκεῖναι μόναι αἱ κατὰ τὰς συμβεβηκυίας ποιότητας, αἵτινες πάθη μόνον ἐμποιοῦσι τοῖς μετέχουσι καὶ οὐκ οὐσιοῦσιν οὐδὲ εἰδοποιοῦσιν αὐτά. (S 1081.10–30)

5

RECAPITULATION: THE TWO VERSIONS

At this juncture – since β is not extant for the remaining chapters – it is convenient to rehearse our findings concerning the relationship between the two versions of *Physics* VII. The commentary has established beyond any doubt that while both α and β typically formulate the same propositions, the arguments that they develop in order to maintain these common theses often vary on both the tactical and the strategic levels. This in itself is enough to prove that the texts provide distinct dialectical exercises addressed to a shared set of themes, since two works of philosophy can hardly be identical if they differ in their arguments.

Of course this claim has only modest implications for the question of authorship. Our findings do conclusively rule out the hypothesis that β is merely an inattentive auditor's record of α, Aristotle's own script: the imaginary note-taker could hardly combine such a degree of real philosophical originality with his presumed negligence. Were this hypothesis valid, we should expect all the divergences of β from α to be readily explicable as the uninteresting result of carelessness, mis-hearing and excessive compression. I do not deny that it is a sobering experience for any lecturer to read the silly caricature of his views jotted down by most students, that phenomenal distortion is possible. The point is rather that β displays the wrong *sort* of discrepancy from α to be explained in this way; if it wantonly introduces faults into the arguments, they are not casual slips.

We noted at the outset that more or less ambitious hypotheses can be entertained about the relationship between the two versions. According to the strong theory, both α and β contain genuine records of Aristotle at work, and the differences between them reflect his recognition of difficulties in his reasoning and alternative attempts to overcome them. We should note that since the ἕτερον βιβλίον is not only distinctive in its reasoning but also contains a significant number of linguistic peculiarities, we must not ignore a variant of the strong hypothesis, that although β is indeed an accurate record of a genuine Aristotelian lecture-course, it has only been preserved for us in a wording occasionally adulterated by someone else (now a faithful auditor who betrays himself by certain turns of phrase).

According to the more cautious theory, β is not Aristotle's own work but emanates from his immediate circle in reaction to α. Because the conjecture that 'περὶ κινήσεως α'β'' in D.L.'s catalogue refers to both versions of VII and that this list goes back to Hermippus is most likely sound,[1] we have strong reason to believe that the ἕτερον βιβλίον cannot be a late production. It presumably entered the Aristotelian corpus very early and had a place in the Alexandrian library, subsequently not arousing the suspicions of any of the ancient commentators. Of course on this hypothesis the non-Aristotelian phrases of β are hardly a mystery.

If we adopt the weak hypothesis, we must face something of an enigma: why was it written? On this theory although β is derived from α, an authentic Aristotelian book, it is no mere copy, intended to preserve the thought of the master; on the other hand, α provides far more than general inspiration for β, since the original serves as quite a detailed blueprint for the other version. Often we explain puzzling antique texts (e.g. certain Neo-Pythagorean writings) as forgeries, designed to convince us that they are the work of some much earlier thinker, whether to his credit or discredit. But there can be no question of labelling β as counterfeit or a forgery, even if as a matter of fact it has misled many generations of scholars, since its author cannot have intended it as a deception. His undeniable closeness to Aristotle, certainly in thought and most probably also in time and place, disposes of any such idea.

In the circumstances any solution is bound to be highly

[1] *Vid. supra*, n. 3 to ch. 1.

speculative, and possibly in the end we shall be obliged to record an open verdict. However, perhaps the conjecture which most elegantly accounts for the unusual nature of β is to suppose that it is the work not of a negligent auditor, but instead of a rather creative reader of α: this theory explains both the dependence of the ἕτερον βιβλίον on α and the unusual character of that dependence. We should suppose that it was Aristotle's custom to have the members of the school read his lecture-notes, and that a student engaged on his reading-course in natural philosophy produced β using α as his model.[2] We have no means either of identifying the student or of deciding whether his exercise is a sole surviving example of his and others' habitual practice, a sort of standard apprentice-work, or is just a freak.[3] Either way nothing immediately follows concerning the value or interest of β.

In this connection one cannot emphasise too strongly that *no* Aristotelian treatise has the status of a finished literary artefact. Although it has become standard practice in recent times at least to acknowledge that the corpus largely consists of lecture notes, we are hard put to do full justice to the implications of this fact. Despite the monumental character with which history has endowed Aristotle's writings, they remain a record of work in progress: we can never be sure of just how finished a version of any given treatise ever existed. Of course such considerations do not have any direct bearing on the question of β's actual provenance, but they do help to sharpen the moral of the existence of two versions of *Physics* VII for the Aristotelian reader, who should re-examine his confidence in the stability of more familiar texts. Thus quite apart from the philosophical advantages to be gleaned from taking both versions seriously, *Physics* VII stimulates reflection on how in general we best approach an Aristotelian work.

[2] I owe this hypothesis to a suggestion made by M. F. Burnyeat.

[3] This hypothesis suggests that we ought to take seriously the possibility that other problematic texts in the corpus (e.g. the *Mechanica*, perhaps *Meteorologica* IV) originated as early reworkings, although *Physics* VII would remain exceptional in that it penetrated the canon despite the presence of its original. One might even speculate that there were indeed many such exercises, but that editors successively eliminated all the others, where their inferiority was much clearer.

These then are the options: (1) β is either an authentic Aristotelian alternative to α, whether in exactly Aristotle's own words or not, or (2) it is the response of an early Peripatetic student to his reading of α. Evidently either option is compatible with a certain range of opinion concerning the merits of the ἕτερον βιβλίον: maybe Aristotle composed α to supersede his early, shaky effort, and maybe the student who wrote β was more or less talented.

Nevertheless if it is fairly extreme, one's appraisal of β does not remain neutral between (1) and (2). I have tentatively characterised β as philosophically 'creative' and 'original'; if this is correct, then we might incline to option (1), and deal with the linguistic problem as best we can. If on the other hand our final judgement is that β's original deviations are typically perverse, we might more confidently settle on option (2). Does β ever make a really important contribution to the development of VII? Are there not only differences from α, but differences which clearly give an argument superior to what α provides? In order to resolve these issues to the extent which the difficult nature of the case permits, we must now review our major comparisons between the two versions (I do not list either discrepancies which seem to be altogether trivial, or differences where we could reach no firm conclusion about their significance).

VII.1

1 (Cf. *supra*, p. 98) α and β do not draw the same conclusion from VII's unsatisfactory opening argument: according to α, 'this moves itself' entails 'this is moved by something' (e.g. 242^a47); according to β, 'this moves itself' entails 'this is moved by something else' (e.g. 242^a12–13). Since the desired conclusion is 'necessarily, everything moved is moved by something *else*', the versions display complementary defects: α's reasoning is sound but too weak to deliver what is needed, while β's argument is valid, yields the strong proposition, but is unsound. The divergence here is hardly casual, but it would be silly to claim that either version is superior.

2 (cf. *supra*, p. 99) While α employs locomotion simply as a sample change-type in its development of the *reductio* (242ᵃ50–1), β justifies its exposition with the strong thesis that '*everything* which is changed is moved in place by something other than itself' (242ᵃ16–17). Since the argument does not and need not make use of this claim, α's more modest proposal is all that is required; here β is clearly inferior.

3 (cf. *supra*, p. 104) β's excursion on criteria for kinetic individuation is inferior to α's, taking up the ways in which a change might be one in the confused order ἀριθμῷ–εἴδει–γένει–εἴδει.

4 (cf. *supra*, pp. 107–8) While α introduces premiss 6 of the *reductio* as a modal proposition ('It is possible that the motions of A and of B and the rest are equal, and it is possible that the motions of the rest are greater than A's', 242ᵇ47–50, 242ᵇ65–7), in β the disjunction is simply asserted categorically: 'For their motions will be either equal to or greater than A's' (242ᵇ17–18). Thus α apparently ignores the damaging alternative possibility that the sequence could consist of movements decreasing in magnitude, while β seems implicitly to exclude it. But on the basis of our argument that Aristotle is justified in neglecting this alternative, it is evident that both versions reason correctly. Furthermore, we might conclude that β's formulation is somewhat superior, since its disjunction of the ascending motions' equality or increase clearly exhausts all Aristotle's valid options.

5 (cf. *supra*, p. 110 n. 20) α properly remarks that the *reductio* is complete when we have succeeded in deriving an impossible conclusion, since that from which something impossible follows is itself impossible (242ᵇ55, 242ᵇ72–243ᵃ31). β, however, substitutes 'ἄτοπον' for α's 'ἀδύνατον' (242ᵇ21, 243ᵃ2), unhappily muddling the logic of the proof.

VII.2

6 (cf. *supra*, p. 122 n. 2) β somewhat inconsequently enumerates types of change rather than subjects of change, although it specifies three categorially distinct κινούμενα (243ᵃ8–10).

7 (cf. *supra*, p. 127 n. 9) In comparison with α's, β's classification of motion imparted by an external agent (243^{a}23–244^{a}18) is slip-shod and confused in its overall organisation.

8 (cf. *supra*, pp. 129–32) We speculated that β's tactic of identifying combination and separation with pushing and pulling (243^{b}29) rather than, with α, reducing them to ἕλξις and ὦσις (243^{b}10–12) might represent a conciliatory rather than a pugnacious reaction to the Academic view which emphasises the prominence of σύγκρισις and διάκρισις.

9 (cf. *supra*, p. 138 n. 18) In its description of pulling β claims that the motions of puller and load are not separated (243^{b}23–4), rather than that the puller ensures that it is not separated from the load (α, 244^{a}8–11). The best gloss on these unseparated motions would be to say that the puller and load together make up a complex undergoing one and the same κίνησις. Unfortunately, if the motion of the puller is 'faster', then it must be faster than the load's, which acts against it, so that one could not consistently assert that these opposed κινήσεις are unseparated.

10 (cf. *supra*, pp. 138–9) α alone recognises an objection to the contact condition, that fuel seems to draw fire without touching it (244^{a}11–14). It responds that the final state of contact of a static mover with what it attracts solves the problem, although the argument clearly concerns initial conditions. α seems content with immediacy either at the start or at the finish of the motion when it cannot have both; β simply omits any mention of the problem that compels α to make this damaging concession.

11 (cf. *supra*, p. 141 n. 22) When developing its version of the argument for immediacy in ἀλλοίωσις, instead of the fourth premiss of the reconstruction based on α, 'So everything altered is altered by perceptible features', β has 'A quality is altered in or by being perceptible, and perceptible features are what differentiate bodies' (244^{a}27–244^{b}16, expanded). This is so compressed in the original that we can understand it only by consulting α and construing it as a very elliptical expression of the claims set out in premisses 1–4 of the reconstruction.

12 (cf. *supra*, p. 141 n. 22) While α sensibly distinguishes

between non-percipient and percipient parts of living things ($244^{b}9$–10), β stupidly designates non-percipient parts as inanimate ($244^{b}24$–5).

13 (cf. *supra*, pp. 141 n. 22, 145–7) 'καὶ αὗται δὲ αἱ αἰσθήσεις ἀλλοιοῦνται' ($244^{b}25$): β here leaves out the qualifying 'πως' added in the α version ($244^{b}11$). One might suspect that this omission marks the difference between somebody who does and somebody who does not understand Aristotle's theory of perception and its contribution to his general psychology. Here we can either charge that the author of β betrays his lack of authority, or in charity try to downplay the significance of β's failure to qualify the contention that perception is alteration. Both versions wish to emphasise that ἀλλοίωσις is involved in αἴσθησις, no matter just how, and β simply drops α's bare acknowledgement of obscuring complications. However, it is not easy to dissociate this problem from the related difficulty in 12, so the defence cannot be confident.

14 (cf. *supra*, p. 141 n. 22) 'τὸ τῆς ἀλλοιώσεως' ($245^{a}20$: cf. $246^{a}29$, $246^{b}26$, $248^{b}27$: 'τὸ τῆς ἡδονῆς', $247^{a}25$, $247^{a}27$: 'τὸ τῆς ἐπιστήμης', $247^{a}30$) is not a suspect idiom, but its unusual frequency of occurrence in β amounts to a mannerism.

15 (cf. *supra*, p. 149) β alone has the specification of 'ἐπιφάνεια' ($245^{a}23$) as what is continuous with light, which perhaps provides evidence for the suggestion that Aristotle is here discussing *per se* perceptibles.

VII.3

16 (cf. *supra*, p. 187) In α alone a pair of technical terms, 'σχηματιζόμενον' and 'ῥυθμιζόμενον', designates what we endow with a novel shape or outline ($245^{b}9$).

17 (cf. *supra*, pp. 180–1) After the linguistic argument, α merely remarks that it would be bizarre to say that something generated had been altered. It then finally introduces the qualification that alteration may nevertheless necessarily accompany generation ($246^{a}4$–9), a point which β made earlier ($245^{b}24$–6) in order to justify the assertion that alteration occurs in subjects that are said to be affected by perceptibles *per se*. In contrast,

β reasons that in its character of completion or perfection generation cannot be identified with alteration ($246^{a}25$–8), a thesis that α only develops once it has passed on to the claim that virtues and vices are not alterations ($246^{a}10$–$246^{b}3$).

18 (cf. *supra*, p. 201) The conclusion of β's version of the linguistic argument is enthymematic ($246^{a}21$–5).

19 (cf. *supra*, p. 208 n. 65) β's careless phrasing in 'δῆλον δὴ ὅτι τὸ τῆς ἀλλοιώσεως οὐκ ἔστιν ἐν τοῖς γιγνομένοις' ($246^{a}28$–9) is unfortunate, since it is committed to alteration's association with generation despite non-identity.

20 (cf. *supra*, p. 216 n. 84) On the relational character of somatic ἕξεις, β's section ($246^{a}29$–$246^{b}27$) is only half the length of α's ($246^{b}3$–20), omitting altogether the important coda suggesting that change in ἕξις, although not to be identified with ἀλλοίωσις, might nevertheless be necessarily accompanied by certain processes of alteration.

21 (cf. *supra*, pp. 216 n. 84, 218) While it is not entirely clear that α straightforwardly identifies health with a certain mixture and proportion of hot and cold ($246^{b}5$–6), β does have a simple identification, and also drops α's reference to 'mixture' ($246^{b}21$). On the other hand, it is not obvious that the omission is to β's discredit, since Aristotle's concept of 'complete' mixture does not suit the needs of his argument here.

22 (cf. *supra*, p. 183 n. 42) α alone provides evidence for the thesis that shaping is a kind of generation in its claim that corporeal states are distinct from yet accompanied by alteration, 'καθάπερ καὶ τὸ εἶδος καὶ τὴν μορφήν' ($246^{b}15$–16); the back-reference must be to the section on shaping. Here uniquely 'τὸ εἶδος' rather than 'τὸ σχῆμα' is paired with 'ἡ μορφή'. 'τὸ εἶδος' unambiguously signifies something's principle of being: if some matter has been endowed with a new εἶδος, it is certain that a new entity has come-to-be. So by employing 'τὸ εἶδος' in $246^{b}15$–16, α retrospectively verifies the idea that to endow some matter with a new shape is to bring a new entity into existence.

23 (cf. *supra*, p. 216 n. 84) The obscure claim in β that somatic virtues are dispositions of the best towards what is fine ($246^{b}23$) is not easy to understand.

<u>24</u> (cf. *supra*, p. 216 n. 84) The phrase 'τὸ . . . διατιθὲν περὶ τὴν φύσιν . . .' in β ($246^{b}24$) is suspicious.

<u>25</u> (cf. *supra*, p. 216 n. 84) While α denies that states themselves are alterations and that there is any alteration, coming-to-be or indeed any real change, secondary or existential, of them ('ὅλως μεταβολή', $246^{b}12$), β very oddly denies that they themselves are coming-to-be and that there is any coming-to-be or any alteration of them ('ὅλως τὸ τῆς ἀλλοιώσεως', $246^{b}26$). Thus β both makes a claim which is in itself difficult to understand, and fails clearly to point the crucial contrast between real and relational change.

<u>26</u> (cf. *supra*, pp. 220, 221 n. 92) In its section on ethical ἕξεις ($246^{b}27$–$247^{a}28$), β leaves out α's rehearsal of considerations stemming from the relational character of states and conditions, and also lacks α's concluding indications of just how the thesis about pleasure and pain directly entails the desired conclusion concerning virtue and vice ($247^{a}14$–18).

<u>27</u> (cf. *supra*, p. 221 n. 92) In its claim that some alteration accompanies gain and loss of ethical ἕξεις, β ($247^{a}20$–1) does not mention necessity, as α does ($247^{a}6$–7).

<u>28</u> (cf. *supra*, p. 221 n. 92) β does not specify that the 'something' in which alteration occurs is the sensitive part of the soul ($247^{a}20$–1), although in its very last sentence ($248^{b}28$) it suddenly mentions 'τῷ αἰσθητικῷ μέρει τῆς ψυχῆς'.

<u>29</u> (cf. *supra*, p. 221 n. 92) β needlessly restricts the accompanied processes to gain of virtue and loss of vice ($247^{a}20$–1).

<u>30</u> (cf. *supra*, p. 221 n. 92) While α suggests that a vice renders one susceptible to bad affections and conversely insusceptible to good influences ($246^{b}20$), β loses the alternative of bad insusceptibility ($247^{a}23$).

<u>31</u> (cf. *supra*, pp. 228–31) Although we concluded against Ross that the words 'κατ' οὐδεμίαν γὰρ δύναμιν κινηθεῖσιν ἐγγίγνεται τὸ τῆς ἐπιστήμης, ἀλλ' ὑπάρξαντός τινος . . .' in β ($247^{a}29$–$247^{b}20$) are not a garbled, rankly ignorant paraphrase of α's claim about the potential knower ($247^{b}4$–5), our defence rested on the concession that Aristotle himself is perhaps not the author of the ἕτερον βιβλίον.

<u>32</u> (cf. *supra*, p. 232) We claimed that β's genetic argument

for the thesis that 'the universal is known through the particular' (247b20–1) is inferior to and perhaps reflects misunderstanding of α's reasoning, which might depend on the doctrine of 'perception of the universal'. Furthermore, β again lacks α's qualifying 'πως' (247b6: cf. 13.)

33 (cf. *supra*, p. 234 n. 112) While α denies that there is any coming-to-be of epistemic ἐνέργεια (247b7–9), β asserts that the actualisation itself is not γένεσις, and also lacks any antecedent for this reference to generation (247b21–2).

34 (cf. *supra*, p. 235 n. 114) β altogether omits α's reference to μεταβολή and contention that settling down or entering a state of rest is not a real change, which is the fulcrum of the entire argument (247b12–13/247b23: cf. *supra*, 25).

35 (cf. *supra*, p. 235 n. 114) α draws an analogy between the drunk's stupor, etc., and the *natural* disturbance handicapping infant souls ('τῆς φυσικῆς ταραχῆς', 247b17–18). β draws the same analogy, but fails to specify that the original disturbance is φυσική (247b29–30). Furthermore, β makes the contrast between those disturbances cleared away by nature and those settled artificially a temporal one (248a27–8).

36 (cf. *supra*, p. 235 n. 114) While α specifies that the locus of the alteration which somehow accompanies relational change in epistemic ἕξις is the body (248a4), β simply claims that there is some alteration (248b26).

37 (cf. *supra*, p. 235 n. 114) 'ἐν τῇ τῆς ἐπιστήμης ὑπαρχῇ' (247b29) and 'γένηται νήφων πρὸς τὴν ἐνέργειαν' (248b26–7) are suspect phrases.

Clearly our findings overwhelmingly indicate that we should choose option (2), that the ἕτερον βιβλίον is the response of an early Peripatetic student to his reading of α. We suggested that only if we might find clear cases where divergence from α gives a superior argument would we have a sound reason to settle on option (1), that β is an authentic Aristotelian alternative to α. However, our sole instance of β's unqualified advantage over α is 15, and this is hardly either a major or an incontestable example. In stark contrast, there are 24 cases where β seems to be more or less significantly inferior in either logic or organisation: 2; 3; 5; 6; 7; 9; 11; 12; 16; 19; 20; 22;

23; 25; 26; 27; 28; 29; 30; 32; 33; 34; 35; 36. In light of this negative preponderance we should also conclude that the examples of suspicious idiom are supplementary evidence of non-Aristotelian authorship: 24; 37. 10, 13, 14, 18, 21 and 31 are either inconclusive on the question of relative merit or too speculative to be taken into consideration.

We also remarked that choice of option (2) does not automatically entail that the ἕτερον βιβλίον is no more than a trivial historical curiosity – despite not being by Aristotle it might nevertheless display interesting philosophical originality, if not of the high order which would tempt us towards option (1). Cases 1, 4, 8 and 17 strongly suggest that time spent on a careful comparison of the two versions is not wasted; in these cases the divergences between α and β highlight crucial features of argumentative organisation, reveal doctrinal pressures, and betray logical strain.

The reader might complain that I have demanded considerable attention and patience from him, given the modesty of our results. After all, despite all our efforts we seem to have achieved just the conclusions that we could have borrowed from Ross at no trouble to ourselves, thereby avoiding the complications required by a double analysis of chs. 1–3. Furthermore, since in the end we do conclude that β is inauthentic, the expense of considerable ingenuity in defense of β (e.g. n. 7 to ch. 2) seems perverse.

In response I would urge a number of considerations. First, even if we do on the whole agree with Ross, since our evidence is far more extensive and detailed, our conclusion is firmer. Second, the positions are not really the same: while Ross supposes that β is merely a distorted copy, we have established that its relation to α is far more complicated and problematic. Third, regardless of β's intrinsic worth, our careful attempt to compare its arguments with those of α has forced the fine detail of the logic on our attention as nothing else would have done. This advantage is of special value because the mere existence of two versions of *Physics* VII has tended to blind scholars to the book's attractions (*vid.* ch. 1).

It is rather more difficult to respond to the charge of perverse ingenuity, since it raises a very real methodological problem: having decided that β is inauthentic, should we in consistency adopt inferior MS readings and rest content with easy interpretations which reflect badly on the ἕτερον βιβλίον (*vid.*, e.g., n. 4 to ch. 2)? Despite some awkwardness, I have instead done my best in the course of the commentary to produce the most favourable plausible analyses and thus not to prejudge the issue against β. If on occasion plausibility has been strained, the damage will not be too great, since my aim has simply been to encourage the reader to exercise impartial, independent judgement in his decision between the two versions.

6

ANTI-REDUCTIONISM: ARISTOTLE AND HIS PREDECESSORS ON MIXTURE

In order to understand Aristotle's strategy in VII.3 of denying that certain classes of changes are, or at least are nothing but, alterations, we were obliged to make an extensive study of his concept of ἀλλοίωσις. There were both general and particular grounds for this procedure. On the one hand, to gauge the claim that type k is not an instance of α, we had better come to the task equipped with a reasonable and independent idea of what α is. On the other, Aristotle's exclusion of change in shape and state or condition from alteration has unsettled a number of commentators because μορφή and ἕξις figure as sorts of quality in *Categories*, ch. 8; they conclude that in VII.3 Aristotle expresses an earlier and less developed doctrine. Our review suggested that, on the contrary, there are potent reasons for regarding *Physics* VII as a work of relative maturity. In restricting alteration proper to change in affective qualities at one stroke not only does it simplify, and make determinate what Aristotle intends by 'ἀλλοίωσις'; it also registers a new sensitivity to the complex logic of change in μορφή and ἕξις.

Our analysis made considerable use of the fact that Aristotle refers to 'αἱ παθητικαὶ ποιότητες' indifferently as either 'affective qualities' or 'perceptible qualities'. This was of importance to us on two counts. First, since Aristotelian perceptible qualities possess the right sort of simplicity, it made a contribution to our argument that VII.3's new equivalence of alteration with change in affective quality ensures that ἀλλοίωσις is restricted to change in logically primitive features. Second, it forced the whole large issue of anti-reductionism on our attention. The equivalence emphasises the various and intimate connections between the rôle played by the concept of quality in Aristotle's natural science and his startling reliance on a philosophical methodology which both starts from and preserves basic appearances as they strike the human observer.

We argued not that Aristotle's conservative method is puzzling or objectionable *per se* – his real greatness lies just in this special way of doing philosophy – but rather that the principle that sense-perception is in a certain sense veridical presents enormous difficulties for the modern thinker. Aristotle contends that certain Presocratics either do away with or cannot recognise alteration consistently with their own theories (*GC* A.1; Democritus: A.9; Empedocles: B.7). They come to grief because one must not postulate natures different in kind from those accessible (in principle) to the senses.[1] In order to avoid dangerous confusion, we should now recall our precise formulation of the conflict between Aristotle and his predecessors over mixture (I trust that the reader will forgive the repetition): reductionism (i) involves the postulation of perceptually inaccessible micro-structures; (ii) characterises these structures in such a way that data provided by the senses, derived from acquaintance with macroscopic things and events, are useless on grounds of incompleteness, irrelevance and actual unreliability; (iii) denies the reality of at least some 'ordinary' objects. Aristotelian anti-reductionism is complementarily and contrastingly considered to be the refusal to countenance any such postulation on the strength of the conviction that the world is largely as it seems, that is, in the faith that despite their limitations the senses are not *fundamentally* deceived.

Our position is in fact no more and no less than a consistent application of Aristotelian teleology to the human species. By nature we are rational animals, endowed with a sense of wonder and a vigorous speculative curiosity. As Aristotle declares at the beginning of the *Metaphysics*, people's drive to realise what they are culminates in philosophy – the philosopher is the real man. But within the limits set by healthy competition, the world is hospitable to all animals, high or low: there is food for worms and truth for us. Were our senses fundamentally deceived (the qualification is essential), we would not

[1] For clarification, *vid. supra*, pp. 169–71.

be at home in the natural world. Were reductionism valid, we would be alienated in our own habitat. Since our essence is to understand, and we begin to comprehend by means of the senses, we should not be able to function properly, we should be a defective species. Since no natural kind, let alone ourselves, is a failure, it follows that Presocratic reductionism must be rejected. The combination of Aristotle's teleology with his intellectualist conception of human nature generates his fundamental hostility towards the grand Presocratic theories of material composition.

At the outset I indicated that it is rather hazardous to speak of '(anti-)reductionism', since the term of art has been used more or less rigorously in so many senses by so many philosophers. We nevertheless retained the label for lack of a reasonable alternative, and carefully defined just what we intended by placing certain Presocratics in the reductionist camp and Aristotle in the anti-reductionist opposition. We must now confront two sorts of objection to this depiction of the conflict between Aristotle and his predecessors, which rely on rather different ideas about the nature and value of reductive explanations, and thus reach rather different conclusions about the ancient dispute.

Could reductive theories prove to be of any scientific value? The first objection denies that the conceptual resources of the reductive hypotheses *on offer in Aristotle's time*[2] were sufficient to provide even remotely adequate analyses of complex organic structures. Accordingly we should understand Aristotle's negative reaction to the Presocratics not as dismissal of reductionism *per se*, but rather as a justifiable rejection of certain utterly inadequate historical systems. In response we must briefly evaluate Empedoclean and Democritean theories from this point of view. I shall concede that Aristotle would

[2] Nagel emphasises that the possibility of reduction is possibility at a time, within a specific historical context: 'The irreducibility of one science to another (for example, of biology to physics) is sometimes asserted absolutely, and without temporal qualifications. In any event, arguments for such claims often appear to forget that the sciences have a history, and that the reducibility (or irreducibility) of one science to another is contingent upon the specific theory employed by the latter discipline at some stated time' (p. 363).

of course be correct in concluding that Presocratic accounts are unacceptably thin, but further suggest that since his anti-reductionism is temporally unrestricted, we would do well to maintain our teleological interpretation of it.

A sweeping indictment of the Empedoclean view of nature claims not only that its capacity to cope with the diversity and complexity of organic phenomena is feeble, but also that it cannot even recognise the very possibility of a unity consisting of heterogeneous elemental components. Love, Strife and the Roots are all there is ('ἀλλ' αὔτ' ἔστιν ταῦτα, δι' ἀλλήλων δὲ θεόντα γίγνεται ἄλλοτε ἄλλα καὶ ἠνεκὲς αἰὲν ὁμοῖα', DK 31B17), and mixture of the elements produces various types of mortality (e.g. 'ἀλλὰ μόνον μίξις τε διάλλαξίς τε μιγέντων ἔστι, φύσις δ'ἐπὶ τοῖς ὀνομάζεται ἀνθρώποισιν', DK 31B8). The elements apparently persist unchanged throughout the duration of their existence ('αὐτὰ γὰρ ἔστιν ταῦτα, δι' ἀλλήλων δὲ θεόντα γίγνεται ἀλλοιωπά· τόσον διὰ κρῆσις ἀμείβει', DK 31B21).

But since Empedocles seems to have characterised the Roots in terms of their direction of movement (*vid.* Aristotle's criticisms at *GC* B.6, 333^b30–334^a9, *DA* B.4, 415^b28–416^a9), how can he coherently avail himself of the idea of their intermingling in order to explain the emergence of mortal tribes?[3] That is, if fire and earth by virtue of what they are move in opposite directions and the elements do not suffer any essential modification, surely a would-be compound could not hold together?[4] The proposal is that the only way to surmount this difficulty is to adopt a conception of μίξις decreeing that ele-

[3] It is no part of our purpose here to develop an interpretation of Empedocles for its own sake, but only to sketch in the sort of abstract figure who occurs in the Aristotelian critique and who serves as a convenient schematic extreme in the modern controversy over Aristotle's attitude towards materialistic theories. For a thoughtful study directly devoted to the study of Empedocles, see Mourelatos.

[4] 'Certainly there are no *mechanical* principles that could hold the components in a structural unity, and even the absurd suggestion that (in repeated instances) they are together because they *happen* to be together implies a physical impossibility. When it is the nature of a simple substance to move in a single simple direction, how could masses of even one such substance (let alone more than one) retain (if they could ever fall into) arrangements resembling even the most primitive organic structures?' (Waterlow (1), p. 82).

ments undergo a fundamental transformation on combination, shedding their incompatible characteristics. This conception is Aristotle's.[5] It effectively pre-empts reductive attempts at explanation, since constituents are not present, in their independent and primitive purity, within a mixture.[6]

This line of criticism fails because it ignores Love's combinatory agency. Empedocles repeatedly attributes responsibility for unification and harmony to Aphrodite.[7] In response to the objection that on his conception of the elements mixture is impossible, we should respond that Empedocles invokes the power of Love precisely to draw the Roots together and imbue them with a unifying tendency which waxes and wanes regularly during the cosmic cycle. The facts that the elements are naturally recalcitrant and that Strife throws them apart merely confirm the need to postulate a universal combinatory force and bear testimony to Aphrodite's divine efficacy in the face of such resistance.

One might even contend that in this regard Empedocles' theory compares favourably with Aristotle's. They share the problem of explaining how elements to which they both attribute opposing movements can come and stay together. Since Empedocles introduces a special agency to effect mixture, he at least tacitly confesses that on his scheme a special factor *ab extra* is required. Aristotle, on the other hand, merely asserts that mixture occurs when the conditions are right, without

5 'ἐπεὶ δ'ἐστὶ τὰ μὲν δυνάμει τὰ δ' ἐνεργείᾳ τῶν ὄντων, ἐνδέχεται τὰ μιχθέντα εἶναί πως καὶ μὴ εἶναι, ἐνεργείᾳ μὲν ἑτέρου ὄντος τοῦ γεγονότος ἐξ αὐτῶν, δυνάμει δ' ἔτι ἑκατέρου ἅπερ ἦσαν πρὶν μιχθῆναι, καὶ οὐκ ἀπολωλότα ... φαίνεται δὲ τὰ μιγνύμενα πρότερόν τε ἐκ κεχωρισμένων συνιόντα καὶ δυνάμενα χωρίζεσθαι πάλιν. οὔτε διαμένουσιν οὖν ἐνεργείᾳ ὥσπερ τὸ σῶμα καὶ τὸ λευκόν, οὔτε φθείρονται, οὔτε θάτερον οὔτ' ἄμφω· σώζεται γὰρ ἡ δύναμις αὐτῶν' (*GC* A.10, 327^b22–31).

6 'The reductionist programme presupposes that a knowledge of the independent natures of the components (i.e. of laws concerning them which have been established independently of the organic context) would, given known boundary conditions, make it theoretically possible to predict organic structure and behaviour. But we now find that the elements in the organic context either totally lay aside their original natures or modify them so as to fall in with the needs of the whole' (Waterlow (1), p. 86).

7 'Φιλότητι συνερχόμεν' εἰς ἓν ἅπαντα', DK 31B17; 'σὺν δ' ἔβη ἐν Φιλότητι καὶ ἀλλήλοισι ποθεῖται', DK 31B21; 'ὡς δ' αὔτως ὅσα κρῆσιν ἐπαρκέα μᾶλλον ἔασιν, ἀλλήλοις ἔστερκται ὁμοιωθέντ' Ἀφροδίτῃ', DK 31B22.

specifying what in these favourable circumstances persuades his elements to lose their contrariety. In any case, this argument can attack only theories which actually *define* the elements in terms of a specific direction of natural motion.[8] Since Democritus does not so define his atomic bodies, the criticism cannot touch his explanation of aggregation.[9] Therefore one should retreat from the ambitious critical position which denies the Presocratics even the possibility of elemental combination, and mount a more modest objection to their reductive projects.

The revised objection runs as follows: the simple natures of the fundamental stuffs posited and the few mechanisms for interaction described by the Presocratics are not nearly adequate for reductive analyses of familiar, complex unities. Empedocles mysteriously writes of elements decked out with obscure, ornamental epithets (DK 31B6) which mingle, somehow or other, in *ad hoc* proportions (DK 31B96, 98). Democritean atoms, of course, do not alter in the least as a consequence of aggregation (e.g., 'οὐδὲ τὴν ἀρχήν φησιν εἶναι πρὸς ἀληθείαν τινα κεκραμένα, ἀλλ' εἶναι τὴν δοκοῦσαν κρᾶσιν παράθεσιν σωμάτων ἀλλήλοις κατὰ μικρὰ σῳζόντων αὐτῶν ἕκαστον τὴν οἰκείαν φύσιν, ἣν εἶχον καὶ πρὸ τῆς μίξεως', DK 68A64). Accordingly, the sum of the conceptual resources that the Democritean might draw on for the reductive explanation of higher-level structure is exhausted by the atoms' intrinsic properties, shape and size, and their extrinsic relations, position and arrangement (DK 67A14). But we cannot for a moment suppose that the mechanical juxtapositions

[8] Waterlow concedes this point: 'Such is the basis of Aristotle's position in *Physics* II.8, and *insofar as the materialists share his view of the elemental locomotions*, they too are bound by its consequences' (Waterlow (1), pp. 86–7; my italics). But she defends her practice of discussing combination in terms of natural place rather than qualitative opposition on the grounds that, as regards the status of the elements within a compound, the consequences of either definitional option are the same. On mixing, opposing qualities combine 'so as to form a new intensive property' (*ibid.*, p. 87, n. 38); since the elements are not actually present, 'the introduction of the contrary powers leaves us as far as ever from being able to explain the structural properties of an organic whole by reference to its constituents' (*ibid.*, p. 87, n. 38).

[9] For our purposes to take account of the Eleatic pressures shaping the metaphysics of Leucippus and Democritus (*vid.* Wardy (1)) would only obscure the issues of immediate concern to us.

of and collisions between such simple bodies could result *en masse* in the macroscopic *explananda*. Therefore Aristotle is correct to adopt his uncompromising anti-reductionist stance.

We should readily concede the woeful conceptual inadequacy of Presocratic reductive projects. The precise force of this concession is to admit that attempts at reduction were not realistic scientific strategies during the historical epoch in question, no more and no less.[10] However, a justifiable denial of the possibility of reduction at some time is hardly equivalent to a rejection in principle of the very possibility of reduction, without any temporal restriction, and it is not difficult to demonstrate that Aristotle's opposition to his predecessors is unqualified.

One must carefully resist the temptation to compare Aristotelian μίξις to subsequent notions of chemical bonding. According to this fraudulent analogy, μίξις is to παράθεσις as chemical union is to mere mechanical intermingling. Aristotle's introduction of μίξις signals his recognition of the need to postulate combinatory processes different in kind from 'inert' composition in order to allow for the emergence of complex unities, especially those of an organic nature. But the parallel fails to obtain in a crucial respect, since the ingredients in an Aristotelian mixture enjoy mere *potential* existence within the *actually* homogeneous compound – there is simply nothing present to be bound together.[11]

This central feature of his theory entails not only that an account framed in terms of lower-level entities is not feasible, but literally denies that there *is* in actuality a level of basic constitution to which we might refer. Aristotle's commitment to a top-down account of the natural world not only rejects reductionism, but also excludes even the *logical* possibility of weak supervenience of the organic on the inorganic (cf. *supra*,

[10] *vid.* n. 2.

[11] Cf. Waterlow: 'For him, a compound (mixtum) of simple substances is through and through homogeneous, not only in the sense that physical division never reaches a part that does not have the same observable properties as the larger mass, but also in the following sense: the mixtum cannot from any point of view be regarded as structured, or as consisting of structured units (like molecules) that are systems of 'interlocking' component structures' (Waterlow (1), pp. 83–4).

pp. 205–7). Thus his advocacy of a theory which does without the persistence through chemical change of invariant elements, however defined, is tantamount to a refusal to acknowledge the logical space that *in his day* remained open for future occupation by theories permitting the actual subsistence of material constituents within a compound all the way down to the elemental level.

The miserable paucity of Presocratic explanations cannot justify the elimination of all reductive projects throughout history. This is not foolishly to complain that Aristotle failed to conceive of them; rather, it is to insist that he erred in asserting their inconceivability. Note that this judgement in no way relies on the highly controversial opinion that any modern reductive strategy has either succeeded or shows any prospect of success, since even the neo-Aristotelian opponent of contemporary reductionism happily concedes that we consist of atoms. In contrast, Aristotle himself not only maintains that organisms are not exclusively composed of elemental parts, but also insists that organisms are not exhaustively composed of elemental parts – such ingredients do not exist in actuality.

It is this difference between Aristotle and us which so strikingly marks the gulf between ancient and modern: although he is no dualist, by the same token Aristotle is not a materialist in our sense of the word. We conclude that the first objection to the teleological explanation of Aristotle's anti-reductionism is untenable, since it relies on the assumption that his resistance to the Presocratics is motivated by defensible scepticism about the power of their speculations. Instead we have found that by implication Aristotle's theory indefensibly eliminates all accounts positing persistent elemental micro-structure, thereby ruling out not only reductionism but also non-reductive materialism as it is understood today. Thus we provide Aristotle with a more attractive and compelling rationale for his views, albeit one that remains ineluctably alien, if we continue to explain them in terms of his teleology.

We shall deal with the second objection very briefly, since we have already assembled all the materials required for its refutation. In effect it argues that reductionism in general really is philosophically unfeasible; when Aristotle dismantles the particular form of reductionism espoused by the Presocratics, he scores a point valid for all time. Martha Nussbaum champions this point of view: '[Pre-Socratic thinkers] hold that the only acceptable non-emergentist way to go about giving explanations for the being and the activities to [*sic*] natural items – including stuffs, non-living structures, and organic living things alike – is by some sort of deduction from the bottom up, where the "bottom" consists of the ultimate material building blocks of things. Things are wholes made up out of these ultimate parts; and all of their characteristics as wholes must be derived from the characteristics of the parts.'[12] This contention apparently assumes (1) that there is no significant difference between the ancient and modern reductionism disputes, and (2) that Aristotle's view of physical constitution is rather similar to that of the modern functionalist position in the philosophy of mind.[13]

Point (1) is of course not equivalent to a general anti-historicist assumption, and it would be grossly unfair to presume that a noted intellectual historian would hold any such sweeping view. Presumably Nussbaum believes that the particular case of reductionism is special, that at least in this instance Aristotle speaks the truth directly to us, conveying a message that is not essentially antique, or couched in a philosophical language that we can no longer speak. This approach is seductive ideologically, as it were: ancient and modern thinkers become mutually supportive, the Greek icon lending a sort of authority to his supposed philosophical descendants, while the

[12] Nussbaum (2), p. 196. (Despite being a short response, this paper does not simplify her views, expounded at much greater length elsewhere.) Nussbaum of course does not claim that modern reductionist projects are quite as extreme or unsophisticated as this – although she does not explicitly acknowledge that a contemporary reductionist does not necessarily go all the way down to 'ultimate material building blocks': neuronal structures are not quarks. She does nevertheless believe that in the last analysis they fare no better.

[13] 'In each particular temporal stage of each particular being, a given life-property, say, seeing red, can correctly be said to supervene on *some* list of physical properties; this the Aristotelian concedes. Still, the absence of generality and relevance in that sort of account really robs supervenience of all its explanatory power' (*ibid.*, p. 202, n. 11).

moderns conversely ensure that Aristotle continues to play an active rôle in contemporary discourse (Nussbaum regularly writes of 'Aristotle and Aristotelians'). It must be emphasised that our incompatible point of view (again, this assumption requires case-by-case examination) does not entail that Aristotle has nothing of real philosophical value to teach us. His lessons, though, will be indirect and demand careful interpretation, since exposure to the alien stimulates fruitful self-knowledge only if we scrupulously discuss the unfamiliar basis of the other debate in our own terms while continuing to respect the crucial differences between antique and modern.

Nussbaum is able to maintain her second assumption, that Aristotle's conception of physical constitution is not merely compatible with but even resembles the modern doctrines which she favours, only because she resolutely ignores the radical character of his anti-reductionism. Aristotle's insistence on top-down explanation is supposed to privilege the level of form or function, according it aetiological primacy;[14] but there is no recognition that Aristotle himself goes significantly further than Nussbaum or any of us can now allow.[15] Nussbaum takes it for granted that organisms actually contain ultimate material constituents: she is a neo-Aristotelian insofar as she contends that higher-level structures need not and often cannot be explained exclusively by reference to the behaviour of the ultimate micro-structure.

Aristotle is not a neo-Aristotelian because he does not concede a necessary premiss of modern materialism, that such a micro-structure continues to exist within a higher-level com-

[14] '... he believes that adequate explanations for formal and functional characteristics must be given on the level of form and/or function, treating that level as independent and primary – and not by building form up out of matter' (*ibid.*, p. 198).

[15] '... the claim that there are no general and illuminating deductions from the bottom up, in this range of cases, does not amount to the claim that we cannot specify material *necessary conditions* for these forms and functions, viewing them as at every point constituted by some sort of suitable matter. And we can frequently say quite a good deal, as Aristotle frequently does, about what suitable matter would be. Aristotle and Aristotelians can in fact say quite a lot about what sorts of materials and material processes are involved in the functions of life – so long as this is not meant reductionistically, as providing *general sufficient conditions* for these functions' (*ibid.*, pp. 202–3 – italics in the original).

pound. Naturally, he denies that matter determines form – inasmuch as hypothetical necessity constrains at least the types of matter which might contribute to function, the determination runs in the opposite direction. Where he diverges from all of us, neo-Aristotelian or not, is in his further belief that form not only fixes matter, but also by means of μίξις subdues it, robbing it of any autonomous character until the organism perishes and the mixture dissolves. This is the logical extreme of anti-reductionism, and does not follow from any conviction that explanation from below is inadequate. It is all too easy to assume that because Aristotle shares this conviction with his modern followers, it accounts for his stance against the Presocratics. In fact, Aristotle's insistence on the inadequacy of reductionist analysis springs from a far stronger and unshared faith in the teleological organisation of the human enquirer and his confidence in the most familiar perceptual appearances.

7

UNLIKELY COMPARISONS

We now come to a watershed in our study of *Physics* VII. Despite the obscure nature of certain argumentative strategies and the unevenness of Aristotle's case, our analysis has established that chs. 2 and 3 are designed to fill in lacunae and ward off objections to the book's ruling thesis that there is an upper limit to any series of moved movers. The fourth chapter, however, commences in doubt: ' Ἀπορήσειε δ' ἄν τις πότερόν ἐστι κίνησις πᾶσα πάσῃ συμβλητὴ ἢ οὔ' (248^a10–11: contrast the forthright opening sentences of chs. 2 and 3). Furthermore, although the text leaves us certain that any idea of universal kinetic comparability must be rejected, specific, positive statements are hard to come by.[1]

It is as if in ch. 4 we possessed only the aporetic introduction to one of Aristotle's dialectical exercises without the complementary resolution of difficulties and exposition of a refined, coherent theory. Consequently, formidable obstacles to a correct, decisive reading of the chapter abound. The choice between claims left at loggerheads must often remain highly speculative, and one can never ignore the possibility that some puzzle thrown up in the course of the investigation is not one which Aristotle would actually admit *in propria persona*, but rather is only a temporary challenge at that particular juncture in the dialectic. In light of these difficulties, we shall begin with a necessarily conjectural interpretation of ch. 4's argument and attempt to separate the more from the less serious positions adopted, widening the scope of enquiry by drawing in pertinent material from elsewhere in the corpus. It will emerge that the

[1] 'This is a particularly difficult chapter. The text is somewhat corrupt; the expression is even terser than usual. The discussion is highly aporematic; suggestions and objections follow each other with great rapidity, and the turns of thought are unusually difficult to follow' (Ross, p. 677).

chapter's focus on the measurement of changes[2] allows us to place it in the context of Aristotelian doctrine concerning individuation and counting. Finally, I shall try to demonstrate that Aristotle's criteria for the identification of unitary changes, in conjunction with the restrictions that he places on kinetic comparisons, might very well carry troubling implications for bk VII's *reductio*.

248ᵃ10–18

Introduction of the problem

Are all changes comparable? As it stands, the question is unanswerable because incomplete; in every case of comparison, one must state in respect of what the test is to be made. For x and y to be comparable, they must at least share some property ϕ, and ϕ must be variable; whether variation in ϕ might also be described in terms of degrees is a further matter, let alone whether we can specify some fixed degree of ϕ as a unit of measurement. Changes might properly be compared in any number of different fashions, depending on our interests. For example, shifting the trireme requires considerably more force than moving the skiff (setting the distances equal), and learning philosophy makes a significant contribution towards realising one's proper potential, while learning to play poker does not. Nevertheless, Aristotle concerns himself with speed to the exclusion of all else, linking the general hypothesis stating that all change is comparable with the specification that things which are equally moved in equal times have the same speed (248ᵃ11–12).

How then is there a problem? If x and y are changes and ϕ is speed, since every change proceeds more or less quickly and rate is a matter of degree, it would seem that such comparisons go through unproblematically. But Aristotle argues:

1. All changes are comparable in respect of speed. [assumption]

[2] This concentration is clearly reflected in Themistius' paraphrase and in Simplicius' comment: 'Οὐκ ἔστι δὲ πᾶσα κίνησις πάσῃ συμβλητὴ *οὐδὲ κοινὸν μέτρον ἁπασῶν* ...' (Themistius, p. 206.24–5) and 'ἀπορήσας δὲ τοῦτο δείκνυσιν, ὅτι οὐκ ἔστι πᾶσα κίνησις πάσῃ συμβλητή (*οὐ γάρ ἐστι πασῶν κοινόν τι μέτρον*), ἀλλ' αἱ ὁμοειδεῖς μόνον ἀλλήλαις' (S. 1082.17–19).

2. Equal speed = changing equal ... in equal time; greater/less speed = changing more/less ... in equal time. [definition]
3. A circular motion can be equal to/greater than/less than a rectilinear motion in speed. [1, 2]
4. An alteration can be equal to/greater than/less than a locomotion in speed. [1, 2]
5. An affection can be equal to a length. [2, 4, completing 2's schema]
6. But an affection cannot be equal to a length. [assumption]

Therefore 7. An alteration cannot be equal to/greater than/less than a locomotion in speed. [4, 5, 6]

{implicit: 8. A circle can be equal to a straight line. [2, 3, completing 2's schema]

9. But a circle cannot be equal to a straight line. [assumption]

Therefore 10. A circular motion cannot be equal to/greater than/less than a rectilinear motion in speed. [3, 8, 9]}

Thus 11. It is not the case that all changes are comparable. [1, 7, 10][3]

What 'ἴσον' is meant to convey on its several occurrences is not altogether clear. First, 'ἐν ἴσῳ χρόνῳ' (248ª12, 14, 'ἐν ἴσῳ', 16) means simply 'in an equal time'. But second, in "ἴσον

[3] It might be thought that the implicit premisses are redundant and that Aristotle simply moves directly from the assumption of universal comparability to the inadmissible conclusion that a curve and a straight line might be equal. This is evidently Hardie and Gaye's understanding ('then we may have a circumference equal to a straight line'), and LSJ cite 248ª21 *s.v.* 'περιφερής' under sense 2a, 'rounded or curved of surfaces or lines'. In his Analysis Ross has just 'curves will be comparable in length with straight lines' (p. 425), and in his Commentary tries to elucidate the text by referring to 248ᵇ6 in the next section. True, Aristotle does go on to argue elaborately for the incommensurability of straight and curved, thereby providing reason to accept the assumptions at the basis of the current proof, but the arguments of the two sections are complementary and must not be conflated. Therefore we should understand that 248ª12 is elliptical for '⟨κίνησις⟩ περιφερής τις', so that the treatment of both alleged comparisons proceeds in parallel.

κινούμενον' (248^a12), 'ἔσται ἄρα ἴσον πάθος μήκει' (248^a15), 'ἴσον κινηθῇ' (248^a16), and 'ἴσον δ' οὐκ ἔστιν πάθος μήκει' (248^a16–17), what is intended is not obvious. For x and y to be comparable, they must share ϕ; that is, they are in this respect the same sort of thing or process, ϕ-ers. Call this common kind Φ. Then if x and y are not comparable in respect of ϕ, they are not both members of Φ. So if Aristotle denies that we can compare a circular and a rectilinear motion or an alteration and a locomotion, he is committed to the thesis that 'being (a variety of) locomotion' and 'being (a variety of) change' do not constitute unitary Φ-types. This denial is equivalent to rejecting (1) 'being a (curved *or* straight) line' and (2) 'being a path *or* affection' as unitary Φ-types. In light of Aristotle's category theory,[4] his dismissal of (2) is hardly surprising, although whatever specific arguments he might develop against it are yet to come. It is his rejection of (1) that gives us pause, since it reflects one of Aristotle's most notorious and vilified beliefs, that circular and rectilinear lines and motions are somehow different in kind.

248^a18–248^b6

Circular and rectilinear motions

In this section Aristotle seeks to warn us off a particular misconstrual of his ban on rate comparison across kinetic kinds in its application to circular and rectilinear motions. The false presumption has it that since the incomparability thesis forbids *equating* the speeds of circular and rectilinear displacements, it therefore implies that one type of φορά consistently proceeds at a *faster* rate than the other.[5] But, counters Aris-

[4] Simplicius immediately makes the connection: 'ἀλλὰ ἀδύνατον ἴσον εἶναι πάθος μήκει· ἀσύμβλητα γὰρ τὸ ποσὸν καὶ τὸ ποιόν, ὅτι τοῦ μὲν τὸ ἴσον, τοῦ δὲ τὸ ὅμοιον κατηγορεῖται' (S. 1083.11–13).

[5] Cf. S. 1083.30–1084.7 and Ross, p. 678, *ad* 248^a21–2, who, however, does not seem to have a very clear idea of how this section is related to its predecessor. His comment on 248^b4–6 is the closest he gets to an explanation of the structure: 'Aristotle has set forth reasons for the *prima facie* view that circular movement is comparable with rectilinear. Here he returns to his old point (cf. $^a12$), that, in spite of appearances to the contrary, such movements are not comparable because that would imply that a curve may be equal to a straight line in length' (p. 678).

totle, such a constant disproportion would in fact necessarily admit the possibility of heterogeneous locomotions occurring at the same speed. By definition, a faster κίνησις traverses 'more' than a slower one during an equal time period, and thus during some shorter interval accomplishes some portion of its total displacement equal to the entire displacement of the slower κίνησις. Therefore, were the more rapid locomotion circular, some fraction of its path would prove equal to the whole of the straight line traced out by the slower rectilinear movement. But one must specify the respect in which the κινήσεις are said to be equal. The relevant Φ would be 'circular or rectilinear locomotion'; and to countenance this kinetic kind would apparently compel one to accept its correlate 'circular or rectilinear path', and so to erase the type-distinction between circular and straight lines.

Unfortunately, Aristotle's argument as it stands seems to be invalid, albeit its flaw is not an egregious one.[6] Even if one cannot construct a straight line equal to a given circular line, it does not follow from that fact alone that no such straight line exists.[7] This is to deny Aristotle's crucial contention that rectilinear and curvilinear lengths are incommensurable. But furthermore, his assumption that commensurability of curvilinear and rectilinear speeds *entails* commensurability of curved and straight lines also does not withstand inspection. This is immediately evident if we assign these values to the various kinetic factors: let the ratio between speeds be $2:1$, between distances $\sqrt{2}:1$, and between times $(\sqrt{2})/2:1$. Then although the speeds are related by a ratio between integers, the proportions between both distances and times contain incommensurables, so that Aristotle's inference from commensurability of speeds to commensurability of lengths breaks down.

One might attempt to defend Aristotle from this second attack as follows. Although he believes that lines are infinitely

[6] I am very heavily indebted to Geoffrey Lloyd's incisive reactions to a series of earlier attempts to determine what in mathematical terms is right and what is wrong in Aristotle's position.

[7] In Aristotle's defence one might urge that since Greek mathematicians very typically employed constructions as existence proofs, it was all the easier for him to slide fallaciously from lack of construction to non-existence.

divisible, he does not believe that they can be cut so as to yield a part which is irrational, in our terminology. Bisecting a line segment repeatedly we obtain parts which are numerable in the ancient sense, *viz.* to which we might assign integers whose addition expresses the summation of the parts into the original whole line. Therefore Aristotle would dismiss the ratios used in our counter-example, such as $\sqrt{2} : 1$, because bisection will not yield $\sqrt{2}$. Unfortunately this defence will not do, since Aristotle must have been (or should have been) aware of accepted geometrical procedures yielding just such divisions. For instance it is possible to construct an isosceles right-angled triangle with an incommensurable hypotenuse, but then to mark off on the hypotenuse a length equal to one of the sides with which it is incommensurable.

Setting aside this second limb concerning the principle that commensurability in speeds entails commensurability in distances, the present interpretation presumes that from the true mathematical opinion that curves cannot in general be rectified, Aristotle mistakenly but understandably infers that there simply *is* no straight line equal to a given circular line.[8] The problem is that at least in the first instance, brief reflection on standard Greek mathematical practice positively discourages any inclination to discern influence from this quarter on Aristotle. After all, celebrated methods of approximation (e.g. the technique of side and diagonal numbers)[9] serve precisely to

[8] Simplicius cites the impossibility of a circle and a straight line's being equal as accounting for the futility of attempts to square the circle, and draws a parallel with the incommensurability of the side and diagonal of a square (S. 1082.25–1083.3). It is unclear whether he intends the remark simply to point an Aristotelian moral for the mathematicians, or to indicate the actual locus of Aristotle's reasoning. Ross's criticism of the argument also apparently takes it for granted that its basis is mathematical:

> One would have expected him to accept it as obvious that a curve may be longer or shorter than a straight line, even if he did not admit that it could be equal to one; for this is suggested by very obvious facts of experience. It seems probable that the fact on which he is relying is that a straight line and a curve are οὐ συμβλητά ($^{b}6$), i.e. that there is no unitary line of which both are multiples, and that from this he wrongly infers that a straight line cannot be either equal to or less than a curve. (pp. 677–8)

[9] *Vid.* Heath's explanation (pp. 91–3).

allow the mathematician to effect a greater/less than comparison between irrationals *without* thereby committing himself to the possibility of equality. Since Aristotle asserts that a 'greater/less than ...' comparison entails conceding the legitimacy of 'equal to', he either is not here concerned with mathematics, despite appearances, or implicitly denies the validity of typical approximative mensuration techniques.[10] But that denial would be indefensible – at any rate, the text provides no defence for so radical a claim, and we might have expected that were Aristotle engaged in the correction of the experts on so important an issue, he would have inserted an explicit discussion of the controversy. Accordingly we might conclude that Aristotle just does not have mathematics in mind, and explore other avenues of interpretation.

It might be possible to scotch this objection to the mathematical reading by arguing as follows:[11] for something to be greater/less than another, they must be measurable. But measurement is possible only if the item measured and the unit employed are of the same kind (cf. *Met.* I.1, 1053ª24–5). The diagonal and side of a square satisfy this condition. Although they are 'incommensurable', one is entitled to say that the

[10] Cf. Knorr on our passage:

> At the heart of this argument is the Brysonian principle: that if a varying magnitude can become now greater, now less than a specified value, at some time in the interval it will equal that value. Here, the inequalities are arranged through the assumption that circular and rectilinear motions can be compared to each other via the relational terms 'faster' and 'slower'. *It is hardly an advertisement of Aristotle's geometric insight that he dismisses so perfunctorily this perfectly plausible rationale for the existence of the line equal to the circle.* But one may note that Aristotle invariably treats with great respect the technical findings of such colleagues as Eudoxus and his followers. He could hardly have set aside so casually the present argument, were its conclusion and the kinematic conceptions supporting it already secured through the quadratrix construction by Dinostratus, let alone by Hippias over a half-century earlier. (p. 83, my italics)

Thus Knorr acquits Aristotle of the charge of outright mathematical incompetence by means of a plausible historical hypothesis–contrary to some opinion, work directly giving the lie to the assumptions of VII.4 had not in fact been accomplished by Aristotle's day. This defence does not, however, extend to the apparent general tension between his argument and contemporary mathematical practice which we have detected.

[11] Geoffrey Lloyd originally suggested to me that this sort of response might be available to Aristotle.

diagonal is greater than the side because the side itself may be used to measure the diagonal: for instance, the diagonal is greater than the side but less than double it. In this case a unit is to be had just because both lines are straight. In contrast, despite our intuition that the circle's circumference is greater/less than its inscribed/circumscribed polygons, there is no συγγενὲς μέτρον available for both curved and straight lines. Consequently Aristotle does not come into disastrous conflict with the mathematicians because he can countenance the technique of side and diagonal numbers inasmuch as only straight lines are to be compared. On the other hand, as our text illustrates, he bans treatment of a curve as equivalent to infinitely increased rectilinear segments, since there is no common measure for the two distinct types of line.

Although this final response to the potential embarrassments of the mathematical reading carries some weight, it will not prove amiss to consider a very different sort of explanation of Aristotle's argument, since his reasoning is so puzzling that one cannot be entirely happy with any given analysis. Yet one might immediately object that since Aristotle's conclusion is evidently of a mathematical nature, it would be sheer perversity to suppose that he relies on any but mathematical opinions, whether sound or faulty, in its derivation.

However, such a protest merely begs the question against alternative interpretations: it is all too easy to neglect the implications of Aristotle's speculative natural science for his philosophy of mathematics, or rather for the curious interdepartmental propositions which his elementary physics obliges him to endorse, at least in theory. In ch. 3 I maintained that Aristotle's resolution of twirling movement into rectilinear components (in a very thin sense of 'resolution') should be understood to apply solely to forced, sublunary rotations, and that he leaves the simplicity of stellar circular motions intact (*supra*, pp. 134–7). Given that reading, one might speculate that the κινήσεις τοῦ κύκλου καὶ τῆς εὐθείας discussed in the present section should be identified as the celestial revolution and the rectilinear movements of the four sublunary elements respectively. Were it so, since directions of movement are central defining characteristics of Aristotelian simple bodies, he may have forbidden the comparison in question in the belief that tolerating it would obliterate the *essential* difference between 'being the stuff of the stars' and 'being the stuff of the mundane elements'.

On this line of interpretation Aristotle's exposition of the faulty hypothesis as 'ὥσπερ ἂν εἰ κάταντες, τὸ δ' ἄναντες' (248^a21–2), 'just as if the one were downhill, the other, uphill', gains considerable bite. Making the illicit comparison grotesquely reduces the profound dissimilarity between celestial and sublunary changes to that distinguishing contrary motions along an earthly slope. The comparison wrongly implies that the same *sort* of thing could engage in both types of locomotion, while in truth different sorts of bodies are to be correlated with different sorts of motions and the paths along which these distinct motions are executed. An examination of *De Caelo* A.2 will serve to corroborate the suggestion that this account in terms of elementary physics rather than mathematics is at least a possible explanation of Aristotle's position.

At first sight *De Caelo* would seem to be incompatible with the doctrine enunciated in *Physics* VII.4: 'πᾶσα δὲ κίνησις ὅση κατὰ τόπον, ἣν καλοῦμεν φοράν, ἢ εὐθεῖα ἢ κύκλῳ ἢ ἐκ τούτων μικτή· ἁπλαῖ γὰρ αὗται δύο μόναι. αἴτιον δ' ὅτι καὶ τὰ μεγέθη ταῦτα ἁπλᾶ μόνον, ἥ τ' εὐθεῖα καὶ ἡ περιφερής. κύκλῳ μὲν οὖν ἐστὶν ἡ περὶ τὸ μέσον, εὐθεῖα δ' ἡ ἄνω καὶ κάτω' (*De Caelo* A.2, 268^b17–21). It is true that curvilinear and rectilinear locomotions are identified as distinct types of movement on the basis of the sort of simple body experiencing the φοραί, as one expects. But the introduction of a third variety as a *mixture* of the other two[12] threatens to assimilate them, since recognition of a slightly curved locomotive path, for example, would apparently allow comparison along a unified range in which 'straight' and 'curved' figured just as limiting cases.

However, it emerges from the clarification which follows

[12] 'Mixture' of straight and curved shape is also mentioned as a possibility at *Parmenides* 145B3–5.

that Aristotle's tidy three-fold scheme cannot cope with what it is meant to explain, and that 'mixed' locomotion does not in fact have *natural* circular motion as a component. Aristotle asserts that an equivalence relation obtains between simple bodies and simple motions (and presumably between synthetic bodies and synthetic motions, 269^{a}1): 'ἁπλῆ δ' ἡ κύκλῳ κίνησις, καὶ τοῦ τε ἁπλοῦ σώματος ἁπλῆ ἡ κίνησις καὶ ἡ ἁπλῆ κίνησις ἁπλοῦ σώματος' (*De Caelo* A.2, 269^{a}3–4). Then were it indeed the case that mixed motion is a product of natural circular and rectilinear φοραί, there would be some celestial matter present in a mundane composite substance, a supposition which Aristotle would of course reject out of hand.[13]

The locomotive tendency of a compound is set by the direction of motion of its predominant constituent, 'κατὰ τὸ ἐπικρατοῦν' (269^{a}2, 269^{a}5, 269^{a}28–30). Since the prevailing ingredient can possess only a natural motion towards or away from the centre of the universe, the compound should be capable of either a downward movement (slower than earth) or an upward movement (slower than fire), but rectilinear just the same. Why then does Aristotle introduce the notion of a κίνησις which is a hybrid of motion along a line and a curve, a notion which is apparently incoherent by his own lights? Perhaps he has carelessly confused the *unnatural* movement of a projectile with the *innate* movement of a compound body in his attempt to dispose swiftly of all φοραί within an excessively simple classificatory scheme. (One might compare 'κατὰ τὸ ἐπικρατοῦν' here with 'ἡ δὲ ῥῖψις, ὅταν σφοδροτέραν ποιήσῃ τὴν ἀφ' αὑτοῦ κίνησιν τῆς κατὰ φύσιν φορᾶς', *Physics* VII.2, 243^{a}20–243^{b}2.) We shall have occasion to return to the topic of irregular movements when discussing Aristotle's criteria for individuating changes; on any story, a ballistic parabola will prove an embarrassment.

[13] It is true that, when discussing colour and diaphanous media, Aristotle remarks that water and air are not diaphanous *per se*: 'ἀλλ' ὅτι ἔστι τις φύσις ἐνυπάρχουσα ἡ αὐτὴ ἐν τούτοις ἀμφοτέροις καὶ ἐν τῷ ἀϊδίῳ τῷ ἄνω σώματι' (*De Anima* II.7, 418^{b}7–9). But one cannot believe that this 'nature' would extend to locomotion – in any case, 'τις φύσις' is discreetly vague.

Thus I conclude that properly understood, *De Caelo* A.2 does not contradict VII.4's argument when construed as 'physical' rather than 'mathematical', and that it further provides testimony for the idea that what underlies Aristotle's restrictions on kinetic comparability is his foundation of kinematics on elemental identity. In order to understand him we must attempt never to think of a change divorced from its changer, which is an instance of a natural kind undergoing its characteristic κίνησις.

But should we plump for the mathematical or the physical reading? It must be confessed that although they are not strictly speaking incompatible, one cannot believe that Aristotle has both in mind, even if the actual words of the text preclude neither. In the last analysis the reader must choose for himself, and the choice involves a pretty dilemma. If the mathematical reading convicts Aristotle of a confusion, at least it does not demand that we take seriously a now outlandish natural philosophy. The physical reading does just that, but allows Aristotle a valid argument arising from his cosmological convictions.

248ᵇ6–12

Synonymy as a sufficient condition for comparison

Aristotle has argued that the impossibility of comparing the speeds of circular and rectilinear motions rules out inequality just as surely as equality of rate, inasmuch as 'greater/less than' is defined in terms of divergence from some unit speed. To this conclusion he appends the claim that only τὰ συνώνυμα are comparable. From his illustration, that one cannot say which is the sharper, a pen or a wine or a musical note, but can so compare two notes, it emerges that the assertion translates into our terms as the stipulation that specification of Φ be univocal ('τὸ αὐτὸ σημαίνει τὸ ὀξὺ ἐπ' ἀμφοῖν', 248ᵇ10), in order to ensure that x and y indeed share some one characteristic degrees of which might be compared.

This thought reappears in the *Topics*, where Aristotle is cautioning dialecticians against hidden ambiguities in arguments: '"Ετι εἰ μὴ συμβλητὰ κατὰ τὸ μᾶλλον ἢ ὁμοίως, οἷον λευκὴ φωνὴ καὶ λευκὸν ἱμάτιον, καὶ ὀξὺς χυμὸς καὶ ὀξεῖα φωνή· ταῦτα γὰρ οὔθ' ὁμοίως λέγεται λευκὰ ἢ ὀξέα, οὔτε μᾶλλον θάτερον. ὥσθ' ὁμώνυμον τὸ λευκὸν καὶ τὸ οξύ. τὸ γὰρ συνώνυμον πᾶν συμβλητόν· ἢ γὰρ ὁμοίως ῥηθήσεται ἢ μᾶλλον θάτερον' (*Topics* A.15, 107^{b}13–18). This passage is interesting in a number of respects. First, it seems that unless we understand 'all' to be tacitly restricted to 'all συνώνυμα ⟨in a respect permitting variable instantiation⟩', Aristotle here suggests that *any* x can be compared with any other, so long as 'x' is unambiguous. This quite obviously will not do, since substance terms predicated univocally of distinct individuals do not open the possibility of comparison between them (for certain qualifications to this denial *vid. supra*, ch. 4, p. 213). Nevertheless is it difficult to suppose that Aristotle evades the problem, since 'ὁμοίως λέγεται' would seem precisely to cover cases of invariable predication.

Second, the undeniable similarity between *Physics* VII.4 and *Topics* A.15 might encourage us to draw on this application of the synonymy/homonymy distinction in a study of Aristotle's semantic conceptions.[14] According to a widely accepted interpretation,[15] we should understand Aristotle's transition from, on the one hand, an early opposition to large-scale metaphysics in the style of Plato to, on the other, acceptance of and participation in such an enterprise, as paralleling the development of his semantic theory. The refinement of an exclusive synonymy/homonymy distinction by the introduction of an intermediate division of focally related meaning-clusters permits his fundamental shift in attitude towards grand metaphysics.

Now an insistence on 'exactly the same meaning' as found in *Physics* VII and the *Topics* characterises the period prior to the recognition of πρὸς ἓν λεγόμενα, and nowhere in VII.4's treatment of comparisons does Aristotle even advert to focal meaning, although he formulates the discussion in semantic

[14] Owen does just this, citing VII.4 as evidence for the assertion that '[m]ore than once he insists that, if one thing can be called more x than another, the predicate must apply to them both in exactly the same sense' (Owen (4), p. 195).

[15] The essentials of this thesis are of course largely due to Owen (*vid.* preceding note).

terms. Furthermore, *Topics* A.15 asserts the homonymy of 'good' (107^{a}3–12), a claim whose correction marks a turning-point in the evolution of Aristotle's philosophy (*EN* A.6, 1096^{b}26–9). Therefore on the basis of both its own character and its association with the *Topics*, we should conclude that *Physics* VII.4 is an immature work, the product of a period during which Aristotle had not yet evolved those semantic conceptions which were so profoundly to benefit his later analyses.

This conclusion must be weighed very carefully, since it is very easy to misinterpret. One cannot deny that the absence of any mention of focal meaning from VII.4 might indicate that bk VII is a youthful work. Thus unlike ch. 3's unusually narrow definition of the category of quality, ch. 4 does perhaps yield hard evidence for dating *Physics* VII early. But we should not infer that the introduction of focal meaning could prompt or warrant a revision of Aristotle's criteria for comparability. Although his mature theory concedes that the statements 'this turned red faster than that turned green' and 'Socrates ran to the Acropolis faster than Callicles' do not reveal an ambiguity in 'faster', it does not clearly condone, e.g., 'this turned red faster than Socrates ran to the Acropolis'. Whatever puzzles obscure cross-categorial comparisons for Aristotle, semantics alone cannot do away with them. Despite the status of 'health' and 'good' as focally related predicates, we still do not know just what is wrong with the assertion that a man is 'healthier than' some medicine or that an act of justice is 'better than' some opportune occasion. However uncertain the progress of the chapter, the development of his semantic views, at least, should not lead us to the conclusion that had Aristotle later reconsidered the difficult issues addressed in VII.4, new possibilities would have opened for him.

The contention that synonymy is a necessary condition for comparison is brought to bear on the immediate problem by suggesting that 'τὸ ταχύ' does not signify one and the same property when predicated of circular and rectilinear movements, let alone as applied to locomotion and alteration. But what independent force does this claim possess? Clearly, in invoking his semantic scheme Aristotle can intend it to serve only a sort of therapeutic purpose. It cannot do more, because for synonymy to function as an actual *criterion* for comparability, we should already have to possess a lexicon of ambiguous ϕ-predicates, as it were. Since the sole way to construct such a manual would be on the basis of (in)effectual comparisons, we could have confidence in the linguistic data only on condition that we had independent access to the facts about comparison, so that the lexicon would be redundant. Therefore we should suppose that Aristotle is here concerned to explain and dissolve the urge to break his ban (acknowledged in 248^a19–20, '*ἄτοπόν* ... εἰ μὴ ἔστιν ... ὁμοίως ... κινεῖσθαι ...') by attributing to that urge an origin in linguistic ambiguity.

248^b12–21

The purported homonymy of terms of comparison

In this section we are given a choice between alternative courses to pursue in the attempt to specify conditions under which comparisons are legitimate. As a preliminary the fact that quantities of water and air are incomparable is presented as an unquestioned given. In response we must either admit that synonymy of the relevant 'ϕ' does not ensure comparability (248^b12–15), or protect the claim that univocity alone is sufficient by entertaining the possibility that such words as 'one', 'double', 'much', 'equal' – presumably all comparative terms – are ambiguous (248^b15–21). Aristotle does not himself settle on either reaction to the incomparability of air and water.[16]

[16] Commentators typically ignore the highly tentative, dialectical character of this passage and all too swiftly conclude that Aristotle does commit himself to the radical ambiguity of relative terms, e.g.:

> Objects, qualities, relations, etc. do not form a group of things that all exist, in the same sense of 'exist'. So, since counting involves at least the ability to reidentify things as being of a certain kind, they do not form a group of things that can be counted either. Socrates and his whiteness do not add up to two of anything. Aristotle actually asserts this idea at *Physics* 248^b19–21: number-terms have different senses according to the category of the items counted. But this idea is hard to sustain and give content to apart from a technical theory of types like Russell's; in connection with a theory of categories like Aristotle's, which

Before investigating this section's implications it will prove helpful to turn elsewhere for information concerning Aristotle's views on the relative quantities of the elements, since he does not explain his grounds for confidence in the validity of the air and water example.

In *GC* Aristotle attempts to embarrass an exponent of the 'Empedoclean' thesis that the elements are indeed a plurality, but unchangeable.[17] Although the passage is extremely, almost impenetrably obscure, it amply repays study, since its thematic relation to VII.4 can hardly be disputed – perhaps then it is no coincidence that *GC* B.6 similarly confounds the commentators. We must exercise particular caution in drawing conclusions from this argument, since its *ad hominem* character undercuts our confidence that Aristotle would accept any given premiss as positive doctrine.

Aristotle would have it that the propositions that the ele-

relies on tests of ordinary language for distinguishing different categories of items, it becomes rather bizarre. (Annas, p. 197)

Owen very implausibly rips this passage entirely out of context in order to associate it with transcendental Platonism: 'Aristotle commonly treats the Forms as συνώνυμα with their images (cf. *de Lin. Insec.*, 968^{a}9–10, ἡ δ' ἰδέα πρώτη τῶν συνωνύμων, 'the idea is first of the things that are synonymous'). The objection considered in *Physics* H4, that συνώνυμα need not be συμβλητά, may well stem from the attempt to safeguard this thesis from the "Third Man"' (Owen (5), p. 168; contrast Simplicius' judicious comment: 'τοῦτο γὰρ βούλεται προσθεῖναι τοῖς ἐπὶ τῶν ὁμωνύμων εἰρημένοις, ἵνα κἂν φανῇ συνωνύμως κατηγορούμενον τὸ ταχὺ ἐπί τε τῆς κυκλοφορίας καὶ τῆς εὐθυφορίας, μὴ ἤδη ἀκολουθῇ τὸ καὶ συμβλητὰς εἶναι ταύτας τὰς κινήσεις' (S. 1088.3–6)).

17 Θαυμάσειε δ' ἄν τις τῶν λεγόντων πλείω ἑνὸς τὰ στοιχεῖα τῶν σωμάτων ὥστε μὴ μεταβάλλειν εἰς ἄλληλα, καθάπερ 'Εμπεδοκλῆς φησί, πῶς ἐνδέχεται λέγειν αὐτοῖς εἶναι συμβλητὰ τὰ στοιχεῖα. καίτοι λέγει οὕτω· ταῦτα γὰρ ἶσά τε πάντα. εἰ μὲν οὖν κατὰ τὸ ποσόν, ἀνάγκη ταὐτό τι εἶναι ὑπάρχον ἅπασι τοῖς συμβλητοῖς ᾧ μετροῦνται, οἷον εἰ ἐξ ὕδατος κοτύλης εἶεν ἀέρος δέκα· τὸ αὐτό τι ἦν ἄρα ἄμφω, εἰ μετρεῖται τῷ αὐτῷ. εἰ δὲ μὴ οὕτω κατὰ τὸ ποσὸν συμβλητὰ ὡς ποσὸν ἐκ ποσοῦ, ἀλλ' ὅσον δύναται, οἷον εἰ κοτύλη ὕδατος ἶσον δύναται ψύχειν καὶ δέκα ἀέρος, καὶ οὕτως κατὰ τὸ ποσὸν οὐχ ᾗ ποσὸν συμβλητά, ἀλλ' ᾗ δύναταί τι. εἴη δ' ἂν καὶ μὴ τῷ τοῦ ποσοῦ μέτρῳ συμβάλλεσθαι τὰς δυνάμεις, ἀλλὰ κατ' ἀναλογίαν, οἷον ὡς τόδε λευκὸν τόδε θερμόν. τὸ δ' ὡς τόδε σημαίνει ἐν μὲν ποιῷ τὸ ὅμοιον, ἐν δὲ ποσῷ τὸ ἶσον [cf. VII.4, 249^{b}2–3]. ἄτοπον δὴ φαίνεται, εἰ τὰ σώματα ἀμετάβλητα ὄντα μὴ ἀναλογίᾳ συμβλητά ἐστιν, ἀλλὰ μέτρῳ τῶν δυνάμεων καὶ τῷ εἶναι ἶσον θερμὸν ἢ ὅμοιον πυρὸς τοσονδὶ καὶ ἀέρος πολλαπλάσιον ... (*GC* B.6, 333^{a}16–33)

For an interpretation inspired by Philoponus of this extremely difficult passage alternative to the reading developed *infra*, see Williams's commentary *ad loc.* (pp. 169–70).

ments are immutable and that they are nevertheless comparable are incompatible. His argument is that if the elements do admit quantitative comparison, then there must be some measure common to them all, some μέτρον in which they share. His illustration of this possibility, 'οἷον εἰ ἐξ ὕδατος κοτύλης εἶεν ἀέρος δέκα' (333ᵃ21–2), reveals that he considers himself justified in inferring that there exists some substrate for elemental transformations directly from the apparently innocuous concession that there is something common to them all ('ταὐτό τι . . . ὑπάρχον ἅπασι τοῖς συμβλητοῖς', 333ᵃ20–1). But then there can be and presumably is change between the elements, and Empedocles has supposedly contradicted himself; at least so far as the στοιχεῖα are concerned, 'μεταβάλλειν' and 'συμβάλλεσθαι κατὰ τὸ ποσόν' evidently entail each other.

The complementary half of the dilemma allows Empedocles to safeguard immutability, but only at the cost of making do with elements which are comparable not *qua* quantities, but rather *qua* capacities for altering the four basic qualities: for example, equal amounts of air and water are indirectly comparable inasmuch as there is some proportion between their abilities to cool (333ᵃ24–7). However, capacities are comparable not by a quantitative measure, but rather by analogy, so that the appropriate term for expressing parity between the elements is 'like', not 'equal' (333ᵃ27–30). Therefore Empedocles should never have claimed equality for his elements. Thus Empedocles either contradicts himself outright or, if he prefers to retain his immutability thesis, must admit that his conception of the elements permits only limited, non-quantitative comparability, despite his express words.

What of all this might Aristotle accept *in propria persona*? There would seem to be a *prima facie* case for his asserting that the elements are comparable quantitatively. From the theses deployed against Empedocles it is a simple matter to infer that elemental transformation entails the existence of a common substrate to serve as the necessary measure, and Aristotle himself, of course, believes that the elements change into one another. As to the dilemma's second limb, we shall postpone consideration of analogical relations until they emerge later in VII.4. Yet we ought to turn our attention straightaway to one assumption in Aristotle's argument, since its precise meaning and force clearly bear on the interpretation of *Physics* VII: why does he apparently take it for granted that δυνάμεις cannot be subjected to quantitative comparison?

Two possibilities suggest themselves. First, these δυνάμεις are capacities for effecting change in the fundamental affective qualities. But a primary lesson of ch. 4 was that as a consequence of the categorial difference between quality and quantity, it is simply a category mistake to allege of a quality that it is 'equal to' (or 'greater/less than') another (cf. 333a29–30, 249b2–3). Perhaps then this conviction would incline Aristotle to dismiss out of hand any notion of measuring capacity for inducing change in quality, since it is hard to see how the δυνάμεις might be susceptible to quantitative comparison if the ποιότητες on which they act are not.

Second, perhaps his manœuvre is strictly *ad hominem*. As it stands, Aristotle's exemplification of analogical comparison by 'as this is white, this is hot' (333a28–9) could hardly be less appropriate as a parallel to a comparison between the relative cooling powers of air and water, since cooling capacity is evidently a unitary ϕ. Thus his argument seems to be blatantly unfair to Empedocles at this point, and to depend on sophistical tactics that we need not take seriously. However, the dialectical move gains justification if we make the further assumption that immutable, segregated elements must possess *distinct* capacities, so that whatever δυνάμεις 'Empedoclean' στοιχεῖα might possess, they would not overlap, or maybe not be such as, e.g., to cool the same *sorts* of things. With or without the final elaboration, this second line of speculation suggests that Aristotle might finally accept quantitative comparison of capacities on his own behalf, while the first explanation excludes such a possibility.

A passage from the *Meteorologica* provides fairly conclusive support for the suspicion that Aristotle's strictures on comparing capacities fall exclusively within the scope of an *ad hominem* attack.[18] Arguing against the opinion that the stars are fire, he points out that there is no such disproportion in bulk between the elements as would exist on this hypothesis. Furthermore, he asserts that in a sort of active equilibrium, their relative proportions hold constant, the ratio of total elemental x to total y being equal to the proportion of y which any given sample of x yields. Aristotle then enlists as an ally a theorist who is undeniably the Empedocles of *GC*, who maintains falsely that the elements are immutable but that their δυνάμεις are equal: since total power is somehow relative to gross quantity, Empedocles too would deny that there is so much extra fire about. (Suppose that, for example, fire's heating power is twice air's: then equality of the δυνάμεις requires that there be only half as much fire as air in the world.)

Thus when he attacks yet another opponent (perhaps Heraclitus), Aristotle is willing to refer to "τὴν *ἰσότητα* τῆς δυνάμεως' (340ᵃ16) without demur, not even mentioning the supposed inappropriateness of an application of 'equal' in the comparison of capacities which he emphasised so strongly to Empedocles' discredit in *GC* B.6. Two conclusions matching our first set of alternatives are possible, but the polemical nature of these passages rules out a definitive choice between them. First, perhaps the *Meteorologica* confirms that Aristotle's insistence in *GC* on capacities being comparable only by analogy is prompted solely by the desire to discomfit Empedocles. The upshot of this speculation is that one would expect Aristotle *in propria persona* to accept quantitative comparison of both elemental bulk and power. But second, it might be argued that since in the *Meteorologica* Aristotle attempts to turn the 'Empedoclean' doctrine to his own ends, he naturally overlooks the catachrestic use of 'equality' so as not to impugn Empedocles' credentials as a witness hostile to Heraclitus. If

[18] 'ὁρῶμεν δ' οὐκ ἐν τοσούτῳ μεγέθει γιγνομένην τὴν ὑπεροχὴν τῶν ὄγκων, ὅταν ἐξ ὕδατος ἀὴρ γένηται διακριθέντος ἢ πῦρ ἐξ ἀέρος· ἀνάγκη δὲ τὸν αὐτὸν ἔχειν λόγον ὃν ἔχει τὸ τοσονδὶ καὶ μικρὸν ὕδωρ πρὸς τὸν ἐξ αὐτοῦ γιγνόμενον ἀέρα, καὶ τὸν πάντα πρὸς τὸ πᾶν ὕδωρ. διαφέρει δ' οὐδὲν οὐδ' εἴ τις φήσει μὲν μὴ γίγνεσθαι ταῦτα ἐξ ἀλλήλων, ἴσα μέντοι τὴν δύναμιν εἶναι· κατὰ τοῦτον γὰρ τὸν τρόπον ἀνάγκη τὴν ἰσότητα τῆς δυνάμεως ὑπάρχειν τοῖς μεγέθεσιν αὐτῶν, ὥσπερ κἂν εἰ γιγνόμενα ἐξ ἀλλήλων ὑπῆρχεν' (*Meteor*. A.3, 340ᵃ9–17).

this is true, then Aristotle would himself accept quantitative comparison of bulk, but only analogical comparison of power.

The unquestioned assumption in VII.4 that water and air are *not* comparable frustrates all these alternative expectations, no matter how tentative and hedged about with qualifications. To suggest that the ἀπορία is totally superficial, as occurs quite frequently when Aristotle indiscriminately gathers together as many doubts and queries about some puzzling topic as he can, is simply to despair of making any sense of this section. There is, however, a straightforward explanation of the denial which gives Aristotle a decent point, if only a prosaic and simple one misleadingly expressed: whether comparable quantitatively or merely by analogy, water and air might be compared in two distinct respects, either as to bulk or as to power. This is just to repeat our introductory claim that as it stands 'x is equal to . . . /greater than . . . /less than . . . y' is an incomplete schema, since it does not state in respect of what the comparison is to be made: one must specify some determinate, variable ϕ. Now bulk and power are different ϕs, so that water and air are members of at least two distinct Φ-classes. Therefore they are not comparable *tout court*, because although a sample of water is 'much ⟨in moistening capacity⟩' relative to a sample of air, the air is 'much ⟨in volume⟩' relative to the same sample of water.[19]

[19] Simplicius' explanation (S. 1087.4–12) is formally the same as ours, except that he means 'weight' by 'δύναμις'. Ross objects:

> Simplicius and Pacius take the impossibility of comparing 'much water' with 'much air' to turn on the fact that 'much' may in either case mean 'much in volume' or 'much in weight' (δύναμις). But the ambiguity which Aristotle ultimately shows to exist in the word πολύ is a different one, viz. that while it always means 'more than a certain standard or average amount', the standard is one that varies from case to case (^{b}17–18). It may depend for instance on comparative rarity. 'A lot of radium' would mean a much smaller absolute quantity of radium than 'a lot of iron' would of iron. (p. 678)

But it is Ross, not Simplicius and Pacius, who has misunderstood the structure of Aristotle's argument and thus misconstrued the crucial example. As we have seen, the incomparability of water and air is presented as a fact to which we may react either by retracting the suggestion that synonymy alone is enough to ensure comparability, or by supposing that all relative terms are radically homonymous. Therefore the example, however enigmatic, should be neutral between the alternative responses, especially because Aristotle does not himself choose one over the other. Since Ross's interpretation simply endorses the second response and builds it into the example, thus begging the question against the first option, it is unacceptable.

To summarise our course so far: we have delved into stretches of *GC* and the *Meteorologica* because despite his apparent confidence in the straightforwardness of the claim that water and air are incomparable, Aristotle fails to explain why we should believe it. Since he then makes an unresolved disjunction depend on this example, we were obliged to resolve its status. Unfortunately we found that the other texts, so far as we could understand them, undermined rather than supported the claim in VII.4, at least on a first reading. (Nevertheless the results of this exercise are not entirely negative, since there is a strong if obscure thematic relation between the companion passages in all three works.) Finally, we suggested that it is possible to salvage the example if we construe 'water and air are not comparable' as rather misleading shorthand for 'water and air are not comparable *tout court*'.

Given that this is the not terribly impressive ἀπορία, which response is the more reasonable? The first answer is that synonymy does not by itself guarantee comparability: although 'much' is unambiguous, like all comparative terms it is incomplete ('much . . .') unless ϕ is specified. This is a sound reaction to a fairly pedestrian problem which still deserves a place in an exploratory study of some desperately difficult material, and furthermore seems to prefigure the suggestion of a later section (249^a3ff.).

In marked contrast, the second answer embodies an egregiously exaggerated response to the ἀπορία. 'Much' = 'exceeding a certain standard measure' (248^b17–18; cf. *Met.* Δ.15, 1021^a3–7); since that measure varies widely, 'πολύ' is homonymous. Much time exceeds a certain duration, much water is more than a certain amount; because time is not water, a word which is predicated of them both must be ambiguous. This is hardly a line of reasoning we should wish to attribute to Aristotle, immature or not:[20] were he to endorse it, he would be constrained to believe that the vast majority of words are radically homonymous. Although the semantic theory employed in VII.4 may very well be undeveloped, there is no good

[20] See the warning in n. 16.

reason to accuse it of such implausible crudity, unless one is determined to 'discover' evidence of the earliest (and thus most primitive) stages of Aristotle's thought. Accordingly I conclude that in this aporetic, non-committal section Aristotle begins his progress towards establishing definite criteria for comparability, but does not commit himself, explicitly or implicitly, to any startling views on language.[21]

248ᵇ21–249ᵃ3

Proper subjects of inherence

In this section Aristotle considers the possibility that to be compared, properties must be instantiated in specifically identical but numerically different primary recipients (on this notion *vid.* ch. 4, p. 174): e.g. the shades of numerically distinct substances are comparable in respect of intensity because they have a common subject, surface. Were this suggestion viable, it would reinforce our rejection of the idea that comparative terms are radically ambiguous (cf. S. 1089.27–32), since necessary reference to an identical primary recipient ensuring comparability is effectively equivalent to the requirement that one specify the relevant ϕ. That is, the subject of bulk is simply σῶμα, while the immediate subject of power, whatever it might be, surely is not just body *per se*. Therefore we should feel no temptation to think that 'much' in 'much water' or 'much air' is homonymous, since 'much' is not strictly predicated of 'water' or 'air'. Although in ordinary language we thus refer to the elements, they are merely place-holders for the primary subjects instantiating the properties which we intend to compare. On the basis of more rigorous philosophical 'grammar', it is clear that 'much' functions as an unambiguous term in two quite separate comparisons.

[21] Cf. Simplicius' account of the transition from this section to the next: 'ἀπορήσας δὲ οὕτω πρὸς τὴν συνώνυμον ῥηθεῖσαν εἶναι τοῦ πολλοῦ καὶ τοῦ διπλασίου κατηγορίαν ἐπὶ ἀέρος καὶ ὕδατος καὶ διὰ τοῦτο ὁμώνυμον αὐτὴν εἰπὼν ἐπάγει καὶ ἄλλην αἰτίαν τοῦ, *κἂν συνωνύμως κατηγορῆται*, μὴ εἶναι αὐτὰ συμβλητὰ τὸ ἄλλο καὶ ἄλλο εἶναι τὰ πρῶτα δεδεγμένα αὐτὰ σώματα· ἄλλο γὰρ ὕδωρ καὶ ἄλλο ἀήρ, κἂν τὸ πολὺ καὶ τὸ διπλάσιον ταὐτὸν ἐφ' ἑκατέρου σημαίνει ὡς συνωνύμως κατηγορούμενα' (S. 1089.8–14).

Aristotle, however, apparently drops this promising idea on the grounds that it has the absurd consequence that possibly all properties are identical, being only superficially differentiated by instantiation in various *specifically* different subjects (this last point is separately refuted in 249^{a}2–3).[22] But need we take the *reductio* seriously? What is the force of 'γε' (248^{b}25)? Does it strengthen or weaken the claim that unacceptable consequences follow? The hypothesis entails not that there is only one property, but rather that it is *possible* that there is only one property. Since there is no independent reason for entertaining so outrageous a possibility, we need not imagine that the rejected suggestion really threatens to land us in absurdity. Therefore we should not conclude that Aristotle is now suddenly veering towards the alternative account of incomparability in terms of radical homonymy. Nevertheless the positive thesis that synonymy is a *sufficient* condition for comparability remains open to question, and Aristotle will indeed reduce it to a merely necessary condition in the next section (cf. S. 1090.30–1091.15).

[22] Ross's analysis is excellent:

> Simplicius takes this to mean 'at that rate each term is univocal – equality for instance will always be the same, but will assume different forms in different subject-matters, and so with sweetness and whiteness' [S. 1090.1–13]. But this is not a very effective *reductio ad absurdum* of the suggestion made in ^{b}21–5. I am inclined to think that Aristotle reduces the suggestion *ad absurdum* by saying that at that rate *all* terms might just as well be said to mean the same thing at bottom as one another, any difference in their meaning being said to be due merely to the presence of the common quality in different subjects. This seems to me the more natural meaning of πάντα ἓν ποιεῖν. – The sense, and a comparison with 249^{a}27, appear to require the insertion of τὸ after ταὐτό. (p. 679)

One might add that Simplicius' interpretation requires that we translate 248^{b}25 as 'But it is clear that at that rate it will be possible to make all ⟨instances of properties designated by a single term⟩ one', and the Greek will hardly bear this construal. Unfortunately Ross does not explain *why* we should in the first instance take seriously the possibility that there is only one 'common quality'. I very tentatively propose that a simple semantic fallacy could motivate the *reductio*: if reference is not carefully distinguished from predication, then one might slide from, e.g., '*this* surface is white' and '*that* surface is white' to 'this surface is that surface'. In this connection Aristotle's cautionary remark in *Metaphysics* Γ.4 is highly suggestive, especially since in making the distinction it avoids an absurdity not unrelated to the conclusion of VII.4's *reductio*: 'οὐ γὰρ τοῦτο ἀξιοῦμεν τὸ ἓν σημαίνειν, τὸ καθ' ἑνός, ἐπεὶ οὕτω γε κἂν τὸ μουσικὸν καὶ τὸ λευκὸν καὶ τὸ ἄνθρωπος ἓν ἐσήμαινεν, ὥστε ἓν ἅπαντα ἔσται· *συνώνυμα γάρ*' (1006^{b}15–18).

249ª3–21

Species of change

At long last Aristotle makes a suggestion for dealing with problems of comparison which he does not immediately and dubiously undercut: not only must the term 'ϕ' of comparison be predicated synonymously of x and y, but also neither the property nor its recipients should admit any 'specific difference'. Aristotle illustrates the new condition with the example that we are not to judge whether x is simply more intensely coloured than y, but rather which of the two is, for instance, the paler (249ª5–8: the oft-remarked differences between Greek colour terminology and our own are irrelevant to the interpretation of Aristotle's claim). This is why we no longer regard synonymy as a sufficient condition for comparability; as Simplicius remarks, although 'white' and 'black' are both predicated univocally of surface, we cannot conclude that one is 'more of a colour' than the other (S. 1090.30–1091.15).[23]

But where do we non-arbitrarily draw the line between differences which do and those which do not block comparison? Since there are, for example, varieties of blue, need we confine ourselves to comparisons within a specific shade, or are all instances of the hue suitably alike? There are different words for aquamarine and peacock and turquoise and . . . We are here again confronted with another version of the basic problem posed by Aristotle's reliance on ordinary language and half-formulated general opinions in the formation of his theoretical claims: to what extent should we faithfully follow the indications of the 'ordinary' data? And to what degree should we refine them and extrapolate from their basis? Of course in the present instance the problem is only a formal one, since Aristotle has no intention of suggesting that we actually engage in or even contemplate engaging in the scientific 'measurement' of qualities (we shall return to this point later). He employs the

[23] Aristotle seems to overlook the following sort of case: suppose that each shade may be present in three grades of intensity, 'bright', 'medium' and 'dull' (making finer cuts would not affect the example). Then since Aristotle's criterion excludes 'being a colour' as a unitary Φ, we cannot say, e.g., 'this brilliant crimson is brighter than that washed-out blue'.

colour example in order to introduce a claim pertinent to *kinetic* comparisons. We can safely ignore the intractable issue of making a determinate, objective division of colours into atomic species, because we shall now turn our attention back onto locomotion, whose fundamental division into circular and rectilinear is, for Aristotle, incontestable.

Aristotle reasserts that attempts to compare the speeds of circular and rectilinear movements fail, but now adds that the new criterion accounts for the breakdown. We must revise the potentially misleading definition of equal speed as 'moving equal amounts in equal times' (249ᵃ8–9) so as to include the extra conditions that the movements occur along the same magnitude, i.e. same in 'species', straight or curved (249ᵃ19–20). Otherwise we shall again be in danger of admitting that alteration and locomotion, circular and rectilinear movements, might be comparable.[24]

Aristotle asks whether we should attribute the incomparability of circular and rectilinear locomotions to the fact that the movements themselves or the lines along which they move do

[24] Ross comments as follows on the obscure description of specious, heterogeneous comparison at 249ᵃ9–11:

> This clause, as it stands in the MSS, is very difficult. It is not clear whether τοῦ μήκους ἐν τῳδί means 'over a certain part of the (or its) μῆκος', or ἐν τῳδί means 'in a certain time' and τοῦ μήκους depends on τὸ μέν, τὸ δέ. Simplicius accepts the first alternative and paraphrases εἰ μέντοι ἐν τῷ αὐτῷ χρόνῳ τὸ μὲν ὑποκείμενον ἓν εἴη ἡ εὐθεῖα, αἱ δὲ κινήσεις διάφοροι, ὥστε κατὰ μὲν τὸ ἥμισυ τοῦ μήκους, τούτεστι τῆς εὐθείας, παρατεταμένον τι ἢ αὐτὸ τὸ ἥμισυ τοῦ μήκους ἀλλοιωθῆναι, κατὰ δὲ τὸ λοιπὸν ἐνεχθῆναί τι κατὰ φορὰν κινούμενον (1092.6–9). The difficulty of this interpretation is evident, and in particular it is clear that it requires not τὸ δ' ἠνέχθη but ἐν τῳδὶ δ' ἄλλο τι ἠνέχθη. The difficulty of the alternative interpretation is equally clear. Simplicius is probably right, however, in taking ἐν τῳδί to refer not to time, but to distance, and the clause is best interpreted as meaning 'if one thing has suffered change of quality along a certain part of its length, and another has been transported a distance equal to this'. (p. 680)

On balance I do not think that his construal is acceptable: it would be very odd indeed if Aristotle did without a time-reference here, so 'ἐν τῳδί' must mean 'in a given time' with 'τὸ μέν, τὸ δέ' depending on 'τοῦ μήκους', which is how the Oxford and Loeb translators take the clause, reasonably understanding the parts in question to be halves so as to meet the conditions for equality in speed. It is unfortunate that Ross failed to explain how the difficulty of this alternative is as clear as those besetting the one which he endorses, but in any case the philosophical substance of the example remains the same however one interprets it.

not constitute a unitary Φ, an atomic species (249ᵃ13–16). He determines that differentiation in kinetic path underlies the division of φοραί into species, and dismisses the irrelevant cross-classification of locomotions according to instrument used (249ᵃ17–19).[25]

249ᵃ21–9

Analogy and the unity of natural science

Aristotle remarks that our current difficulties demonstrate that the genus κίνησις is no unity.[26] What are the repercussions of this denial, and what requirements must a group satisfy in order to count as 'ἕν τι' in the relevant sense? The spectre of ambiguity reappears: the lack of univocity of some predicates is concealed because the items to which they apply are diverse, but nevertheless bear a resemblance to one another bordering on the unity of an analogy or genus (249ᵃ21–5). Clearly Aristotle believes that change *is* a genus at least, but it is uncertain whether on that account 'κίνησις' is a univocal term, whether the unity of a genus is enough to exclude homonymy.[27]

Although Aristotle does not press the point, we should notice that this passage easily yields grave implications for the legitimacy of natural science. That is, if *types* of κίνησις only fall into a loose grouping, can we be confident that they possess a degree of specific identity which might permit the study

[25] Cf. 'εἰ γάρ ἐστιν ἡ φορὰ κίνησις πόθεν ποῖ, καὶ ταύτης διαφοραὶ κατ' εἴδη, πτῆσις βάδισις ἅλσις καὶ τὰ τοιαῦτα. οὐ μόνον δ' οὕτως, ἀλλὰ καὶ ἐν αὐτῇ τῇ βαδίσει· τὸ γὰρ πόθεν ποῖ οὐ τὸ αὐτὸ ἐν τῷ σταδίῳ καὶ ἐν τῷ μέρει, καὶ ἐν ἑτέρῳ μέρει καὶ ἐν ἑτέρῳ, οὐδὲ τὸ διεξιέναι τὴν γραμμὴν τήνδε κἀκείνην· οὐ μόνον γὰρ γραμμὴν διαπορεύεται, ἀλλὰ καὶ ἐν τόπῳ οὖσαν, ἐν ἑτέρῳ δ' αὕτη ἐκείνης' (*EN* x.4, 1174ᵃ29–1174ᵇ2). Here the division is carried to an extreme and the expression is careless, since the division of walking according to whence and whither yields not further subordinate *species*, but rather *particular* stages of motion individuated by their termini.

[26] Ross oddly supposes that 'πολύ, διπλάσιον, ἴσον, ἕν, δύο are presumably ὁμώνυμα of the analogical kind' (p. 681: perhaps S. 1097.4–6 misled him). Simplicius, however, steers us towards the correct interpretation: 'δύναται δὲ τὸ καὶ σημαίνει ὁ λόγος οὗτος ὅτι τὸ γένος οὐχ ἕν τι ἐπὶ τῆς κινήσεως εἰρῆσθαι' (S. 1097.6–7).

[27] Simplicius is content to conclude that a common nature is predicated of the different categories of change only homonymously (S. 1097.12–16).

of natural changes under a common rubric?[28] The φυσικός investigates substances which have an internal source of change and rest; but if these undergo changes in different categories (192^b14–15), how can the study of φύσις claim the unity of subject-matter required for the status of an Aristotelian ἐπιστήμη?

We have already adverted to a portrayal of Aristotle's philosophical progress which attributes his shifting attitude towards metaphysical theorising to the evolution of his semantics (*supra*, p. 274). We can reformulate our current puzzle using the terms of this interpretation as follows: if *Physics* VII predates the concept of focal meaning, then surely it should reject the very idea of a science of change *qua* change just as vehemently as the young Aristotle dismisses the Platonic study of being *qua* being. The fact that in *Physics* III Aristotle actually *defines* 'κίνησις' demonstrates by implication that by the time of writing that book he does not regard it as an ambiguous term,[29] that he assumes that its various applications in distinct categories must be at least focally related (cf. the celebrated treatment of 'good' in *EN* I.6). But while in the case of metaphysics the exposition of mature semantic theory in *Met.* Γ paves the way for the books of general ontology, no analogous work bridges the gap between the worrying implications of

[28] Aristotle's practice in the biological works presents at once a parallel to and an apparent contrast with his abbreviated comments in *Physics* VII.4. In *PA* he readily recognises that his subject matter is heterogeneous, and that difference is a matter of degree (e.g. *PA* I.4, 644^a17–24), just as in the *Physics*. Yet while VII.4 dwells on the dangers of homonymy, when studying animal kinds Aristotle not only seems not unduly perturbed by diversity, but even appears to turn it to his advantage. *PA* bk I declares that we are to proceed group by large group, rather than taking up each *infima species* in turn. To follow the latter course would involve us in much needless repetition, since parts of animals in different *genera* regularly perform the *same* function; 'same' here can only apply at the level of analogy, but is not therefore to be condemned.

[29] Of course one might reply that VII.4 explicitly warns that even the definitions of some things are homonymous (248^b17–18), so that the fact that Aristotle elsewhere offers a λόγος of κίνησις hardly demonstrates that he does not there regard 'change' as ambiguous. But 248^b17–18 acknowledges that a homonymous λόγος is an extreme case deserving attention, while *Physics* III says nothing about any ambiguity in the definition of change. Furthermore, even if the claim that there are homonymous definitions were to survive outside VII.4's dialectical exercise, there is nothing to suggest that such λόγοι might underpin a science, which is precisely what the definition of change is supposed to do.

VII.4 and the confidence in a science of κίνησις ᾗ κίνησις which Aristotle displays elsewhere in the *Physics*.[30]

249ᵃ29–249ᵇ26

Alteration and genesis

Aristotle applies the results of the last section to the issue of comparison *within* the kinetic category of alteration. We have been assured that comparison between categories is impossible, and that we must respect specific differences between the species of locomotion, but may still believe that all instances of ἀλλοίωσις are freely comparable. Aristotle now cautions us that πάθη as well differ in species, and extends his earlier prescription to cover the category of quality: x and y are comparable in respect ϕ, where ϕ is a quality, only on condition that it is atomic in species (249ᵇ7–11). As before, we are told that we must accordingly ascertain into how many *infimae species* the genus quality divides, but are left in the dark as to how we might verify our intuitions.

It is a category mistake to suppose that qualities or changes in quality might be '(un)equal' (249ᵇ2–4: cf. *Cat.* 6ᵃ30–5 and 11ᵃ16, and *GC* B.6, 333ᵃ16–33, discussed *supra*, pp. 277–80). There is simply no numerical measure available whereby we might gauge degrees of qualitative inherence: ποιότητες are merely 'similar' or 'dissimilar'. If the changes are in a certain ἕξις,[31]

[30] Ross's comment on the rather disconnected ἀπορία with which the section ends (249ᵃ25–9) is shrewd:

> **28–9. ὅτι ἐν ἄλλῳ . . . ταὐτό**; i.e., are we to say that there is a specific difference of quality where a quality manifested in different subjects appears different (as e.g. whiteness does when present in a horse and a dog, 248ᵇ22), or only (and this is no doubt the alternative Aristotle would choose) when the quality is in its own nature different (as e.g. the λευκότης of water and that of a voice (*ib.* 24))?
>
> Aristotle has said in ᵃ2–3 that a single quality has only one direct subject. But here he is speaking of indirect or *per accidens* subjects. A surface is the only thing that can be directly white in the literal sense (248ᵇ23), but a horse and a dog can be indirectly white, because they both have surfaces. (p. 681)

[31] Aristotle now ignores the complicated distinctions of the previous chapter between simple qualities and states, as they are not to the point. In any case, note that his expressions remain hypothetical: '*if* to become healthy is to undergo alteration . . .', '*if* one thing which is becoming white and another which is becoming healthy are both undergoing alteration . . .'.

then since such conditions are all-or-nothing (249^b6–7), only the relative speed of these κινήσεις can be judged–the ἕξις admits no internal distinctions. Nevertheless, there remains a limited sense in which qualitative changes are quantitatively comparable: apart from the rate at which different subjects alter in respect of some shared quality which is identical in species, we might consider the relative areas affected, and these we can of course quantify (249^b14–19).

The chapter concludes with a treatment of the rate of existential change (249^b19–26) conforming in all essentials to what precedes. The only point of contention is what significance we are to attribute to Aristotle's brief, hypothetical mention of an arithmetical metaphysics which would permit quantitative comparisons between substantial changes (249^b23–4).

Ross (in complete contrast to the view expressed in earlier, unrevised editions of his commentary) regards this as sound evidence for the immaturity of *Physics* VII: 'In $^b23$–4 we have a passing reference to the Pythagorean and Platonic doctrine that the essence of things is numerical – a doctrine which Aristotle evidently treats as an open question, so that Jaeger is justified (*Arist.* 313 n.) in regarding the reference as evidence of an early date for bk. VII' (pp. 682–3). Manuwald's response, however, hits the nail precisely on its head: 'Der Verfasser hat mit der Schwierigkeit zu tun, daß es keine spezifischen Ausdrücke für die Ergebnisse schnelleren und langsameren Werdens gibt. Er muss also die unspezifischen Ausdrücke ἕτερον und ἑτερότης verwenden und hat daher Mühe zu sagen, was er meint. Er benützt darum zur Erklärung eine Theorie, nach der die οὐσία Zahl ist und wo das Gemeinte durch das Begriffspaar πλέον–ἔλαττον leichter ausgedrückt werden kann' (p. 43). Embarrassed by the lack of a specific vocabulary in which to refer to comparisons in the category of substance, Aristotle mentions the number theory purely for the sake of ease of exposition – but that in no way implies that he treats the doctrine 'as an open question', since he so regularly uses examples which he believes to be false.

The unity of changes and the fate of VII's Reductio

Although we have now puzzled our way through Aristotle's thorny, inconclusive, and obscure musings on comparability, we have at no point had occasion to refer back to any argument or theme previously developed in the book. Aristotle himself signally fails to indicate any connections, and refers to nothing outside the chapter, as if it were an entirely independent dialectical exercise. Does VII.4 in fact have anything to do with *Physics* VII, understood as a work devoted to a proof that causal sequences must terminate? Inevitably, any positive answer will remain uncertain inasmuch as it will lack explicit confirmation from Aristotle. It is nevertheless possible to draw out implications from the chapter which are highly pertinent to the *reductio*, in that they question the legitimacy of certain crucial steps in its reasoning. In order to pursue this line of speculation, we shall address the issue of what criteria a change must satisfy in order to be *one* change.

When is a κίνησις one *in number*?[32] For reasons very familiar to a reader of *Physics* VII.4, Aristotle is careful to point out that variations in the path followed by a moving body generate specifically different types of locomotion – otherwise we shall fail to distinguish between circular and rectilinear motions.[33]

32 The qualification is necessary, since Aristotle routinely recognises a variety of senses of 'one', ranging in application from things merely falling within a common category to things which are numerically identical, e.g. referring to changes: 'Μία δὲ κίνησις λέγεται πολλαχῶς· τὸ γὰρ ἓν πολλαχῶς λέγομεν. γένει μὲν οὖν μία κατὰ τὰ σχήματα τῆς κατηγορίας ἐστί (φορὰ μὲν γὰρ πάσῃ φορᾷ τῷ γένει μία, ἀλλοίωσις δὲ φορᾶς ἑτέρα τῷ γένει), εἴδει δὲ μία, ὅταν τῷ γένει μία οὖσα καὶ ἐν ἀτόμῳ εἴδει ᾖ' (*Physics* V.4, 227^{b}3–7). This of course is where VII.4 sets the limit of comparability: 'εἰ μὲν οὖν τὰ κινούμενα εἴδει διαφέρει, ὧν εἰσὶν αἱ κινήσεις καθ' αὑτὰ καὶ μὴ κατὰ συμβεβηκός, καὶ αἱ κινήσεις εἴδει διοίσουσιν· εἰ δὲ γένει, γένει, εἰ δ' ἀριθμῷ, ἀριθμῷ' (249^{b}12–14).

33 'ἀπορήσειε δ'ἄν τις εἰ εἴδει μία ⟨ἡ⟩ κίνησις, ὅταν ἐκ τοῦ αὐτοῦ τὸ αὐτὸ εἰς τὸ αὐτὸ μεταβάλλῃ, οἷον ἡ μία στιγμὴ ἐκ τοῦδε τοῦ τόπου εἶς τόνδε τὸν τόπον πάλιν καὶ πάλιν. εἰ δὲ τοῦτ', ἔσται ἡ κυκλοφορία τῇ εὐθυφορίᾳ ἡ αὐτὴ καὶ ἡ κύλισις τῇ βαδίσει. ἢ διώρισται, τὸ ἐν ᾧ ἂν ἕτερον ᾖ τῷ εἴδει, ὅτι ἑτέρα ἡ κίνησις, τὸ δὲ περιφερὲς τοῦ εὐθέος ἕτερον τῷ εἴδει;' (*Physics* V.4, 227^{b}14–20). Since there is some temptation to ignore the apparently extreme assertions of VII.4 as either immature or at least provisional, it is salutary to register that when he confronts the issues of kinetic unification and comparability in a book far less easy to dismiss, Aristotle responds in precisely the same fashion. (Note too that in V.4 he reacts with a question, just as in VII.4 he expresses every new suggestion in interrogative form.) Clearly, no advances in semantics or anything else have altered Aristotle's views on the problems thrashed out in VII.4.

The extra conditions required by strict, arithmetical unity are simple: there are three aspects of a change which serve to individuate it, magnitude, subject and duration. For changes x and y, they are one in number if and only if all three are one in number; otherwise they might be the same in species or genus, or occur simultaneously, but they will not be strictly identical.[34]

Aristotle goes on to discuss factors which might interfere with the continuity or uniformity of a change, and thus with its unity. First, when they occur is enough to make changes consecutive, but to be continuous, their termini must be identical; that is why strict identity and continunity demand that the subject of change be one in number and undergo a change single in species within a single time. Aristotle emphasises that identity in species is a necessary but insufficient condition of kinetic continuity in the strict sense.[35]

Second, unitary changes are such because they either proceed or could have proceeded uniformly. Aristotle attributes (non-)uniformity to each kinetic category, and mentions two possible sources of anomaly. First, if the geometry of the kinetic path does not permit any given segment to be superimposed on any other, the change is irregular. Second, irregularity might characterise a change in respect of velocity: a κίνησις which goes through at an invariant rate of change is more uniform, so more of a unity, and thus more truly *one*

[34] ‘γένει μὲν οὖν καὶ εἴδει κίνησις μία οὕτως, ἁπλῶς δὲ μία κίνησις, ἡ τῇ οὐσίᾳ μία καὶ τῷ ἀριθμῷ· τίς δ’ ἡ τοιαύτη, δῆλον διελομένοις. τρία γάρ ἐστι τὸν ἀριθμὸν περὶ ἅ λέγομεν τὴν κίνησιν, ὅ καὶ ἐν ᾧ καὶ ὅτε ... τούτων δὲ τὸ μὲν εἶναι τῷ γένει ἢ τῷ εἴδει μίαν ἐστὶν ἐν τῷ πράγματι ἐν ᾧ κινεῖται, τὸ δ’ ἐχομένην ἐν τῷ χρόνῳ, τὸ δ’ ἁπλῶς μίαν ἐν ἅπασι τούτοις ...’ (*Physics* v.4, 227^{b}20–9).

[35] ‘ὥστ’ ἐχόμεναι καὶ ἐφεξῆς εἰσὶ τῷ τὸν χρόνον εἶναι συνεχῆ, συνεχὴς δὲ τῷ τὰς κινήσεις· τοῦτο δ’, ὅταν ἓν τὸ ἔσχατον γένηται ἀμφοῖν. διὸ ἀνάγκη τὴν αὐτὴν εἶναι τῷ εἴδει καὶ ἑνὸς καὶ ἐν ἑνὶ χρόνῳ τὴν ἁπλῶς συνεχῆ κίνησιν καὶ μίαν ... τῆς δὲ τῷ εἴδει μὴ μιᾶς, καὶ εἰ μὴ διαλείπεται, ὁ μὲν χρόνος εἷς, τῷ εἴδει δ’ ἡ κίνησις ἄλλη· τὴν μὲν γὰρ μίαν ἀνάγκη καὶ τῷ εἴδει μίαν εἶναι, ταύτην δ’ ἁπλῶς μίαν οὐκ ἀνάγκη’ (*Physics* v.4, 228^{a}30–228^{b}10).

κίνησις than a change which does not.[36] A non-uniform continuous change can nevertheless be a single κίνησις because it *might* have occurred uniformly. But a heterogeneous process involving consecutive changes in distinct categories can by no means be considered uniform (after all, it is not even one in genus: γένει μὲν οὖν μία κατὰ τὰ σχήματα τῆς κατηγορίας ἐστί).[37]

It would seem that at least two serious flaws vitiate Aristotle's discussion of the unity of changes. First, ῥῖψις does not fit anywhere within the scheme. Presumably he would not consider the entire parabolic course of a missile to be one single locomotion, since the *termini ad quem* of the forced and natural motions are not the same. The arbitrary τέλος upward is some spot in the air attained when the ballistic impulse ceases to prevail over the body's natural tendency, while the goal of the return journey is the earth, so that only the separate motions on either side of the turning-point could qualify as unitary φοραί. But according to Aristotle's criteria it ought to be possible for each of these components to occur at a uniform rate; this, however, is not possible, since the constant shift in the balance between the 'mixed' impulses, one imposed on the body, the other arising within it, causes its velocity to alter constantly. Aristotle could try to circumvent this fundamental

[36] 'ἔστιν δὲ ἐν ἁπάσῃ κινήσει τὸ ὁμαλῶς ἢ μή· καὶ γὰρ ἂν ἀλλοιοῖτο ὁμαλῶς, καὶ φέροιτο ἐφ' ὁμαλοῦ οἷον κύκλου ἢ εὐθείας, καὶ περὶ αὔξησιν ὡσαύτως καὶ φθίσιν. ἀνωμαλία δ' ἐστὶν διαφορὰ ὁτὲ μὲν ἐφ' ᾧ κινεῖται (ἀδύνατον γὰρ ὁμαλὴν εἶναι τὴν κίνησιν μὴ ἐπὶ ὁμαλῷ μεγέθει, οἷον ἡ τῆς κεκλασμένης κίνησις ἢ ἡ τῆς ἕλικος ἢ ἄλλου μεγέθους, ὧν μὴ ἐφαρμόττει τὸ τυχὸν ἐπὶ τὸ τυχὸν μέρος)· ἡ δὲ οὔτε ἐν τῷ ὅ οὔτ' ἐν τῷ πότε οὔτε ἐν τῷ εἰς ὅ, ἀλλ' ἐν τῷ ὥς. ταχυτῆτι γὰρ καὶ βραδυτῆτι ἐνίοτε διώρισται· ἧς μὲν γὰρ τὸ αὐτὸ τάχος, ὁμαλής, ἧς δὲ μή, ἀνώμαλος' (*Physics* v.4, 228b19–28). Ross comments: "The κοχλίας or cylindrical spiral *is* regular in the sense that any part will fit upon any other; but this was first proved by Apollonius of Perga in the 3rd century B.C.' (p. 633).

[37] 'μία μὲν οὖν ἡ ἀνώμαλος τῷ συνεχὴς ⟨εἶναι⟩, ἧττον δέ, ὅπερ τῇ κεκλασμένῃ συμβαίνει φορᾷ· τὸ δ' ἧττον μίξις αἰεὶ τοῦ ἐναντίου. εἰ δὲ πᾶσαν τὴν μίαν ἐνδέχεται καὶ ὁμαλὴν εἶναι καὶ μή, οὐκ ἂν εἴησαν αἱ ἐχόμεναι αἱ μὴ κατ' εἶδος αἱ αὐταὶ μία καὶ συνεχής· πῶς γὰρ ἂν εἴη ὁμαλὴς ἡ ἐξ ἀλλοιώσεως συγκειμένη καὶ φορᾶς; δέοι γὰρ ἂν ἐφαρμόττειν' (*Physics* v.4, 229a1–6). Perhaps the recurrence of the notion of a 'mixture' of motions here suggests a connection with Aristotle's contention that only curvilinear and rectilinear locomotions are 'simple': 'simplicity' = 'uniformity' (*DC* A.2, 268b17–19, discussed *supra*, p. 271).

objection to his dynamics only by the desperate expedient of claiming that the missile is released from the constraining impulse all at once, when its innate bias instantaneously takes over, but even this *ad hoc* manœuvre would entail that the velocity be uniform rather than changing constantly.

Second, despite his explicit statement that the analysis applies to all categories of change, it really suits only φορά. Aristotle explained that compound processes containing changes different in category cannot be uniform or unitary because it is impossible for the heterogeneous stages to be superimposed ('ἐφαρμόττει', 228b25, 'ἐφαρμόττειν', 229a6). But 'coincidence' lacks any clear sense if there is no reference to the geometry of the items to be matched. Therefore Aristotle's criterion really applies to locomotion alone, where we can compare sections of the path along which the movement occurs. There is no serious analogue to path in the other categories. Of course, qualitative changes affect a certain area or volume (249b14–19), but in Aristotle's terms this is merely a feature of the ἐν ᾧ, not of the ὅ of ἀλλοίωσις. If pressed, Aristotle would have to admit that qualitative changes can display only the second variety of anomaly, irregularity in speed.

* * *

We have at last assembled all the materials required to make out a strong case for the pertinence of the fourth chapter's ἀπορίαι to the theme of *Physics* VII. We have surveyed Aristotle's discussions of conditions for the individuation and continuity of changes in order to emphasise that if certain κινήσεις are incomparable, *a fortiori* they are anomalous, discontinuous, non-uniform, and thus not one in number. According to the positive suggestions of VII.4, incomparable changes are not identical in *infima species*; but obviously things that are not one in species cannot be one in number, since the former is the weaker degree of unity. Thus, for instance, circular and rectilinear motions are one merely at the level of the category. Strict identity demands that the changer be selfsame: that of course is why comparable changes are distinct, since identity in atomic species stops short of identity in number. Furthermore, continuous changes must have their *termini* in common; that is why a complex process consisting of incomparable rectilinear and circular changes, let alone stages of locomotion and alteration, cannot even be continuous in the strict sense, but only a compound of discrete, consecutive changes. Finally, the superimposition condition for uniformity of change dictates that no 'mixed' locomotion or heterogeneous process can be uniform or truly one.

Let us now refresh our memory of the logic of the *reductio*. Premiss 2, stating that 'since no motion is unbounded, it is possible to attribute to each mover within the sequence its own particular motion, even if it is a moved mover', introduces an excursion on kinetic individuation (242^a66–242^b42/242^a32–242^b8). Aristotle means that each of the motions within the sequence is one in number, and distinguishes this sense of oneness from unity in genus or species, actually referring us back to v.4 and the discussions now familiar to us. But we must focus on the crucial inference in the subsidiary proof, the conclusion that 3′ 'A,B,C ... constitute a unity' drawn from 2′ 'A,B,C ... must either touch or be continuous.'

Ex hypothesi the changes performed by A, B, C ... are not executed by one and the same individual; spatial contact alone does not satisfy Aristotle's criteria for kinetic unity. Furthermore, the *reductio* is supposed to be an abstractly phrased, rigorous proof of universal scope; otherwise it hardly establishes that there *must* without qualification be a first moved mover. But we have learnt from *Physics* v.4 and vii.4 that within any given sequence, permissible values for the abstractly denoted individual changes E, Z, H, Θ ... would have to be restricted to rectilinear locomotion, curvilinear locomotion, or alteration within some given atomic species, if the sequence is even to be continuous in the strict sense. Strict continuity requires that the *termini* of consecutive changes be the same; although the *reductio* assumes and vii.2 argues for the contact condition, it remains the case that the contact would have to be maintained between agents performing specifically identical changes.

Thus our hypothesis to account for the presence of ch. 4 within *Physics* VII suggests that it is there because the *reductio* is blocked unless Aristotle can allow himself the assumption that spatial continuity suffices to make a single, infinite change from the infinity of finite changes within the sequence. The answer entailed by VII.4 is negative: comparability is weaker than combinability, and changes differing in *infima species* are not even comparable. The criteria which Aristotle espouses for the individuation of changes forbid just the sort of manœuvre on which the *reductio* depends. In VII.4 the fact is brought home that self-imposed theoretical handicaps inhibit the success of VII.1's grand argument.

Broadly speaking there are two types of objection which might be levelled at this interpretation, and in conclusion I shall attempt to stave them off. First, it might be said that regardless of whatever the intrinsic merits of the case which I have put together from VII.1 and V.4 might be, one cannot suppose that VII.4 reflects such concerns, at least directly. The complaint is simple: the problem for the *reductio* is about the combination or addition of κινήσεις; but VII.4 rather enigmatically addresses the issue of comparability, and the suggestion that this allows Aristotle to construct a more than sufficiently strong argument against himself is unconvincing.

In response I would urge that in light of the fact that Aristotle left us no explicit clues as to how to connect VII.4 with the remainder of the book, we must rest content with a speculative solution which makes good philosophical sense. If incomparable changes *a fortiori* are not combinable into a single, compound change, then we ought to be satisfied that in the circumstances we have reached the limits of interpretation: we have not yet been compelled to confess that *Physics* VII is merely a collection of *disiecta membra*.

We might also bring a further, somewhat problematic consideration to bear, so long as it is understood that our hypothesis does not depend entirely on a moderately contentious claim. Although we insisted that Aristotle's advertence to arithmetical metaphysics at the end of VII.4 (249^b23–4) does not establish that he has an open mind on the validity of such theories, his example might nevertheless remind us of a highly intriguing feature of his polemic against the Pythagoreans and Platonists in *Metaphysics* M.6–7. Aristotle there attacks the thesis that there are Form-Numbers consisting of specifically different units; units contributing to distinct Form-Numbers cannot be combined, they are οὐ συμβλητά.[38] We must not press our claim too hard, because Aristotle in large measure seems to focus on difference in species rather than on addibility. It is, however, tempting to conclude that in this context, since in mathematics one focuses exclusively on comparison in terms of addibility, or rather in terms of computability in general,[39] 'συμβλητός' inevitably comes out as 'comparable, *viz*. subject to computation' – and if in *Metaphysics* M, why not in *Physics* VII.4 as well?

If this suggestion seems unacceptable, that might very well be because we almost automatically not only make the assumption that 'συμβλητός' must be translated as 'comparable', but also falsely assume that comparability must always amount to the same thing, regardless of context.[40] Yet if we remain neu-

[38] See Annas's commentary, p. 18.

[39] Of course, the entire discussion of this mathematical topic and its possible philosophical ramifications originates in *Republic* 521D–526C.

[40] Even commentators who recognise how Aristotle's expression functions in *Met.* M apparently feel uncomfortable with their findings, and suppose that his usage in M is an aberration from his usual terminology:

> For Aristotle *sumblētos* normally means 'comparable, i.e. measurable by the same unit of quantity' (or more loosely, 'comparable as items of the same kind'), but this cannot be its sense here where it applies to units. (Annas, p. 165)

> **1080ª19. ἀσύμβλητος.** The usage of συμβάλλειν, συμβλητός, ἀσύμβλητος in Aristotle shows that the word must mean 'incomparable'; and things are comparable if and only if they belong to the same kind (*Phys.* 248ᵇ8, 249ª3, *Top.* 107ᵇ17, I.1055ª6). Thus ἀσύμβλητος is practically equivalent to ἕτερον ὄν τῷ εἴδει (I.17), and συμβλητός can be coupled with ἀδιάφορος (1081ª5). Strictly, to say that two things are συμβλητά is to say that one can be expressed as a fraction of the other, or at least as greater or less than or equal to the other. But in this context συμβληταί seems to mean 'capable of entering into arithmetical relations with one another – of being added and subtracted, multiplied and divided'. (W. D. Ross, *Aristotle's Metaphysics, A Revised Text with Introduction and Commentary* (Oxford, 1975), vol. II, p. 427)

tral on VII.4, in all fairness we cannot cite Aristotle's usage in V.4 against this speculation, because we would thereby again beg the question. Those prepared to give this idea a chance should consider whether in VII.4, if 'συμβλητός' does not of course simply mean 'combinable', its force might not nevertheless be tantamount to 'combinable'. Context is the determining factor in *Metaphysics* M: perhaps if Aristotle had only explained clearly what context he intended for *Physics* VII.4, we would perceive a similar effect there.

The second line of objection to our hypothesis protests that whether or not we can plausibly impose our reading on VII.4, it is not philosophically attractive; since it is at once highly speculative and casts an unflattering light on Aristotle, it should be rejected. Again there are a number of responses, depending on just what is intended by the claim that our solution does not make good philosophical sense. The objector might mean that the supposed obstacle to the *reductio* is hardly formidable. All we have established is that Aristotle cannot consistently maintain that E, Z, H, Θ ... form a single κίνησις. But this negative conclusion does not entail that Aristotle should rightly feel prohibited from ascribing some lesser degree of unity to the compound process consisting of the hypothetical infinity of moved movers. After all, the changers are causally dependent, one upon another: what does it matter if we cannot apply the *name* 'κίνησις' to the sequence? It remains a *single* sequence in the only respect pertinent to the proof, *viz.* causally.

This complaint misfires because it wrongly supposes that our hypothesis suggests that the ἀπορία posed by VII.4 is insoluble, while in fact it dissolves quickly on inspection. However, we must be very careful not to presume that Aristotle himself would regard the puzzle as trivial, that he could immediately dispose of it by responding that single κίνησις or not, the sequence is unified causally. Just how is circular motion supposed to depend causally on rectilinear motion, for example? Since it is so easy for us to deprecate Aristotle's conviction that motions in a circle and in a straight line differ *in kind*, we cannot over-emphasise the seriousness with which he insists that they are incomparable and not combinable.[41]

Moreover, while we deny that the ἀπορία is trivial for Aristotle, in the next chapter we shall speculate that VII.5 provides at least the beginnings of a response to it, although again in the absence of help from Aristotle we are reduced to conjecture in its interpretation. We must remember that Aristotle typically conceives of natural substances as containing an *intrinsic* source of change, and that this conception entails that conditions permitting, they spontaneously express their natures actively: they are not passive *loci* for the expression of externally imposed forces.[42] It follows that when this attitude, in conjunction with the now alien pluralism of his category theory so strikingly manifested in the dialectic of VII.4, is subjected to the strain of Prime Mover arguments, there will be difficulties. To forge a chain of change, Aristotle must develop now utterly familiar approaches to the analysis of κίνησις quite distinct from his normal views; as the next chapter will reveal, the consequent tension proved to be historically fruitful in unexpected ways.

[41] Christopher Kirwan objected to a previous presentation of this material on the grounds that 'it involves attributing to Aristotle the strange view that there is more reason to ascribe unity to a pair of comparable movements (e.g. of engaged cogs) than to two incomparable movements (e.g. of a bell-rope and a bell)'. The example is very acute, since it illustrates precisely the problem with causal dependency under discussion. But the truth is that Aristotle's view *is* very strange: an interpretation which did not reflect his opinion that circular and rectilinear motions are different species of locomotion would by that token be unfaithful to his thought. Since we disagree with him so strongly in this matter that some modern thinkers seem incapable of grasping his meaning, or at any rate of taking it seriously, it is no wonder that Aristotle could apparently ignore consequences of his theory which we find intolerable and consider *prima facie* grounds for its rejection. In contrast, Aristotle just neglects or rejects findings which contradict his view, since it is *obvious* to him that circles and straight lines differ in kind.

[42] See the first section of Waterlow (1), 'Nature as Inner Principle of Change'.

8

PLAYING WITH NUMBERS

Introduction: against Whiggish history

Physics VII.5 enjoys a degree of celebrity not shared by the rest of the work which this chapter terminates. I say 'terminates' rather than 'concludes' in order to employ a neutral vocabulary, since the issue of whether or not VII.5 has any real argumentative connection with the remainder of the book is highly contentious. Because ch. 5 has attracted the attention of so many philosophers, classicists, and historians of science and mathematics, an indirect approach has its advantages. Although nothing like a consensus exists between the interpretations on offer, their guiding presuppositions must be brought to light and carefully examined, if we are to avoid the danger of misconstruing Aristotle's intentions.

On the face of it, VII.5 enunciates a simple enough thesis, that certain elementary mathematical proportions hold between four terms: the agent of change; its object; the time during which the change occurs; and the extent of the change. However, this exercise has served as the starting-point for some Whiggish history of science. Understood as a first try at the formulation of basic laws of motion, VII.5 can encourage us to regard Aristotle as the original contributor to a development of mathematical physics furthered by Philoponus and culminating in Galileo and Newton.

The historical claim I single out for attack is not to be confused with the distinct question of whether VII.5 had some effect on later theories of mechanics, since it is indeed possible that our work inspired Leonardo and Galileo.[1] We must distinguish between VII.5 *as written*, and VII.5 *as read*. We are con-

[1] See De Gandt's judicious comments on the issue of VII.5's later influence (pp. 98–9).

cerned exclusively with the problem of what Aristotle actually intends to establish, not with what his text may have conveyed to some of his more important readers. Indeed, one of the piquant ironies of scientific history is that an antique work might exert a beneficial and significant influence just insofar as later thinkers get it fruitfully wrong. The venerable source either suggests some novel conception which the innovator incorrectly and ingenuously supposes that he merely found waiting for him in its pages, or – less ingenuously – he at least seeks support for his new idea from its *auctoritas*. Such matters, fascinating as they might prove in their own right, are to be set firmly aside.

The type of interpretation in question I dub Whiggish, because its exponents either explicitly assert that Aristotle's actual intentions fall in with what they view as a unified chapter of scientific progress, or neglect to isolate VII.5 from its subsequent history. Since the assumptions prompting these readings have indeed been challenged, we begin with a controversy. It will prove both legitimate and expedient to evaluate the Whiggish approach before launching into the chapter itself. Since its adherents abstract their propositions from the book, ignoring context entirely, a demonstration that even on these terms their exegesis is inadequate will carry much weight. Of course, proceeding in this critical fashion does not on its own provide any answers: but this strategy may at the very least encourage us to raise the right issues, and simply learning how to put appropriate questions to this enigmatic text is itself no easy matter.

The essentials of the Whig brief are as follows. First, Aristotle's identification of the kinetic factors by means of unadorned letters – force = A, weight = B, distance = C, time = D – indicates a significant tendency towards abstraction, idealisation and mathematical formulation in the study of nature. These letters figure as variables in equations discovered 'in applying mathematics to physical phenomena, and in making certain abstractions which such treatment requires, e.g., in neglecting, as irrelevant, differences in the body moved other than weight (and, by implication, shape), and in considering the medium perfectly homogeneous, which it never is in nature, and in defining force quantitatively in terms of the effect produced'.[2] Second, the proportions have the status of kinetic laws; they are instances of the general formula 'BC/AD = constant'.[3]

Drabkin, perhaps the most prominent advocate of such a reading, does not make clear what he understands to be entailed by the proposition that the expressions of proportionality are scientific *laws*.[4] However, he does attempt to deal with what any Whiggish exegete must inevitably regard as Aristotle's failure: his equations predict a constant *velocity* as a result of the application of a constant force to a mass (in a frictionless environment?), while Newton, of course, teaches us that a constant *acceleration* is the consequence.

> Aristotle does not completely pass to the ideal case, the only one upon which a fruitful science of dynamics could be based, the case in which a single force is isolated for separate consideration; his view of the basic case of motion does not eliminate the resistance of the medium, does not eliminate friction, and involves, therefore, intricate complexes of force which are not analyzed into separate components. The failure to make this analysis renders fruitful advance in dynamics impossible. The complex case of motion is, in fact, that which is observed in nature; it is not insufficient observation of nature, but insufficient abstraction from the phenomena of nature that paralyzes the Aristotelian dynamics. (Drabkin (2), p. 65)[5]

Drabkin does float the idea that Aristotle's laws might conform more nearly to modern mechanical theory if 'δύναμις/

[2] Drabkin (1), p. 203, n. 1.

[3] Cf. Haas, p. 35.

[4] Whiggish presuppositions emerge in titles or chapter-headings, but are then developed more or less explicitly, e.g. Drabkin's own 'Notes on the Laws of Motion in Aristotle', Ross's 'Aristotle's Dynamics' (p. 26), 'The principle of virtual velocities' (p. 428). Occasionally a comment reveals a very vague commitment to some form of the abstraction/idealisation thesis: 'Die in H5 geführte Untersuchung laüft, wie sich zeigen wird, darauf hinaus, daß nicht bei allen Verhältnissen zwischen Kraft und Last in bezug auf den zurückgelegten Weg und die benötigte Zeit in der Wirklichkeit diejenigen Ergebnisse zustande kommen, die man *theoretisch* erwartet' (Manuwald, p. 45, my italics).

[5] Drabkin's diagnosis is perhaps ambiguous. Does 'insufficient abstraction' imply (1) that Aristotle was unsuccessfully striving to delineate a kinetic situation from which friction is absent, or (2) that Aristotle simply overlooked the need to take friction into account? Ross (p. 31) is similarly unclear: 'He sees correctly enough that the speed of the movement varies with the duration of the application of the

ἰσχύς' is equated with 'power' rather than 'force', but concludes in any case that '... no fruitful dynamics could result merely from this limited idea of "power" in the absence of a generalized notion of "force" and "work"'.[6] Thus Aristotle did set out in the direction which we now know to be correct, but did not go far enough. This falling-off, excusable in a pioneer, accounts for the lamentable discrepancy between what the text's laws seem to predict and what we presume are the phenomena they are intended to capture in mathematical terms.

In the nature of things the position of those who oppose a Whiggish interpretation cannot be neatly characterised, since their strategy is to warn against too swift a generalisation from disparate Aristotelian texts and to urge a minimalist reading of the 'mathematical' passages which pays attention to precise context. Owen decisively dismisses Drabkin's in any case heavily qualified attempt to make more of a Newton of Aris-

force, but fails to see that in the absence of a resisting medium and of friction the application of a force however small for a time however short would move a mass however great with a certain velocity' (option 2?); 'He can hardly be supposed to have overlooked in the present passage [249^{b}30–250^{a}28] the existence of the medium, and we must presume that he presupposes an identical medium to be present throughout' (option 1?).

We shall naturally return, in the course of the analysis of VII.5, to Aristotle's treatment of situations in which objects do not move. However, one might point out at this juncture that a context in which Aristotle displays a sure grasp of the notion of friction is not easily come by. Consider, e.g., *De Motu Animalium* 699^{b}6–8: 'κινεῖ δὲ τὸ ἠρεμοῦν πρῶτον, ὥστε μᾶλλον καὶ πλείων ἡ ἰσχὺς ἢ ὁμοία καὶ ἴση τῆς ἠρεμίας. ὡσαύτως δὲ καὶ τῆς τοῦ κινουμένου μέν, μὴ κινοῦντος δέ' ('But that which imparts the motion starts out by being at rest, so that its force must be greater than, rather than similar and equal to, its own stability, and, similarly, greater than the stability of that which is moved but does not impart movement' (Nussbaum trans.)). The reference to 'immobility', both of the motive agent and of what it moves, resisting motive force is obscure (*vid.* the careful discussion in Nussbaum's commentary *ad loc.*, pp. 307–10), and occurs within a discussion of a counterfactual situation (Atlas supporting the earth). If, as seems likely, this is nevertheless the enunciation of a general principle that some extra ἰσχύς is required to set an immobile body in motion, it does not choose between ascribing resistant ἠρεμία to the static body as an intrinsic property and regarding it as a relational property of body and medium (Nussbaum interchangeably employs 'force of rest' and 'inertia' in her circumspect analysis, prudently leaving vague the character of the restraining factor). Again, the author of the *Mechanica* (858^{a}3–9) attempts to explain how it is that a body already in motion is moved more easily than one initially at rest by invoking a principle of resistant immobility no clearer in its implications than the *De Motu* premiss.

[6] Drabkin (2), pp. 72–3.

totle by reconstruing 'δύναμις/ἰσχύς' as 'power'.[7] He is concerned to stress the fact that the laws of proportion produce nothing in the way of performable measurement. Insofar as Owen succeeds in questioning the efficacy of the 'laws' as a means for the quantitative representation of qualitative features, he undermines the Whiggish contention that VII.5 employs a radical and historically momentous technique of abstraction.[8] With reference to the proportional expressions employed in discussions of natural motion, Lloyd (*Physics* IV.8 and *DC* I.6) and De Gandt (*Physics* IV.8) suggest that all Aristotle's arguments require is that on the hypothesis to be rejected, *no* proportion holds. They detect no further and more ambitious commitment to the claim that 'preserved proportions' are actually specifiable.[9]

Jointly these authors point a pair of instructive morals. First, in light of the fact that Aristotle (wisely) displays no interest in the project of subjecting kinetic factors to measurement, we would do well to avoid so interpreting the texts that just

[7] 'But Aristotle also assumes that, for a given type of agent, A is multiplied in direct ratio to the size or quantity of the agent; and to apply this to the work done would be, once more, to overlook the difference between conditions of uniform motion and of acceleration' (Owen (3), p. 156).

[8] 'What then is the basis for these proportionalities? He does not quote empirical evidence in their support, and in their generalized form he could not do so; in the *Physics* and again in the *de Caelo* he insists that they can be extended to cover "heating and any effect of one body on another", but the Greeks had no thermometer nor indeed any device (apart from the measurement of strings in harmonics) for translating qualitative differences into quantitative measurements. Nor on the other hand does he present them as technical definitions of the concepts they introduce. He simply comments in the *Physics* that the rules of proportion require them to be true ...' (*ibid.*, p. 157).

[9] 'First and foremost his interest in these passages is not in the factors governing the speed of naturally moving bodies at all. Rather he is concerned to develop arguments in the first passage [*Physics* IV.8] to disprove the existence of the void and in the second [*DC* I.6] to refute the possibility of an infinite body with infinite weight. His argument in both cases is that there is no proportion between either zero or the infinite on the one hand, and a finite magnitude on the other, and for this purpose all he needs to point out is that there is *a* proportion, *some* relationship, between speeds or times and weights or "impulses"' (G. E. R. Lloyd). De Gandt, on *Physics* IV.8, is in complete accord: 'La proportionnalité est donc, avant tout, une proportionnalité de principe. On ne fait aucune allusion à des mesures effectives, à des assignations de grandeur, à des rapports précisément déterminés qui pourraient, selon les situations particulières, remplir la place des termes. On se contente d' affirmer qu'il doit y avoir proportionnalité et donc rapport; cela exclut par conséquent les cas où une proportionnalité serait impossible, parce que l'un des termes ne pourrait entrer en rapport avec l'autre' (De Gandt, p. 110).

such an attempt is what Aristotle should have made – and didn't. Second, by remarking on how little Aristotle needs – *in context* – to make out his case, they encourage us to consider readings which would allow him to argue successfully for the propositions he requires, rather than to convict him of inadequacy in the application of an abstractive method to dynamical phenomena.[10]

Edward Hussey expresses a very Whiggish discontent with the consequences of Aristotle's identification of acting-upon with being acted-upon: 'Take the case of a body subjected to two equal and opposite forces. If a rational system of physics is to be possible, it is necessary to say that both forces are acting on the body, though the body remains stationary. Aristotle's schematism cannot accommodate such cases.'[11] How-

[10] Carteron already points us in the right direction, although his sound advice has been heeded only rarely. He urges us to respect context and to avoid specious systematisation of formulae culled from diverse texts. Furthermore, he anticipates the perception of Lloyd and De Gandt that Aristotle's interest falls squarely on the limiting cases, and he suggests that Aristotle is not committed to the correctness of the formulae for intermediate cases. Finally, he emphasises the curious discontinuity Aristotle permits in VII.5 when force decreases, and properly concludes that his unconcern reveals a lack of interest in anything like scientific dynamics:

> Thus we see what to think of Aristotle's so-called mechanics. We should not give a systematic arrangement to formulae collected from different works. First, it is easily seen that these formulae do not have a single, definite goal, such as supplying a basis for dynamics, but rather aim at establishing or paving the way for the establishment of physical or metaphysical properties. Next, we must not be deceived by their mathematical form. Even taking into account the uniformity of the formulae, we seem to be confronted with a method of exposition whose clarity is seductive, but which is purely formal in the sense that the simple functions which form the basis of Aristotle's proofs could well have been chosen only in order to make the proofs possible. Further, the study of these variations of ratio is most often suggested only in order to examine the limiting cases, the case of zero, or of infinite weight, for example. Nothing shows that Aristotle is affirming their correctness for the intermediate cases. Finally, he himself recognises an essential discontinuity in the case where force decreases, and maintains that it must not fall below a certain minimum, without showing any disquiet about the inadequacy of his formulae. Consequently, these propositions are not specific postulates opening up a new science, but rather an expression, as precise as possible, of facts of experience interpreted in the light of such principles as 'the greater corresponds to the greater' and 'the greater has greater power', where the essential element in the notion of power is taken as given, and is not explained. (Carteron (2), pp. 171–2)

All interpretations opposed to a Whiggish reading owe at least their main thrust to Carteron, who had Duhem squarely in his sights. It is because Duhem has nevertheless not lacked followers in every scholarly generation since that time that we must continue to drive home the lessons of Carteron's brilliant study.

[11] Hussey, p. xvii.

ever, Hussey believes that the cause of rational physics is not lost, if we turn our attention from Aristotle's schematism to his practice: 'But to deal with the case of the stationary body as a case of mutual frustration is inadequate, unless rules are given for the determination of the extent of mutual frustration of forces. And these rules can be formulated only in terms of virtual actions and virtual changes ... Aristotle in practice allows the existence of virtual actions and virtual changes.'[12] Hussey's exposition of his theory of Aristotelian dynamics ('Additional Note B') is elaborate, and his discussion of 'mathematical' texts is extensive and carefully detailed, but we may restrict our critique to his treatment of vii.5, since he claims for it: 'This is, I suggest, the cornerstone of the edifice, much as Newton's Second Law in Newtonian dynamics.'[13] Seeing just why Hussey's effort to extract from vii.5 a fundamental principle to underwrite a quasi-Newtonian system not only fails but is *bound* to fail will complete our ground-clearing operation.

Hussey's strategy is indeed bold. The stumbling-block for his Whiggish predecessors had been Aristotle's denial of proportionality in the case of partial forces. From 'A moves B distance C in time D' it does not follow that 'A/2 will move B distance C/2 in time D' – A/2 may prove insufficient even to budge B, and so produce no effect, however small, in any time, however great. It is this lapse which Drabkin, Ross, Manuwald *et al.* uncomfortably ascribe to limitation in the scope of Aristotle's abstractive method, neglect or mishandling of friction, etc. Hussey, however, would turn this restriction to advantage: 'The "inertial" or "threshold" proviso is that it does not follow, from the fact that power A can move amount B, that power C can move amount D, where $A/B > C/D$; though it does follow where $A/B \leq C/D$. The explanation of this is, presumably, that every body at rest has an initial resistance which must be overcome before *any* movement occurs.'[14] He cites *De Motu*

[12] *Ibid.*, p. xviii.
[13] *Ibid.*, p. 194.
[14] *Ibid.*, p. 196.

699^{b}[15] as a parallel[16] and, with the *caveat* that Aristotelian inertia is to be construed as 'resistance to motion' rather than as the modern 'resistance to acceleration', concludes with a very robust positive evaluation which could serve as the motto for all Whiggish scholars: 'There is no reason why it [VII.5's proportionality] should not have led him (but for such handicaps as the notion of natural motion and the denial of void) in the direction of Newtonian physics, since (as already mentioned) it admits of a Newtonian interpretation.'[17] The very core of Aristotelian physics as understood by Aristotle himself is dismissed in a parenthesis: the brave leap from 'is' to 'might have been' is not easy to follow.

Can the denial of proportionality for partial forces serve the Whigs' turn? Hussey's condition for scientific adequacy states that 'rules are given for the determination of the *extent* of the mutual frustration of forces' (my italics). But where does the inertial threshold lie? Aristotle is silent at this crucial point. Hussey's formula for introduction of the resistance proviso, '$A/B \leq C/D$', looks abstract, idealised and mathematical in the fashion which interested Drabkin. But Aristotle is not concerned to specify when the inference-blocking formula becomes effective. From 'A moves B distance C in time D' it does not follow that 'A/2 moves B distance C/2 in time D'; but then again it does not *follow* that it does not, for all Aristotle says.

Suppose that A/2 does in fact move B distance C/2 in time D, granting that we had no *a priori* assurance of this success. Further suppose that A/4 does not manage to budge B. Then the function taking us from forces applied to distances traversed breaks down somewhere in the interval $A/2 > A/4$. Where? And why just there? No Aristotelian answer is forthcoming

[15] But see n. 5.

[16] Does the *De Motu* citation in fact strengthen his case, or rather the reverse? 699^{b} is perhaps most plausibly construed as adverting to a phenomenon we connect with inertial mass; on the other hand, VII.5 (and *Mechanica* 858^{a}) certainly responds to what we call friction. A physics which treats inertia and friction alike as undifferentiated manifestations of resistance to movement certainly does not conform to a Newtonian model for dynamics – it just does not incorporate what we mean by 'dynamical theory'.

[17] *Ibid.*, p. 196.

to these queries. But unless they are satisfactorily answered, Hussey's 'inertia' *qua* general resistance to movement cannot be quantified or feature as a variable in a dynamical equation. His edifice's cornerstone will not bear any weight.

This conclusion calls for expansion, since it makes clear why any Whiggish interpretation whatsoever is untenable. Any such reading treats VII.5's proportionalities as laws. What type or types of epistemic route legitimately terminate in generalisations deserving the appellation 'scientific', what is the nature of the physical modalities, etc., are luckily issues which we need not consider in order to judge whether it is acceptable to characterise the formulae as law-like. It is relatively uncontentious that a scientific law is *some* sort of inference licence permitting us to conclude that an event did or will or would occur thus-and-so – provided that the event in question satisfies the description specified in the antecedent of the nomic conditional. But in the case of partial forces, Aristotle neglects to explain why and when the antecedent is not satisfied, and a law which breaks down inexplicably holds good only mysteriously.

In order even to formulate a candidate law, one must clearly specify its intended scope of application. Aristotle not only fails to meet this requirement, but also shows no signs of attempting to do so. Consequently, invoking 'insufficient abstraction from the phenomena' in explanation of his not making the Newtonian grade completely obscures the true extent of Aristotle's divergence from the Whiggish ideal. I conclude that we are obliged to assume that rather than doing this job so egregiously badly, Aristotle is engaged in an entirely distinct enquiry. Thus what VII.5 is actually about is not at all apparent, but at least we now know not to seek a treacherous answer where one has frequently been discerned.

This dismissal of Whiggish interpretations might be challenged as follows. 'You object that VII.5's formulae cannot function as inference licences because one is in principle incapable of specifying when they become void and explaining why they do so. But this is not the case. Consider your interval $A/2 > A/4$, at some unknown (perhaps unknowable) point wherein proportionality ceases to obtain. Call this point A/x, and consider the interval $A/2 > A/x$. In the limiting case, this interval shrinks to A/2 itself; then call A/2 'E', and we are licensed to perform all the standard inferences (e.g. 2E moves B distance C in time D). Now suppose that the interval does not shrink to A/2, and select an arbitrary point A/*y* within A/2 > A/*x*. Again we shall be able to perform all the standard inferences. In fact, granted Aristotelian assumptions about the density of points on a line, it follows that there exist as many cuts A/*y*, A/*y*′, A/*y*″ ... as we care to make within the interval which permit application of the laws of dynamics. In practice all you need is an actual instance of successful movement. Because for *any* weight B there is *some* force A which will move it, any possible kinetic combination eventually falls within the scope of the laws. Follow these guidelines, and in a sense the nomic antecedent is *always* satisfied.'[18]

Such a response is not successful. It would indeed mean that Aristotle could say something about an indefinitely extendable range of dynamical phenomena by indefinitely multiplying valid inferential bases (i.e., where movers A, A′, A″ ... succeed in budging B, B′, B″ ...). But what one wants is rather a manageable number of powerful generalisations which cope with the entire range of phenomena, not a burgeoning plurality of 'mini-laws', as it were. A practical example: VII.5 does not put us in a position to suppose that there is *any* method whereby we might calculate the maximum load for a given catapult. My hypothetical opponent would respond: 'Yes, but construct a series of more and more powerful catapults, and you will eventually build one able to fire a rock as big as you like, and of course smaller missiles in accordance with the proportionalities.' Such an answer does not satisfy. As a last resort, maybe a Whig could argue that the proportionality statements are the sort of thing that leads up to laws, e.g. that in appropriate circumstances would suggest a research programme like 'Find out whether there are rules about the thres-

[18] Cf. Simplicius' attempt to minimise the repercussions of discontinuity: 'ἐν μέσῳ δέ εἰσιν ὅροι τῶν δυνάμεων πρὸς τὰ βάρη καὶ τὰ διαστήματα καὶ τοὺς χρόνους, ἐν οἷς καὶ διαιρεῖσθαι δυνατὸν ἀναλόγως καὶ συντίθεσθαι. τῆς γὰρ τοσῆσδε δυνάμεως τὰ μέρη πάντα μέχρι τοῦ πρὸς τοῦτο ἐλαχίστου ἕκαστον καὶ τὸ ὅλον βάρος δύναται κινεῖν, ὅπερ ἡ ὅλη ἐκίνει, μειουμένου τοῦ διαστήματος ἢ αὐξομένου τοῦ χρόνου ἀναλόγως' (S. 1110.12–17).

hold.'[19] The trouble is that there is no hint of such an attitude to be found in Aristotle himself.[20]

I have attempted to establish that on their own terms Whigs fail to make good sense of *Physics* VII.5. But even were it the case that such readings held up, one would still be obliged to ask: why does Aristotle inaugurate his mathematical physics in this particular context? What might the fifth chapter so understood contribute to the principal theme of this book? That any acceptable explanation of VII.5 must not isolate it from the larger argumentative context within which it belongs is a minimal constraint on interpretation not generally respected.[21] Fulfilling this obligation in the case of ch. 5 is an especially difficult challenge because Aristotle does not state what its relevance to the seventh book is. We encountered a similar problem when studying ch. 4, but the present situation is exacerbated, the need for conjecture greater, since ch. 5 *ends* the book.[22] Thus we must decide whether *Physics* VII just stops, and if so, why, or construe the fifth chapter in a fashion which indicates how it might serve as a fitting conclusion to what precedes.

[19] I owe this objection to Sarah Waterlow.

[20] In fact the situation could be even worse than I have argued, since one might reason as follows: Aristotle does not merely observe that E may not move B at all. Rather, this is an extreme case which he singles out as an example (250^a15–16). From the general principle he states (250^a12–15) it follows that E might still move B, *only not in the proportion that holds between E and A*. Nothing in the chapter contradicts this reading. The Aristotle whom I have described in my main text still has something like a threshold of friction. This we can understand. But the current suggestion is that there may be a continuum of cases after this threshold for which the proportionality does not hold. So in fact we may have not one threshold, but two: the original threshold of friction and a second 'threshold' of proportionality . . . Of course it would be perverse actually to impose this reading on the text, but as an antidote to Whiggery we ought to note that it is perfectly compatible with what Aristotle has to say.

[21] De Gandt is an honourable exception: 'On se conviendra d'ailleurs que ce chapitre 5 clôt une section consacrée à la question générale de la comparabilité des mouvements: le chapitre précédent (VII.4) a traité assez longuement d'une possible homonymie entre des changements de nature différente, et des précautions à prendre pour comparer les mouvements. La distinction des termes du mouvement peut même rester étrangère à toute comparaison, et servir à fair progresser une discussion, par example en permettant de répondre à la question: à quelles conditions un mouvement est-il dit un?' (p. 103). I believe that this suggestion is very largely correct, and shall in the sequel develop it and examine its implications.

[22] Owen solves the problem by cutting the knot: 'In one other passage, at the end of the seventh book of the *Physics*, the proportionalities are not put to work; but this is because the book is unfinished. They are intended for the same context as that in which they now appear, and play their essential part, in the eighth book' (Owen

249ᵇ27–30

Rationale

In these few lines Aristotle appears to offer a justification of the proportionalities which immediately follow ('Ἐπεὶ . . . γὰρ . . . εἰ . . . δὴ . . .'); however, the nature and force of this highly compressed argument are obscure.[23]

1. Whenever anything produces movement, it moves something in something (a time) to something (a distance).[24]

(6), p. 327: the reference is to the proof that infinite power is not housed within a finite (*viz.* any) body, VIII.10. Cf. Carteron's suggestion that '[t]he aim is to highlight the empirical fact that not any force will suffice to move a given body. The point will be used at *Phys.* VIII.3, 253ᵇ6' (Carteron (2), p. 161, n. 1)) and 'They [axioms of forced motion] are found at greatest length in the seventh book of the *Physics*, where Aristotle is compiling notes towards a proof of the existence of a Prime Mover. The book seems to have been intended originally as the third and last part of an essay *On Change* [cf. Ross, cited in n. 3 to ch. 1], but it was left unfinished (much of it in two versions whose interrelations deserve more comment), and replaced by the more systematic argument which now appears as the eighth book of the *Physics*' (*ibid.*, p. 329; cf. '. . . *Physics* VII seems an unfinished attempt at the argument for a prime mover which is carried out independently in *Physics* VIII', Owen (3), p. 152).

Of course any sensible reader will suppose that *Physics* VII is unfinished, inasmuch as chs. 4 and 5 lack explicit connections to each other and the rest of the book, which clearly forms a unit devoted to the positive development of the *reductio*; to be complete, the work requires that these relations be supplied and explained in full. However, Owen's comment implies that VII is unfinished in a much more radical sense, approximating perhaps to Verbeke's opinion that as originally projected VII would have covered the same ground as VIII, but that it was abandoned in favour of the larger project. Ch. 2 (*supra*, pp. 114–6) provides reasons for doubting the validity of such hypotheses.

23 Ross comments: 'It is Aristotle's object to discuss the proportions that exist between the four terms mover, moved, distance of movement, time of movement. Now the mere fact that A is moving B does not of itself guarantee that the movement covers a definite distance or occupies a definite time; what makes both the distance and the time definite is the fact that every movement which is in progress must have already been in progress for a definite time, and must in that time have covered a definite distance' (pp. 683–4). In support of this reading Ross cites 236ᵇ32–237ᵃ17; but why does he feel it necessary to infer '"moves" implies "has moved ⟨a definite distance⟩"' from '"moves" implies "has moved"'? Presumably the point is just that *any* distance is some fixed distance or other, so that 'definite' means 'does not flow *à la Cratylus*'; yet in that case the emphasis on movement *in progress* is thoroughly obscure, since any movement that is occurring / has occurred / will occur covers a certain (definite) distance. If on the other hand by 'definite' Ross means 'mathematically determined', he has just begged the question, since the idea that there is no first moment of change certainly does not entail the thesis that distance and time co-vary with force.

24 Locating the operator 'ἀεί' is tricky – Ross's rendering ('That which is setting in motion is always setting something in motion . . .', p. 428) introduces an awkward ambiguity.

2. Whenever anything produces movement, it has done so.
3. There will be some distance over which what has been moved is moved in some time.
4. The following proportionalities hold . . .

How are premisses 1, 2, and 3 related so as to yield 4? Premiss 2 is clearly meant to imply 3 ('ὥστε'). The inferential connective introducing 2 ('γάρ') suggests that 2 is intended to support 1. Perhaps, then, we might represent the argument more perspicuously as follows:

Because	5.	Whenever anything produces movement, it has done so,
	6.	There will be some distance over which what has been moved is moved in some time.
So	7.	Whenever anything produces movement, it moves something a certain distance in some time;
Thus	8.	The following proportionalities hold . . .

Premiss 5 relies on *Physics* VI.6 (236^b32–237^a17), which argues for kinetic continuity in order to rule out a first moment of change. But problems about the instant of change have no obvious connection with the VII.5 thesis, so it must be the continuity assumption alone which is germane to our argument. The perfect ('κεκίνηκεν') and aorist ('ἐκινήθη') aspects are correlated respectively with the behaviour of the mover and the behaviour of what it moves. How are these aspects related? At *any* moment within the time wherein the mover is active, its object has *already* been shifted – this is the force of the aorist, use of which is licensed by the perfect (call it 'the perfect of successful/completed action'). How does this assertion of kinetic continuity warrant premiss 7? The relation emerges if we concentrate, not on the quanta of movement ('*some* distance', '*some* time'), but rather on 'whenever'. Given continuity, we are at liberty to claim while the movement actually occurs: '*Now* some distance has been traversed', and it is this claim which finally gets us to the conclusion, 8. For suppose motion were discontinuous: then the proportionality

'A moves B distance C/2 in time D/2' would be in jeopardy, since nothing might have occurred during this interval.

Nevertheless, it does not follow that the proportionalities which Aristotle explicitly enunciates would necessarily be invalidated on the hypothesis that κίνησις is discontinuous. Suppose that 10 minutes after slipping a first-class magic ring on his finger, a man weighing 10 stone is instantaneously transported one mile. A second-class ring does the same trick after 20 minutes and also moves someone weighing only 5 stone after 10 minutes, etc. Of course, the selection of values for kinetic variables entering the proportionalities is restricted – the rating system for magic rings assigns them grades correlated with the natural numbers. If this scenario appears too extravagant, consider instead a 'magic' liquid. When enough of it is added to water, the solution turns red all at once. Perhaps it seems futile to speculate about whether or not Aristotle would be satisfied with the scope of application for his formulae such thought-experiments permit, since he insists on continuity from the start. However, examining these hypothetical restrictions may help to reveal the point of Aristotle's exercise – why is he playing with numbers?

Does, for instance, A : 2A relate (1) distinct changers in terms of their motive capacities, or (2) expenditures of force on the part of one and the same agent? That is, does this ratio reflect the fact that Socrates is twice as strong as Coriscus (and therefore can shift a double load of grain an equal distance in an equal time, etc.); or the fact that Socrates has shifted his load only half the distance by half-time? Or (3) is it that 'force' is a theoretical concept functioning at a level of abstraction above such distinctions, referring to motive capacity wherever it is housed, in one or a number of agents?

Since τὸ μέχρι τοῦ is identified as μῆκος, the apparently general κινοῦν under consideration is in fact a local mover. This is why talk of magic rings might indeed seem to be spinning a useless fairy story. The maintenance of proportionality for discontinuous φορά, as in the tale of the magic rings, appears inexplicable, if at least expressible. In contrast, proportionality for ordinary continuous locomotion is soundly grounded in the continuity of the spatial continuum. Nevertheless, Aristotle's discussion of changes in other categories will reveal that a decision as to whether they satisfy the continuity requirement is by no means straightforward. An Aristotelian world might very well contain analogues of my 'magic' liquid.

249ᵇ30–250ᵃ9 and 250ᵃ25–8

The Proportions
If A moves B distance C in time D, then
8. the following proportionalities hold:

1. A moves B/2 distance 2C in time D (250ᵃ1–3);
2. A moves B/2 distance C in time D/2 (250ᵃ3);
3. A moves B distance C/2 in time D/2 (250ᵃ4–5);
4. A/2 moves B/2 distance C in time D (250ᵃ6–7).

If A moves B distance C in time D, and G moves H distance C in time D, then:

5. A + G move B + H distance C in time D (250ᵃ25–8).

On the Whiggish account, these formulae are interestingly scientific inasmuch as they 'define force quantitatively in terms of the effect produced'. I have presented grounds for dissatisfaction with the notion that the proportionalities are meant to function as quantitative laws of motion. Nevertheless, they do reveal a process of abstraction, albeit not the sort of abstraction dear to the hearts of historians keen on mathematical physics. The text moves from 'τὸ κινοῦν = A' (249ᵇ31) to 'ἡ ἴση δύναμις ἡ ἐφ' οὗ τὸ A' (250ᵃ2), 'ἡ αὐτὴ δύναμις' (250ᵃ4), and 'ἡ ἡμίσεια ἰσχύς' (250ᵃ6). Just what is the nature of 'δύναμις/ἰσχύς'? 'τὸ κινοῦν' might suggest that 'A' schematically represents the mover itself, but the succeeding expressions seem rather to refer to the capacity (of the mover), and then to 'force' *tout court* (but note the form of the final specification, 'τῆς A δυνάμεως ἔστω ἡμίσεια ἡ τὸ E', 250ᵃ7).

When he mentions initiators of change, Aristotle typically enumerates *things*, e.g. 'τὸ δὲ σπέρμα καὶ ὁ ἰατρὸς καὶ ὁ βουλεύσας καὶ ὅλως τὸ ποιοῦν, πάντα ὅθεν ἡ ἀρχὴ τῆς μεταβολῆς ἢ στάσεως' (*Physics* II.3, 195ᵃ21–3). A description so worded as appropriately to refer to the proper rather than the incidental cause – or, perhaps, to refer to the cause *qua* cause – still retains the concept of a *substantial* agent: 'ἔτι δ' ὡς τὸ συμβεβηκὸς καὶ τὰ τούτων γένη, οἷον ἀνδρίαντος ἄλλως Πολύκλειτος καὶ ἄλλως ἀνδριαντοποιός, ὅτι συμβέβηκε τῷ ἀνδριαντοποιῷ τὸ Πολυκλείτῳ εἶναι' (*Physics* II.3, 195ᵃ32–5). Agent-things move object-things. Now if these proportionalities depict φορά as a happening described in terms of the relation between δύναμις/ἰσχύς and βάρος, they might serve as the basis for an analysis of κίνησις that at the very least differs markedly in emphasis from the standard model which conceives of change as occurring between active and passive *things*. That is, one might interpret the sequence '1. Polyclitus/2. (Polyclitus *qua*) sculptor/3. (sculptor *qua*) so-and-so much force' as a series of descriptions of one and the same item, an efficient cause, in order of increasing degree of abstraction. However, the move from 2 to 3 involves abstraction from the very substantiality of the source of change.

In order to avoid misunderstanding, I should immediately point out that I do not mean to suggest that in VII.5 we have a proposal that force simply ousts or displaces the substantial agent as the primary motive factor. To see this, we should remark that Aristotle's mention of sculpture (*Physics* II.3, 195ᵃ6) and τέχνη in general (*Metaphysics* B.1, 996ᵇ6) as examples of the efficient cause is analogous to his substitution here of δύναμις for the agent. In both cases Aristotle is focusing on that particular aspect of the agent which chiefly determines the effect *as described in such-and-such a fashion. Metaphysics* B.1 should not lead one to conclude that it is not the sculptor who is the moving cause, but rather the art of the sculptor. At most, Aristotle sometimes fails to mention the first: since he also sometimes mentions them conjointly (996ᵇ6–7 again), surely he really regards them both as ἀρχαὶ τῆς κινήσεως, the one contained in the other.

The reason why he never says that the art of sculpture is *the* cause is that we cannot fix on *one* aspect which determines the effect however described: the relevant aspect changes with description, comparison, etc. Thus Aristotle would single out δύναμις in speaking of the effect as the impact of the sculptor's chisel on stone, sculpture in speaking of the effect as the emergence of a statue. Accordingly Aristotle recognises both the agent and the active aspect as efficient causes – only the first is primary and unchanging, the latter varies with our concerns.[25] Nevertheless, this qualification of my claim leaves us free to suppose that in VII.5 Aristotle is concerned to direct our attention to that particular aspect of the efficient cause isolated by referring to its force or impulse.

Quantities *qua* quantities are identical if and only if they are equal, and δύναμις is a quantum (ἡ ἴση δύναμις = ἡ αὐτὴ δύναμις). Comparison or combination of κινήσεις represented as δύναμις–βάρος interactions is a straightforward affair: setting up one of the licit VII.5 proportionalities is to do just that. Now VII.4 presented obstacles to the comparison and thus to the addition of changes within and across Aristotelian categories, and did nothing to remove them. Does VII.5 suggest a way around this difficulty? This idea may encourage us to read ch. 5 as an exercise in the sort of abstraction which I have described, intended to cope not with general dynamical phenomena in a mathematicising vein, but with a specific, inherited problem. Such reflections strengthen the suspicion that the proportionalities' rôle in general physical theory must be minimal, that they are formulated with a particular job in mind. Only the peculiar tenacity of Whiggish ideas in this area of intellectual history obliges us to argue elaborately for what ought to be an entirely uncontentious claim.

[25] It should be noted that my generalisation seems to suffer from a glaring exception: in *A.Po.* B.11 (94ª36–94ᵇ1) Aristotle cites the Athenians' attack on Sardis as an example of an efficient cause, and this is an action, not an agent. However, one should not take counter-examples coming from this source too seriously, since B.11 poses notorious difficulties for any interpretation of Aristotle's theory of causation, e.g. its substitution of the 'necessitating' for the material cause.

250a9–25

Discontinuity[26]

In this section Aristotle considers circumstances in which the proportionalities either do not hold good or do not hold of necessity.

1. If A moves B distance C in time D, it does not follow that A/2 moves B distance C/2 in time D.
2. If *n* haulers move a ship distance C in time D, it does not follow that 1 hauler moves the ship distance C/*n* in time D.
3. If a falling bushel of millet makes a sound, it does not follow that any portion of the bushel on falling makes a sound.

I have already presented reasons for abandoning the attempt to accommodate these cases within a purported systematic dynamics by construing them as exceptions to law-like generalisations. The central objection is based on the fact that the exceptions are, in a crucial sense, unspecifiable. That is, these situations are not merely such that they invalidate an inference: they further appear insusceptible to any analysis which might isolate those factors responsible for the withdrawal of the inferential licence.

It is this feature of indeterminacy which prompts me to offer a disjunctive characterisation of Aristotle's claim, that the proportionalities either do not hold or do not hold of necessity. Consider Aristotle's treatment of the schematic irregularity, case 1. '... τὸ ἥμισυ ... οὐ κινήσει ... τι ἀνάλογον ...' (250^{a}13–14) might indicate that his thesis is (1)′, that 'no proportion holds of necessity'. There is some mathematical relation between force and resultant displacement, but no means whereby we could single out the actual proportion: the value might be A/2 : C/2, but then again it might not. However, the warning that perhaps no motion whatsoever might occur

[26] Ross's argument (pp. 684–5) against accepting Cornford's defence of the MSS EK and Simplicius is conclusive, and I follow him in reading 'οὐκ ἀνάγκη' (250^{a}10). Nevertheless my interpretation could accommodate adoption of Cornford's text, since the other examples of kinetic non-starters would remain unaffected.

(250^{a}15–16) suggests a stronger reading (1)″, that 'no proportion holds *tout court*'.[27] A supporting argument would run as follows: cutting back on impulse *may* result in nothing happening.[28] Suppose that a partial force does in fact produce some movement. Presume that in this case some (unspecifiable) kinetic proportionality holds. But it *might* have been the case that no movement was produced; then the proportionality would have related a positive value (impulse) and zero (distance). That is impossible. But Aristotle endorses the modal principle that the possible entails nothing impossible (*vid. supra*, ch. 2, p. 111). Accordingly we reject the assumption that *any* proportionality holds.

[27] There is a corresponding translation problem. Hardie and Gaye seek to capture, e.g., the force of the future tense of 'κινήσει' (250^{a}13) by translating 'it does not follow that'. This is clearly defensible, but I have preferred the bald construal 'will not move', so as to ensure that the puzzle is not disguised from the reader who lacks Greek (cf. 250^{a}17).

[28] If nothing *perceptible* happens, nothing happens. Wieland (p. 311) cites VII.5's opening sentence as evidence of Aristotle's phenomenological approach to the study of nature, but the passage under present consideration serves his turn better. Aristotle does not even consider the possibility of postulating 'virtual' forces, impulses not productive of effects manifest to the senses (the connection with the methodological issues canvassed in chs. 4 and 6 is evident). This is a far cry from his supposed failure to cope with friction as a consequence of not pushing ahead with abstraction. As usual Carteron's grasp of the true significance of discontinuity is firm:

> A man on his own has no effect on a ship, while several men can succeed in pulling it (ashore). Evidently, Aristotle has no intention of treating force as a continuous magnitude, with an effect, visible or invisible, corresponding to it by definition. In this passage, his intention is actually to deny the existence of these hidden movements by means of which the atomists maintained the universality of movement. The fact that he refuses to attribute invisible movements to any force, shows that he had not abstracted the concept of force in such a way as to interpret experience in the light of these variations, but that he was confining himself to describing experience with the aid of commonly accepted concepts. In order for a force to produce its effect on a *mobile* of this kind, it must go beyond a certain threshold, short of which it is as if it did not exist. An efficacious force is not divisible, then, into forces which are proportionally efficacious, but is an irreducible whole. Thus, each time that Aristotle divides the force in his proportional equations, he is not reasoning about the force itself, but about the force as linked to magnitude. What becomes of this force when it becomes too feeble, and is blocked? Aristotle does not tell us; but it is clear that it returns to the subject from which it comes, whose energy it constitutes. It is then a graduated quantity characteristic of a given subject that explains a movement which has been realised but not the realisation of movement. Aristotle's mind oscillates, without reaching a decision, between force as a principle of movement and force as a quantity of energy corresponding to the power of the movement of a given mover. (Carteron (2), p. 168)

The weaker interpretation (1)′ distinguishes three types of situation: a movement occurs; we postulate an increase in force, and are justified in drawing an inference to the conclusion that there is a commensurate increase in traversal. b movement occurs; we postulate a decrease in force, and on the hypothesis that something happens, are justified in drawing the restricted conclusion that *some* proportion or other obtains. c movement does not occur; there is no proportion whatsoever. The stronger interpretation (1)″ assimilates b to c by way of the modal argument just outlined.

Should we plump for reading (1)′ or (1)″? On either option, force puzzlingly dissipates in some circumstances; the difference resides in how often one is obliged to recognise the possibility of its disappearance. Our choice should be determined by our perception of what ultimate thesis Aristotle intends to promote in arguing for these irregularities, and must wait on a resolution of the larger issue. But how are the three cases (1) abstract schema, (2) ship haulers, (3) millet seed related? If (2) and (3) are illustrative instances exemplifying the abstract schema, we may succeed in better comprehending their purpose by concentrating on (3), since in case (3) alone does Aristotle provide reasons explaining why proportionality breaks down. We proceed then on the assumption that Aristotle's resolution of the Millet Seed paradox applies *mutatis mutandis* to cases of kinetic irregularity in general.

Unfortunately, making out the form of the paradox is no easy matter. The point of controversy is whether or not Zeno's argument is a sorites, perhaps our earliest example of this pattern of reasoning.[29] The mere statement in VII.5 of Zeno's

[29] Barnes originally construes the argument as a sorites (Barnes (2), p. 259), but later retracts: 'Now it is certainly possible to get from Zeno's premiss ("A bushel makes a noise") to his conclusion ("An individual seed makes a noise") by way of a soritical argument. But our evidence, such as it is, indicates that Zeno did not proceed in that soritical fashion; rather, he derived his conclusion by the aid of a principle of proportionality that has nothing to do with the sorites' (Barnes (3), p. 37). Barnes clearly formulates the 'principle of proportion' relied on according to the non-soritical interpretation: 'if a weight w makes a sound of volume v on falling a distance d, then for any n a weight w/n will make a sound of volume v/n on falling a distance d' (*ibid.*, p. 37, n. 30). He also notes that on 253^b14–26 Simplicius registers his agreement with Alexander that a proportionality rule rather

conclusion – ὡς ψοφεῖ τῆς κέγχρου ὁτιοῦν μέρος' (250ª20–1) – does not reveal how he approached it, so that we are dependent on Simplicius' account for an idea of the argument's structure.[30] It cannot be denied that in this version Zeno not only relies on, but also explicitly enunciates a principle of proportion ('οὐκ ἔστι λόγος', etc.). To what extent should we trust Simplicius' reportage? Sedley's suggestion (n. 29) that the paradox must work so as to be especially unpleasant for Protagoras, its nominal target, is highly convincing, and might

than the sorites is again in play (S. 1197.35–1199.5: Simplicius actually makes the connection with VII.5 explicit by referring to 'the ship-hauling example', 1198.10–11).

Mourelatos supposes that the paradox concerns the fifth-century problem of 'quality emergence', but does not take a clear stand on the issue of its logical form: 'It does not have the form of the destructive dilemma, which is characteristic of Zenonian paradoxes; and it seems to be concerned with a problem of perception, whereas Zeno's other paradoxes are robustly ontological. What it does resemble are puzzles involving open-textured concepts, such as the Megarian puzzles of the Heap and the Bald Man. In any event, it admits, as Aristotle saw (*Phys.* 250ª9–28) of an easy solution, viz., to posit a threshold of audibility' (pp. 137–8). Sedley firmly rejects a soritical reading: 'The basis of this argument is a principle of proportion, quite unlike the gradual progression employed in the Sorites. Besides, a comparable Sorites would rely on the absurdity of supposing that a 10,000 part of a grain can make a noise; whereas Zeno's contention, according to Aristotle, was that it really does make a noise. I imagine that Zeno's purpose was to demonstrate, against Protagoras, that our reflective beliefs sometimes conflict with the evidence of our senses – a highly effective refutation of Protagoras' doctrine that the truth for anybody is whatever seems to him to be the case, where "seems" applies indifferently to both sensation and judgement' (p. 112, n. 85).

30 '"εἰπὲ γάρ μοι, ἔφη, ὦ Πρωταγόρα, ἆρα ὁ εἷς κέγχρος καταπεσὼν ψόφον ποιεῖ ἢ τὸ μυριοστὸν τοῦ κέγχρου;" τοῦ δὲ εἰπόντος μὴ ποιεῖν "ὁ δὲ μέδιμνος, ἔφη, τῶν κέγχρων καταπεσὼν ποιεῖ ψόφον ἢ οὔ;" τοῦ δὲ ψοφεῖν εἰπόντος τὸν μέδιμνον "τί οὖν, ἔφη ὁ Ζήνων, οὐκ ἔστι λόγος τοῦ μεδίμνου τῶν κέγχρων πρὸς τὸν ἕνα καὶ τὸ μυριοστὸν τὸ τοῦ ἑνός;" τοῦ δὲ φήσαντος εἶναι "τί οὖν, ἔφη ὁ Ζήνων, οὐ καὶ τῶν ψόφων ἔσονται λόγοι πρὸς ἀλλήλους οἱ αὐτοί; ὡς γὰρ τὰ ψοφοῦντα, καὶ οἱ ψόφοι· τούτου δὲ οὕτως ἔχοντος, εἰ ὁ μέδιμνος τοῦ κέγχρου ψοφεῖ, ψοφήσει καὶ ὁ εἷς κέγχρος καὶ τὸ μυριοστὸν τοῦ κέγχρου". ὁ μὲν οὖν Ζήνων οὕτως ἠρώτα τὸν λόγον' (S. 1108.19–28).

It is important to remember that the authority for this dialogue is Simplicius, not Aristotle himself (Sedley seems to forget this: *vid.* preceding note), since that makes it all the less plausible to suppose that the text actually preserves a record of a real encounter, rather than an imaginative portrayal of philosophical conflict in the manner of a Platonic dialogue. (Cf. Cornford's comment: 'It appears from Simplicius 1108.18 that Aristotle is here referring not to Zeno's own writings but to some early dialogue (Diels suggests the φυσικός of Alcidamas, *Vors.*[4]19A29) in which Zeno was represented as arguing with Protagoras' (p. 260).) Clearly Simplicius himself could never have fabricated the passage, since its vivid, natural writing stands out in sharp contrast with his own wooden, scholastic style.

serve as a criterion for evaluating reconstructions of the entire argument.

Zeno's Protagorean target is the *Homomensurasatz*, the thesis that truth is relativised to a knower. It remains defensible only so long as Protagoras manages to provide alternative analyses for epistemic situations which are ordinarily understood in terms of conflicting beliefs bearing incompatible, absolute truth-values. For instance, experts' beliefs, insofar as they diverge from common opinion, pose a difficulty – how are they expert, if not because their propositions are true, while the ordinary man's are false? Extrapolating from the brief testimony to Protagoras' anti-geometry (DK. 80B.7), we might conjecture[31] that he suggested that while it is true-for-mathematicians that the tangent touches at a point, it is true-for-the-ordinary-man that it does not.

One must not confuse this first relativistic contention with a defence claiming that mathematical and sensible entities are distinct, so that the ostensibly incompatible beliefs actually have different referents and thus do not conflict. This type of response is indeed available to the non-relativist, since the propositions so construed could both be veridical even if 'true' is a complete predicate; the analysis just denies that the statements are contradictories, despite appearances.

This answer cannot be enough for Protagoras, because the threat to the *Homomensurasatz* presumably arises from the aggressive expert opinion which insists without qualification that all circles are touched at a point, i.e. that sense-perception deludes us. Thus his final defence of relativism must be radical and involve the multiplication of entities: in the mathematician's world circles are truly such as they seem to be to him, and similarly for the ordinary man. Truth claims extend only so far as the limits of one's own personalised universe.

There are a host of familiar, formidable difficulties besetting this position: how does one write in some analogue for communication about a shared, objective world in order to provide the logical space for 'agreement', communication of 'infor-

[31] Cf. Vlastos's account in his introduction to the *Protagoras*.

mation', etc.? A common reaction to these problems is to regard them as a *reductio* of such types of relativism and so to reject this reading of Protagoras. Nevertheless, the Millet Seed itself might suggest that he will inevitably be forced to adopt radical relativism. If this seems historically unlikely, we can at any rate conclude that the dialogue's author could have conceived of his 'Protagoras' figure in this fashion, perhaps taking his inspiration from Plato's *Theaetetus*, as I myself have done.

Sedley proposes that the paradox constitutes 'a highly effective refutation' if it demonstrates 'that our reflective beliefs sometimes conflict with the evidence of our senses'. Isolating knower x and knower y within different universes prevents their beliefs from clashing, and we have explained why nothing short of this radical relativism will do. But surely when the threatening epistemic conflict is internal – knower x apparently endorsing both propositions 'p' and 'not-p' – Protagoras cannot avoid a thesis even more extreme than the solipsism already envisioned. That is, if x's opinions change, the fully relativised predicate will be 'true-for-x-at-time-t'. If that is so, the x for whom these beliefs are true is fragmented into an indefinite multitude of subjects who persist only so long as their respective doxastic sets remain fixed and contradiction-free.

Why should Protagoras need to go so far? The Millet Seed holds the answer. Simplicius' dialogue elicits assent to contradictories from Protagoras himself within the space of a very brief interchange. The rub is that one and the same knower has assented to incompatible propositions. If he is not to abandon the *Homomensurasatz*, Protagoras must insist that the egos who followed the indications of perception and reason respectively are distinct, thereby relinquishing his claim to a personality unified over time, albeit a solipsistic one. And the third Protagoras, the one who distinguishes between the other two: is he identical to either of them? Read in this way the dialectic would indeed have an outcome unpleasant for Protagoras, so that Sedley's relevance condition is satisfied.

Whatever uncertainty remains over the form of reasoning by means of which 'Zeno' trapped 'Protagoras' does not hamper taking advantage of Aristotle's abbreviated commentary on the Millet Seed in order to understand the significance of the kinetic irregularities. No matter how his analysis is related to the original paradox, the essentials of Aristotle's response can be extracted from VII.5's brief text, with the help of Simplicius' narrative.[32]

Aristotle's dissolution of the Millet Seed paradox turns on a peculiar application of his technical distinction between actuality and potentiality. Some fraction of a single grain may very well fail to displace the noise-producing air a distance equal to the displacement effected by the entire bushel; indeed, it might fail to move the air at all (250^{a}21–2). This is a fact the truth of which we easily and incontrovertibly ascertain by listening; nothing (perceptible) happens. Proportionality breaks down because if a fraction of the bushel were separated off, it would not necessarily move that portion of air that it moves when it is a part of the bushel, since as a part *it does not exist in the whole other than potentially* (250^{a}22–5). Therefore the principle 'if a weight w makes a noise of volume v on falling a distance d, then for any n a weight w/n will make a sound of volume v/n on falling a distance d' is invalid. The principle is false because we cannot accept the claim that w and v are divisible through by any selected n: that would be to suppose that the total force exerted by the successful mover w is constituted by the sum of partial contributions made by parts of the mover numbering n. However, the actual unity of mover w precludes any division of the impulse which it transmits. That is, the whole force is not the sum of its constituent partial forces, because these partial forces exist within it only potentially.

Thus baldly stated Aristotle's explanation is itself in need of exegesis. That a totality is in some sense not identical to its composing elements is a thesis which he evidently endorses (e.g. *Topics* 150^{a}18–21); the difficulty resides in clarifying this sense in which the whole and its part differ. Aristotle's philo-

[32] Without laying too much stress on the analogy, we might remark that it is appropriate for Aristotle to mention Protagoras' dilemma inasmuch as his own methodology of corporate Protagoreanism (cf. p. 175 *supra*) obliges him to confront the tension between what might be suggested by unfettered reason (proportionality holds) and what perception veridically reveals to us (there is no motion: the force just dissipates).

sophical lexicon (*Metaphysics* Δ.26) casts some dim light on his conception of composite unity. Wholes are such as to unify what they contain (1023^{b}26–7). The notion of whole germane to our problem is that which defines it as continuous and limited; a whole satisfies the definition especially well when its parts are unified to such a degree that they exist in it only potentially (1023^{b}32–4).

What is the force of the claim which denies the parts more than a potential existence? Presumably Aristotle cannot mean to imply that the parts are indiscernible within the whole to either perception or reason. Were this the implication of the criterion, living substances would not count as unities, since their well-articulated structure permits us to pick out distinct parts and organs easily. Moreover, Aristotle explicitly remarks that natural substances rather than artificial products exemplify true unity (1023^{b}34–5). So perhaps actual physical separation is in question. These same timbers, stones, etc., were scattered, are now assembled into a house, and will again be taken apart. However, an eye is not simply fitted into an organism and does not survive plucking out. While functioning *in situ*, the organ is only potentially its material constitutents, and what emerges on dissolution is no longer an eye. Thus the parts of an especially good, natural whole cannot, *qua* organic parts, be physically removed from the living unity to which they contribute.

This reading gives some substance to the thesis that parts exist 'only potentially', but unfortunately cannot be readily applied to Aristotle's blocking manœuvre in VII.5. Since a heap of millet survives rearrangement, should it not be described in Aristotle's technical vocabulary (1024^{a}1–3) as an 'all' rather than as a 'whole'? The account of parts' potential existence in terms of the impossibility of their remaining identical on physical separation fails for casual assemblages. The very same seed may be dropped on to the heap and later extracted. In fact, in one passage Aristotle explicitly denies that a heap possesses the degree of unity associated with merely potential presence of parts (*Metaphysics* H.6, 1045^{a}8–10).[33]

[33] That the heap in question amounts to a medimnos cannot make a difference, since *Metaphysics* Δ (1024^{a}6ff.) goes on to classify numbers as 'alls'. Of course the general theme of the disunity of a heap is a recurrent *topos* (*vid.* especially *Met.* Z 1040^{b}9).

There is then a strong *prima facie* case for regarding Aristotle's employment in VII.5 of the actuality/potentiality distinction for wholes in explanation of the failure of proportionality as highly unusual, in apparent conflict with his standard views. One way out of the impasse might be to consider the motive force itself rather than the bushel of seed whence the force originates as the subject for which Aristotle claims the unity of a whole. That such is indeed his intention is clearly recognisable if one takes into account the close connection between the three cases of kinetic irregularity: failure of proportionality expressed in terms of the abstract schema, the single man attempting to budge the ship, and the Millet Seed. 'γάρ' (250^{a}17) introduces the hauler as a particular exemplification of the schema, and 'διὰ τοῦτο' (250^{a}19) firmly links Zeno's paradox to what precedes. Mention of 'ἡ *ὅλη* ἰσχύς' (250^{a}16) and the denial that the '*ἰσχὺς* τῶν νεωλκῶν' (250^{a}18) admits division according to the number of men confirm the idea that the relevant whole is a unity of force rather than a 'totality' of seeds.[34] Accordingly we should extrapolate from 250^{a}22–5 as follows: 'if the fraction of the impulse were by itself, it would not move that portion of air which it moves *qua* part of the total impulse, since *qua* part of the total impulse it does not exist in the whole other than potentially'.

This interpretation of Aristotle's solution may seem implausible: one must strain his obscure expression in order to derive such a reading from it, and the notion of a partial *force* being 'by itself' is not readily comprehensible (although it should be noted that this would remain an unrealised condition). We should nevertheless endorse this explanation because only on its adoption can one view the entire section as a coherent discussion producing a unified interpretation of kinetic discon-

[34] This is Simplicius' understanding of the passage: 'ἀλλὰ καὶ τὸ τοσοῦτον μόριον τοῦ ἀέρος ἢ βάρους οὑτινοσοῦν, ὅσον ἂν κινήσῃ μόριον δυνάμεως μετὰ τῆς ὅλης δυνάμεως ὄν, εἰ καθ' ἑαυτὸ εἴη τὸ μόριον τῆς δυνάμεως, οὐ κινήσει τὸ τοσοῦτον τοῦ βάρους μόριον. οἷον εἰ τὸ ἑκατοστὸν τῆς νεὼς εἷς τῶν ἑκατὸν σὺν τοῖς ἄλλοις κινοῦσι καὶ αὐτοῖς τὰ καθ' ἑαυτοὺς ἑκατοστὰ ἐκίνει, οὐκ ἤδη καὶ ὁ εἷς νεωλκὸς καθ' ἑαυτὸν τὸ ἑκατοστὸν τῆς νεὼς διῃρημένον κινήσει, κἂν ἐδόκει τὸ τοσοῦτον μόριον τοῦ βάρους ὑφ' ἑκάστου μορίου τῆς δυνάμεως ἅμα ὅλης οὔσης κινεῖσθαι. τούτου δὲ αἰτίαν ἀποδέδωκεν, ὅτι οὐκ ἔστιν ἐν τῷ ὅλῳ τὰ μέρη ἐνεργείᾳ ἀλλὰ δυνάμει, ὅτε ἔστιν ὅλον' (S. 1109.2–11).

tinuity. We are now in a position to discern the argument's development. Aristotle starts from the fact that imposition of a force on an object may have no (discernible) effect. This fact leads directly to the proposition that effective forces are wholes comprising only *potential* parts; otherwise a fraction of the impulse might be allotted to some actual part which would on its own have some net effect, contradicting the evidence of the senses. Aristotle deliberately formulated a theory which rejects the very possibility of mechanical analysis by denying the actual existence of partial forces.

If conceiving of actual effective impulses and their potential parts according to this model remains difficult, that is due to the anomalous combination of characteristics which (on the interpretation that I share with Simplicius and Carteron) Aristotle attributes to ἰσχύς. Force is not a substance, but his theory endows it with quasi-substantial properties. The notion of unity invoked to cope with Zeno makes ready sense only in its application to things and systems of things; but a force, which we might have supposed to be quantitatively fixed by the extent of the displacement that it produces, does not seem sufficiently thing-like to justify Aristotle's claim. (Of course, what prompts our sceptical reaction is the almost inescapable conviction that force *must* figure as a determinate quantity within a dynamical equation, nothing more – which is just to beg the question against Aristotle's alien conception.) Perhaps the tension eases if we import into the analysis a reference to the substantiality of the kinetic agent housing the impulse: that is, we identify the 'whole' force with the entire bushel (*qua* mover). But this strategy is of no avail – e.g. the bushel, whether it is moving some air or not, possesses actual parts; since the effective impulse possesses only potential parts, it is not identical with the bushel. Furthermore, since Aristotle's intention has been to reject any idea of virtual forces, we are really at a loss to attach a definite sense to the notion of the parts of an impulse, whether potential or not.

Earlier I cautioned that one should not suppose that Aristotle need sacrifice his conviction that substantial agents serve as efficient causes in order to emphasise the rôle of δύναμις/

ἰσχύς as the active aspect of such causes (*supra*, pp. 315–6). That point cannot help here, since the problem is not the identification of a plurality of causal factors, but rather Aristotle's bewildering characterisation of one such factor, force or impulse. Aristotle actually gives us very little to go on; I suspect that we should not press our queries too firmly because his conception of force is embryonic and simply cannot yield determinate answers to even some quite basic questions.[35] Thus certain puzzles and obscurities survive a detailed examination of VII.5, but enough suggestive material has emerged to enable us in the end to speculate reasonably about Aristotle's guiding strategy in this chapter. We must attempt to make sense of his interest in kinetic continuity, which permits formulation of the proportionalities that he actually puts before us, and in discontinuity, which forbids appeal to partial forces.

250ᵃ28–250ᵇ7

Other categories

In this section Aristotle formulates complementary kinetic proportionalities for the change-types alteration and increase-and-diminution. The treatment's brevity and lack of detail are presumably to be justified on the assumption that the cases considered are in all relevant respects analogous to the previously analysed examples of local motion; we may supplement scanty explanations by suitably adapting earlier arguments concerned with φορά. To the initial exercise's locomotive impulse, distance traversed, weight and time, correspond qualitative changer ('τὸ ἀλλοιοῦν'), extent of alteration ('ποσὸν κατὰ τὸ μᾶλλον καὶ ἧττον'), subject of alteration ('τὸ ἀλλοιούμενον') and time. Aristotle proceeds straight to the formulation of a few sample proportionalities (250ᵇ2ff.) without setting up an abstract schema ('A = τὸ κινοῦν', etc.) such as he constructed for locomotion.

[35] Cf. 'Aristotle's mind oscillates, without reaching a decision, between force as a principle of movement and force as a quantity of energy corresponding to the power of the movement of a given mover' (Carteron (2), p. 168: text quoted in full *supra*, n. 28).

I have suggested that vii.5 introduces a novel conception of locomotive impulse the features and implications of which are not really developed very far. Nevertheless, one can put the notion of δύναμις/ἰσχύς to work in the proportionalities by relying on the simple idea that it takes double the force to displace some weight twice the distance in the same time, etc., however force is to be characterised further. Aristotle is certainly willing to describe the instigator of alteration analogously as a qualitative impulse.[36] The description of locomotive force derives its essential content from the possibility of correlating size of kinetic input with extent of spatial displacement achieved. This can be done because μῆκος is in principle measureable, whether or not one has any interest in actually performing any measurements. However, as chs. 4 and 7 emphasised, Aristotle neither possesses nor pretends to possess techniques for gauging the extent of qualitative changes.

We summarised this position by remarking that for Aristotle, to claim that one quality is equal to/greater than/less than another is just to commit a category-mistake: they are 'like' or 'unlike', but it is in principle impossible to assign a quantity to some point within the 'more or less' range of qualitative intensity. τὸ ποιόν and τὸ ποσόν are mutually exclusive ways to be. Therefore Aristotle's description of the extent of alteration as 'ποσὸν κατὰ τὸ μᾶλλον καὶ ἧττον' (250ª31–250ᵇ1) comes as a complete shock: the phrase apparently incorporates precisely the category-mistake forbidden by his conception of quality and qualitative change.

The highly compressed language of 'τὸ δ' ἥμισυ ἐν ἡμίσει χρόνῳ' / 'ἐν ἴσῳ διπλάσιον' (250ᵇ2–4) seems to leave unresolved the question of whether we are to suppose that, for instance, halving the object results in (1) its being affected to

[36] Aristotle illustrates *DC*'s denial that an infinite body could be affected by a finite changer with a qualitative example: 'εἰ δὴ ὑπὸ τοῦ Β τὸ Α ἐθερμάνθη ἢ ὤσθη ἢ ἄλλο τι ἔπαθεν . . .' (*DC* i.7, 275ª2–3). Again, in *Physics* viii.10, where he seeks to establish the incorporeality of the Prime Mover, Aristotle casually mentions qualitative impulse as an instance falling under the kinetic principle (based on vii.5's proportionalities) invoked to support his argument: 'ἔστω γὰρ ἡ πλείων δύναμις ἀεὶ τὸ ἴσον ἐν ἐλάττονι χρόνῳ ποιοῦσα, οἷον θερμαίνουσα ἢ γλυκαίνουσα ἢ ῥιπτοῦσα καὶ ὅλως κινοῦσα' (266ª26–8).

the same degree in half the time (and so a proportion involving areas or volumes is in question), or in (2) its being affected to a double degree of qualitative intensity in the same time (and so a proportion actually involving affections is in question).[37] Only option (2) permits a direct application of the formulae to alterations. But since measurement and comparison of qualities are impossible – there are no qualitative 'degrees' – we just cannot obtain values with which to construct the proportionalities. The analogy with local motion is a fiction. Yet if it is no part of Aristotle's intention to lay the foundations of a mathematicised natural science, especially if the possibility of discontinuity will suit his real purpose, the breakdown may prove to be of no great moment.

Aristotle certainly claims that irregularities in alteration and increase-and-diminution are parallel to the discontinuities detected in locomotion (250^{b}7). However, as Ross cogently argues, Aristotle does not in fact make the familiar point that a partial force might have no effect whatsoever in any time on an object which the total impulse is capable of moving.[38] We

[37] In translating I take the alternatives listed in the Greek to represent both options, but the entire passage is difficult. *Pace* Ross, 250^{b}2's 'τὸ' does indicate the possibility of doubling the *object*, although 250^{b}7 may well be a retraction.

[38] '**5–6. οὐκ ... ἥμισυ.** *Prima facie* this looks as if it were meant to state the point corresponding to that stated in ^{a}12–15, i.e. the point that from the fact that a force A can alter an object B a certain amount in a certain time, it does not follow that a fraction of A can alter B any particular amount in any particular time, or indeed that it can alter it at all. On this hypothesis τὸ ἥμισυ must mean "half the agent", but the statement "half the agent will not necessarily change the patient in half the time" would be absurd. Logically we should want ἐν διπλασίῳ for ἐν ἡμίσει in ^{b}5 and 6. But such an emendation would, in the absence of any external evidence, be too violent.

The statement may be explained in the light of 253^{b}14–26. Aristotle there points out that if raindrops wear away an object in a certain time, it does not follow that half of the number of raindrops wear away half the object in half the time, since the effect may come with a rush (ἀθρόα 253^{b}25) towards the end of the time; and that this is true in general of ἀλλοίωσις (*ib.* 23). τὸ ἥμισυ then in 250^{b}5 is *object* of ἀλλοιώσει, and the point is that, as forces working simultaneously may produce a result of which each alone could produce no fraction (^{a}12–15), so a force working continuously may in time produce a result of which it does not produce 1/n in 1/n of the time' (Ross, pp. 686–7. Cf. Carteron: 'It is to clarify this point [i.e. that an efficacious force is an irreducible whole] that he considers the forces corresponding to growth and change of quality. A drop of water produces such-and-such an effect; the parts of the drop may very well not produce any. Similarly, the divisibility of objects which grow or change in quality proves nothing above the divisibility of the process. This may happen all at once' (Carteron (2), p. 168, n. 33)).

must understand our text in the light of VIII.3. Aristotle is there intent on disposing of the contention that all things are always in movement. He argues that increase-and-diminution *cannot* be continuous and draws a comparison with dripping water eroding stone, a case explicitly likened to VII.5's ship-haulers.[39] That the process of diminution is infinitely divisible does not preclude the change's happening all at once.[40] Alteration is in like case: the infinite divisibility of the object's body does not entail that the change is itself continuous, and many ἀλλοιώσεις occur instantaneously.[41]

This material certainly suffices to motivate the qualification expressed in 250ᵇ5–7, and justifies our conjecture (*supra*, p. 313) that in an Aristotelian world a liquid that changes state instantaneously is not magic. But if the proportionalities depend on a continuity assumption (249ᵇ27–30), then it becomes extremely difficult to see how alteration and increase-and-diminution can satisfy this condition, since Aristotle believes that they routinely occur discontinuously.

One might object that this conclusion can be dismissed on the basis of VII.3's sophisticated discriminations between simple alterations and more complex changes in state or condition. That is, if for instance the water is freezing now, I can say 'the cold is at present altering the water', but I should not strictly claim that 'the water is freezing at present', since the new ἕξις

[39] 'οὔτε γὰρ αὐξάνεσθαι οὔτε φθίνειν οἷόν τε συνεχῶς, ἀλλ' ἔστι καὶ τὸ μέσον. ἔστι δ' ὅμοιος ὁ λόγος τῷ περὶ τοῦ τὸν σταλαγμὸν κατατρίβειν καὶ τὰ ἐκφυόμενα τοὺς λίθους διαιρεῖν· οὐ γὰρ εἰ τοσόνδε ἐξέωσεν ἢ ἀφεῖλεν ὁ σταλαγμός, καὶ τὸ ἥμισυ ἐν ἡμίσει χρόνῳ πρότερον· ἀλλ' ὥσπερ ἡ νεωλκία, καὶ οἱ σταλαγμοὶ οἱ τοσοιδὶ τοσονδὶ κινοῦσιν, τὸ δὲ μέρος αὐτῶν ἐν οὐδενὶ χρόνῳ τοσοῦτον. διαιρεῖται μὲν οὖν τὸ ἀφαιρεθὲν εἰς πλείω, ἀλλ' οὐδὲν αὐτῶν ἐκινήθη χωρίς, ἀλλ' ἅμα' (*Physics* VIII.3, 253ᵇ13–21).

[40] 'φανερὸν οὖν ὡς οὐκ ἀναγκαῖον ἀεί τι ἀπιέναι, ὅτι διαιρεῖται ἡ φθίσις εἰς ἄπειρα, ἀλλ' ὅλον ποτὲ ἀπιέναι' (253ᵇ21–3).

[41] 'οὐ γὰρ εἰ μεριστὸν εἰς ἄπειρα τὸ ἀλλοιούμενον, διὰ τοῦτο καὶ ἡ ἀλλοίωσις, ἀλλ' ἀθρόα γίγνεται πολλάκις, ὥσπερ ἡ πῆξις' (253ᵇ23–6). Cf. *De Sensu* VI, 447ᵃ2–3: 'ἐνδέχεται γὰρ ἀθρόον ἀλλοιοῦσθαι, καὶ μὴ τὸ ἥμισυ πρότερον, οἷον τὸ ὕδωρ ἅμα πᾶν πήγνυσθαι'. The following qualification (447ᵃ4–6) that a large body need not be altered all at once because heat or cold *spreads* across it denies neither the possibility nor the actual occurrence of instantaneous change in other cases (otherwise the *caveat* would be unnecessary). Finally, in *Physics* I.3 Aristotle takes it entirely for granted that to dispose of Melissus' philosophy it is enough to point out that it has the *absurd* consequence that there is no instantaneous qualitative change (186ᵃ15–16).

appears all at once, while the present-continuous of 'is freezing' misleadingly suggests that it emerges in the course of a gradual process. Therefore if we stick to the change in simple, affective quality which 'necessarily accompanies' the change in state (water does not freeze unless it gets colder), we have isolated an alteration which goes through continuously.

Attractive as it may seem, we should resist this objection to the idea that in VII.5 and elsewhere Aristotle supposes that many changes occur instantaneously. It is tempting precisely because we are loth to admit that, regardless of the logical issue of how change in a ἕξις is related to the distinct changes contributing to it, Aristotle just has no problem with the concept of discontinuous alterations. If something is changing in respect of a *simple* quality, then the transformation might be instantaneous: one moment x is cold, several moments later it is colder, but it did not change at all during the intervening period. This notion troubles us because we unreflectingly conceive of changes in other categories on the model of locomotion:[42] we do not believe that there are magic rings which might get us from point a to point b without crossing the intervening spatial magnitude. Yet although locomotion *is* necessarily continuous and quantitatively determinate, the analogy to changes in other categories breaks down – they might occur discontinuously.

The strategy of VII.5

We have suggested that VII.4 brings home the problem that although the *reductio* depends on the assumption that spatial contact or continuity between its members permits us to suppose that an infinite sequence of finite changes is equivalent to a single, infinite change, it is not at all clear that Aristotle can consistently make this assumption. If changes must be identical

[42] Of course Aristotle himself regularly succumbs to the same temptation, presenting a thesis as though it had general application to all types of change while in fact it makes good sense for locomotion alone (e.g. his condition for kinetic uniformity, *supra*, p. 294). Even his frequent assertions that κίνησις is a *process* of change suffer from this significant defect.

in *infima species* in order even to be compared, then *a fortiori* changes differing in type cannot be combined so as to yield a single κίνησις.

We stressed that if this problem is hardly trivial in light of the basic presuppositions of Aristotelian natural science, it is however not necessarily insoluble. The fact that the members of the sequence are causally dependent one upon the other might serve as the basis for a modified argument no longer couched in terms of uncombinable κινήσεις, and perhaps the proportionalities formulated in VII.5 could help Aristotle on his way. After all, forces, unlike changes, *are* simply addible (250^a25–8).

To put my suggestion as succinctly as possible: were some causal sequence not to terminate, a force of infinite magnitude (associated with the infinite sum of movers) would act simultaneously with the finite force housed within the lowest mover in the sequence – yet there cannot be any proportion between them. Aristotle argues that the proposition that there is an infinite sequence must be rejected because it entails the impossible consequence that 'an infinite motion will be performed in a finite time' (premisses 9 and 5′ of the reconstruction). Why is this impossible? Just because there is no ratio between finite and infinite.[43] Furthermore, if we take proper stock of the discussion of discontinuity we shall realise that the conclusion cannot be evaded by suggesting that a finite force might be enough to power all the transitions constituting the total displacement – a force smaller than infinite could fail to induce any movement whatsoever. (We might now draw in one loose end. Earlier we left open the choice between (1)′, 'that no proportion holds of necessity', and the stronger option (1)″, 'that no proportion holds *tout court*'. The present speculation of course favours adoption of (1)″.) Thus both the rules and

[43] Sarah Waterlow objects that there is no difficulty in the supposition that an infinite force act in a finite time, so long as it have an infinite effect. There are two possible responses: 1 Aristotle simply disagrees, rightly or wrongly – he believes that *all* the terms in a proportionality must be either finite or infinite. 2 We could support the crucial premiss by drawing on the arguments in bk VIII demonstrating that the very idea of a *corporeal* infinite force is absurd, since it entails the existence of an infinite body.

the exceptions to them could be put to good use, and Aristotle's arguments might benefit significantly from his play with numbers.

So far nothing has been said to deflect the protest that on this account VII.5 simply contradicts VII.4: for the proportions to work, it assumes that the difficulties raised in ch. 4 do not arise for δύναμις/ἰσχύς, although ch. 5 does not begin to *demonstrate* that and why we should not be troubled by analogous problems with regard to impulse or power. Of course, demand for a demonstration that in the end Aristotle at least partially overcomes his ἀπορίαι is exaggerated, given the highly dialectical character of VII.4 and the impossibility of explaining in fine detail how VII.5 might function as a solution without explicit help from Aristotle. We must remain content with reasonable possibilities.

Moreover, the accusation of simple contradiction is unwarranted. According to one conception of change, specifically different κινήσεις are incomparable and uncombinable. According to another conception of change, within very restrictive limits we might analyse changes in terms of factors standing in simple quantitative relations, so that these factors are combinable in just the way that all quantities are. Naturally, the availability of the second conception does not alleviate the obstacles hampering combination on the first conception, which is indeed Aristotle's typical view of natural change, as we stressed when arguing that Aristotle's dilemma is not trivial (ch. 7, *supra*, p. 298). It *would* be contradictory to attempt to maintain both the first conception and the combinatory possibilities suggested by the proportionalities of VII.5, but we do not claim that they are compatible. That indeed is why Prime Mover proofs are such a challenge for Aristotle, and why construed as we suggest VII.5 is only a partial success, a fascinating enigma. A famous text from the *Posterior Analytics* might encourage us to keep an open mind on this issue.

A.Po. A.5 warns us to be on the lookout against ostensible proofs which do not in fact hold primitively and universally of their subjects. One of Aristotle's minatory illustrations concerns the proper formulation of the proposition that proportion alternates. He states that in the past it was demonstrated separately for numbers, lines, solids and time. However, a single proof suffices for all quantities *qua* quantities, and correctly displays alternation as a feature of the subject at the maximum level of universality.[44]

Doubtless the new, general theory of proportion to which the text refers is the work of Eudoxus. However, we need not venture into the vexed problems of the development of Greek mathematics, since what is of concern to us in this example is its inclusion of times in the list of types of quantity for which the rule of alternation is valid. Time, the number of change, is a concept naturally suited to forge a link between mathematics and physics. (This is not a Whiggish idea: I speculate as I do with Aristotelian materials in response to the puzzles of VII.4, not so as to attribute to Aristotle an interest in anything like mathematical physics for its own sake.) True, Aristotle does not describe the proportional statements featuring times, and κινήσεις are absent from the enumeration. Nevertheless, the formulae of VII.5 would fit the bill very nicely: they are expressions relating periods of duration and the other kinetic factors, and of course the assumption generating the various rules is nothing other than an instance of the law of alternation.

There is nothing to inhibit the hypothetical addition of δυνάμεις to *A.Po.* A.5's illustrative list, so long as we do not regard the extrapolation as a historical claim about past mathematical practice. I am not suggesting that there is evidence in this passage for a genetic account of Aristotle's views on kinetic comparison and combination. What I do suggest is that the *A.Po.* citation, if only by implication, provides the materials for a neat enunciation of VII.5's response to VII.4's impasse. Movements are apparently not addible in the fashion required for VII.1's unification tactic, on which the success of the *reductio* depends (VII.4). But, *qua* magnitudes, force, time and extent

[44] 'καὶ τὸ ἀνάλογον ὅτι καὶ ἐναλλάξ, ᾗ ἀριθμοὶ καὶ ᾗ γραμμαὶ καὶ ᾗ στερεὰ καὶ ᾗ χρόνοι, ὥσπερ ἐδείκνυτό ποτε χωρίς, ἐνδεχόμενόν γε κατὰ πάντων μιᾷ ἀποδείξει δειχθῆναι· ἀλλὰ διὰ τὸ μὴ εἶναι ὠνομασμένον τι ταῦτα πάντα ἕν, ἀριθμοί μήκη χρόνοι στερεά, καὶ εἴδει διαφέρειν ἀλλήλων, χωρὶς ἐλαμβάνετο. νῦν δὲ καθόλου δείκνυται· οὐ γὰρ ᾗ γραμμαὶ ἢ ᾗ ἀριθμοὶ ὑπῆρχεν, ἀλλ' ᾗ τοδί, ὃ καθόλου ὑποτίθενται ὑπάρχειν' (74a17 25).

of change may be conveniently related in a proportion (implied by *A.Po.* A.5). Application of the law of alternation generates kinetic formulae featuring addible kinetic factors which enable us to modify VII.1's proof (VII.5).

At the outset I recommended that a reading of ch. 5 try to indicate how it is that it *belongs* within bk VII. Failure to satisfy this obvious demand is what makes all Whiggish interpretations unsatisfactory, whatever the specific merits and defects of one version or another. But I have also conceded that the lack of any explicit textual guidelines to keep such an exegesis within certain even vague limits prescribed by Aristotle himself renders unrealistic the expectation that any explanation of this chapter might stand as conclusive. I wish to rehearse my basic negative points in order to emphasise the modesty of this proposal. If ultimately one concludes that only the general strategy for reading VII.5 survives, while my particular recommendations for implementing it are dubious, a necessary first step in understanding will nevertheless have been accomplished.

The assertion that VII.5, designed with the special problems of its book very precisely in view, does not and cannot have repercussions for Aristotelian physics in general, deserves prominence. Ch. 5 has no potentially positive contribution to make to *Aristotle's* study of nature, regardless of the text's possible status as an important stimulus for later thinkers engaged in mathematicising projects. The proportionalities cannot function as laws, on any acceptable notion of law. Thus they must be formulated purely in response to pressures arising within the immediate context of *Physics* VII. Aristotle's manœuvres in ch. 5 are addressed to the defence of the *reductio*, and are not intended for wider application beyond the confines of this book.

* * *

The most impressive feature of *Physics* VII is the uncompromising tenacity with which Aristotle pursues his elaborate argument. Of course the proof doesn't work – very few interesting ones do. If my contention that VII supplies a significant supplement to the efforts of VIII to establish the existence of the Prime Mover is true, then no one seriously interested in Aristotelian cosmology can afford to ignore this book. But regardless of such considerations, I am confident that VII's tough and vigorous reasoning is enough by itself to command the attention due to strong, original philosophical work. As Simplicius remarked, the book is worthy of its author's genius.

BIBLIOGRAPHY

Ackrill, J. L. *Aristotle's Categories and De Interpretatione, Translated with Notes and Glossary*, Oxford, 1963

Annas, J. *Aristotle's Metaphysics Books M and N, Translated with Introduction and Notes*, Oxford, 1976

Armstrong, D. *A Theory of Universals*, Cambridge, 1978

Barnes, J. (1) *Aristotle's Posterior Analytics, Translated with Notes*, Oxford, 1975

(2) *The Presocratic Philosophers*, London, 1982

(3) 'Medicine, Experience and Logic', in *Science and Speculation, Studies in Hellenistic Theory and Practice*, ed. J. Barnes, J. Brunschwig, M. Burnyeat and M. Schofield, Cambridge, 1982

Blackburn, S. W. (1) 'Moral Realism', in *Morality and Moral Reasoning, Five Essays in Ethics*, ed. J. Casey, London, 1971

(2) *Spreading the Word: Groundings in the Philosophy of Language*, Oxford, 1984

Carteron, H. (1) *Aristote, Physique*, Paris, 1926–31

(2) 'Does Aristotle have a Mechanics?' (translation by R. Sorabji of part of the introduction to *La Notion de force dans le système d'Aristote*, Paris, 1923), in *Articles on Aristotle*, vol. 1, ed. J. Barnes, M. Schofield and R. Sorabji, London, 1975

Charlton, W. *Aristotle's Physics Books I and II, Translated with Introduction and Notes*, Oxford, 1970

Cornford, F. M.: see Wicksteed

Couloubaritsis, L. *L'avènement de la science physique, essai sur la Physique d'Aristote*, Brussels, 1980

Davidson, D. 'Mental Events', in his *Essays on Actions and Events*, Oxford, 1980

De Gandt, F. 'Force et science des machines', in *Science and Speculation, Studies in Hellenistic Theory and Practice*, ed. J. Barnes, J. Brunschwig, M. Burnyeat and M. Schofield, Cambridge, 1982

Drabkin, I. E. (1) (with M. R. Cohen), *A Sourcebook in Greek Science*, New York, 1948

(2) 'Notes on the Laws of Motion in Aristotle', *American Journal of Philosophy*, LIX (1938), 60–84

Frede, M., 'The Title, Unity, and Authenticity of the Aristotelian *Categories*', in his *Essays in Ancient Philosophy*, Oxford, 1987

Gaye, R. K.: see Hardie

Geach, P. T. *God and the Soul*, London, 1969

Gosling, J. C. B., and C. C. W. Taylor. *The Greeks on Pleasure*, Oxford, 1982

Haas, A. E. 'Die Grundlagen der antiken Dynamik', *Archiv der Geschichte der Naturwissenchaften und der Technik*, I (1908), 19–47

Hardie, R. P., and R. K. Gaye. Translation of the *Physics*, in *The Complete Works of Aristotle*, vol. 2, ed. W. D. Ross, Oxford, 1930

Heath, T. *A History of Greek Mathematics: From Thales to Euclid*, vol. 1, Oxford, 1921

Hoffmann, E. *De Arist. Phys. septimi libri origine et auctoritate*, Berlin, 1905

Hussey, E. *Aristotle's Physics Books III and IV, Translated with Notes*, Oxford, 1983

Kim, J. 'Supervenience and Nomological Incommensurables', *American Philosophical Quarterly*, 15 (1978), 149–56

Kirwan, C. *Aristotle's Metaphysics Books Γ, Δ, and E, Translated with Notes*, Oxford, 1971

Knorr, W. R. *The Ancient Treatment of Geometric Problems: A Historical Inquiry into the Construction of the Three Classical Problems* (forthcoming)

Lloyd, A. C. 'The Principle that the Cause is Greater than its Effect', *Phronesis*, 21 (1976), 146–56

Lloyd, G. E. R. *The Revolutions of Wisdom* (forthcoming)

Mansion, A. *Introduction à la physique aristotélicienne*, Louvain, 1945

Manuwald, B. *Das Buch H der aristotelische 'Physik': eine Untersuchung zur Einheit und Echtheit*, Meisenheim, 1971

Morrow, G. 'Qualitative Change in Aristotle's *Physics*', in *Naturforschung bei Aristoteles und Theophrast*, ed. I. Düring, Heidelberg, 1969

Mourelatos, A. P. D. 'Quality, Structure, and Emergence in Later Pre-Socratic Philosophy', ch. 6 in *Proceedings of the Boston Area Colloquium in Ancient Philosophy*, vol. II, ed. J. Cleary, London, 1987

Nagel, E. *The Structure of Science, Problems in the Logic of Scientific Explanation*, London, 1982

Notes on Aristotle's Metaphysics Z, recorded by M. Burnyeat and others, Oxford, 1979

Notes on Eta and Theta of Aristotle's Metaphysics, recorded by M. Burnyeat and others, Oxford, 1984

Nussbaum, M. C. (1) 'Saving Aristotle's Appearances', in her *The Fragility of Goodness: Luck and Ethics in Greek Tragedy and Philosophy*, Cambridge, 1986

(2) 'Commentary on Mourelatos', ch. 6 in *Proceedings of the Boston*

Area Colloquium in Ancient Philosophy, vol. II, ed. J. Cleary, London, 1987

(3) *Aristotle's De Motu Animalium, Text with Translation, Commentary, and Interpretive Essays*, Princeton, 1978

Owen, G. E. L. (1) '*Tithenai ta phainomena*', in his *Logic, Science and Dialectic, Collected Papers in Greek Philosophy*, ed. M. Nussbaum, London, 1986

(2) 'Plato on the Undepictable', in *Logic, Science and Dialectic*

(3) 'Aristotle: Method, Physics and Cosmology', in *Logic, Science and Dialectic*

(4) 'Logic and Metaphysics in some Earlier Works of Aristotle', in *Logic, Science and Dialectic*

(5) 'A Proof in the *Peri Ideōn*', in *Logic, Science and Dialectic*

(6) 'Aristotelian Mechanics', in *Logic, Science and Dialectic*

Philoponus. *Philoponi in Arist. Phys. Commentaria*, ed. H. Vitelli, Berlin, 1888

Prantl, C. *Arist. Acht Bücher Phys.*, Leipzig, 1854

Ross, W. D. *Aristotle's Physics, A Revised Text with Introduction and Commentary*, Oxford, 1979 (for his unrevised commentary, see the edition of 1936)

Sandbach, F. H. *Aristotle and the Stoics*, Cambridge, 1985

Sedley, D. 'Diodorus Cronus and Hellenistic Philosophy', *Proceedings of the Cambridge Philological Society*, New Series, 23 (1977), 74–120

Simplicius. *Simplicii in Arist. Phys. Commentaria*, ed. H. Diels, Berlin, 1895

Taylor, C. C. W.: see Gosling

Themistius. *Themistii in Arist. Phys. Paraphrasis*, ed. H. Schenkl, Berlin, 1900

Verbeke, G. 'L'Argument du livre VII de la *Physique*, une impasse philosophique', in *Naturforschung bei Aristotles und Theophrast*, ed. I. Düring, Heidelberg, 1969

Vlastos, G. Introduction to *Plato's Protagoras*, trans. M. Ostwald, ed. G. Vlastos, New York, 1956

Wardy, R. B. B. (1) 'Eleatic Pluralism', *Archiv für Geschichte der Philosophie*, 70 (1988), 125–46

(2) 'Lucretius on what Atoms are not', *Classical Philology*, 83 (1988), 112–28

Waterlow, S. (1) *Nature, Change and Agency in Aristotle's Physics: A Philosophical Study*, Oxford, 1981

(2) *Passage and Possibility: A Study of Aristotle's Modal Concepts*, Oxford, 1982

Weisheipl, J. A. *The Development of Physical Theory in the Middle Ages*, Ann Arbor, 1971

Wicksteed, P. H., and F. M. Cornford. *The Physics, with an English Translation*, 2 vols., London, 1934

Wieland, W. *Die Aristotelische Physik*, Göttingen, 1962

Williams, C. J. F. *Aristotle's de Generatione et Corruptione, Translated with Notes*, Oxford, 1982

INDEX OF PASSAGES CITED

ARISTOTLE

GENERAL INDEX